多尺度空间分析及海洋渔业应用

冯永玖 等 著

U0303847

科学出版社

北京

内 容 简 介

本书对 GIS 空间分析在海洋渔业资源相关领域的应用方法进行了改进、优化与创新，以西北太平洋柔鱼和秘鲁外海茎柔鱼为研究对象开展了空间建模、空间统计、渔情预报等方面的系统性研究，为海洋渔业资源的高效开发、保护和管理提供技术参考，为我国争取国际渔业权利提供关键支撑。本书提出的多尺度空间分析和建模方法不但适用于海洋渔业资源的分析研究，也适用于土地利用、城市发展和景观格局等陆地实体和现象的空间问题解决。

本书适合测绘工程、地理信息科学、遥感科学与技术、渔业资源等专业的本科生和研究生阅读，同时可供地理信息、渔业资源等专业和行业的研究者、生产者、管理者参考。

审图号：GS 京（2022）0113 号

图书在版编目（CIP）数据

多尺度空间分析及海洋渔业应用 / 冯永玖等著. —北京：科学出版社，2022.6
ISBN 978-7-03-072385-7

Ⅰ. ①多…　Ⅱ. ①冯…　Ⅲ. ①地理信息系统-应用-海洋渔业-水产资源-研究　Ⅳ. ①S931

中国版本图书馆 CIP 数据核字（2022）第 089941 号

责任编辑：董　墨　白　丹 / 责任校对：郝甜甜
责任印制：吴兆东 / 封面设计：无极设计

科学出版社出版
北京东黄城根北街 16 号
邮政编码：100717
http:// www.sciencep.com

北京捷迅佳彩印刷有限公司 印刷
科学出版社发行　各地新华书店经销
*
2022 年 6 月第 一 版　开本：787×1092　1/16
2022 年 6 月第一次印刷　印张：16 3/4
字数：395 000
定价：168.00 元
（如有印装质量问题，我社负责调换）

序

在同济大学测绘学科成立 90 周年之际，我很高兴看到关于多尺度空间分析理论方法及其应用的专著出版。地图制图学与地理信息工程（GIS）是测绘学科的重要组成，而空间分析与建模是 GIS 的核心关键技术，其中空间尺度是决定地理实体和现象分布特征的数据结构基础。联合国粮食与农业组织认为，渔业资源领域的许多甚或大多数问题皆源于空间分异，因此其空间分析和预测预报是该领域的核心难题。结合遥感与 GIS 的各类型数据，通过方法创新实现渔场及其环境的时空分析与研究，是解决渔业资源空间问题的有效途径。本著作的出版，体现了该研究对空间分析方法的改进、优化与创新，尤其是突破了空间多尺度分析的定量化方法，并取得了以大洋性柔鱼为重点的空间建模和渔情预报等方面的系统性成果，具有重要的科学意义和实践价值。

我了解冯永玖博士是在 2010 年，也是他从同济大学获得博士学位参加工作的第二年，如今他从事地理信息建模与空间分析的研究工作已有 20 年，多尺度空间分析及渔业资源的研究是他取得的一项重要成果。该著作围绕 GIS 空间分析方法和模型的构建、优化与创新，重点应用于西北太平洋柔鱼和秘鲁外海茎柔鱼的资源分析与渔情预报。全书主要有四个部分，首先是多尺度空间建模与分析的理论方法，其次是经典尺度下海洋环境与渔业资源的空间模式，进而是渔业资源分布模式及其与环境因子关系的空间尺度效应，最后是海洋渔业生境智能建模方法和渔情预报关键技术，这些理论方法与实践问题的解决有利于海洋渔业资源的高效开发、保护和管理，可为我国争取国际渔业权利提供关键支撑。

该著作在空间分析与建模研究方面具有科学性、创新性和实用性。关于科学性，地理实体和渔业资源的研究总是构建在某种空间尺度基础上的，尺度对渔业资源的全局和局部时空模式、模式-环境关系的影响是关键基础理论问题，该著作揭示和提出了尺度效应机理、定量化刻画方法、最佳分析尺度等，超越了传统 GIS 仅对渔业资源进行空间数据建库与可视化表达的范畴，有效挖掘渔业资源中潜在的空间分布规律和知识。关于创新性，著作首次提出了最粗允许尺度的概念和识别方法，为海洋渔业资源调查和分析提供了采样方案；同时发现了渔业资源中的空间相似性和空间异质性共存的特点，提出了资源-环境时空关系刻画的空间统计新方法和资源空间预测预报的智能技术。关于实用性，著作结合西北太平洋柔鱼和秘鲁外海茎柔鱼，为其资源开发、保护和管理提供了核心分析和预报技术；提出的多尺度空间分析和建模方法不但适用于海洋渔业资源，也适用于解决土地利用、城市发展和生态环境等内陆实体和现象的空间问题。

在众源测绘、众源遥感、众源感知推动大数据爆炸的时代背景下，空间分析与建模在时空知识挖掘中的作用越来越显著，发展空间分析与建模方法是一个与时俱进的 GIS 核心问题。该著作体现了多尺度空间分析建模及其在资源识别和预测预报方面的重要进展，希望有更多的学者在基础理论与领域应用方面继续开拓，努力推动地理信息科学和系统进一步发展，解决国家在战略实施与经济社会建设中的地理信息相关重要问题。

王家耀

2022 年 5 月于郑州

前　言

空间分析是 GIS 区别于其他系统和学科的本质特征，能用于挖掘天空地海中地理实体和现象的分布及其演变特征。针对不同研究对象，需要对空间分析方法进行必要的改进、优化、创新与创造，从而有效解决现实问题并为国家战略和国计民生服务。

GIS 和空间分析用于海洋和渔业研究由来已久。海洋渔业是典型的海洋经济类资源，尤其是近海养殖和远洋渔业已成为重要产业，而渔场是渔业资源较为聚集的海域。科技部最近几年推动"蓝色粮仓科技创新"等重点专项的科技攻关，旨在推动我国现代渔业科技创新，驱动我国渔业产业转型升级与持续发展。这表明国家层面一直很重视渔业资源的开发，而远洋渔业资源开发是其重要组成部分。因此，综合利用 GIS、RS 和 GNSS，有助于海洋渔业的高效开发、保护和管理，为我国争取国际渔业权利提供关键支撑。

联合国粮食及农业组织（FAO）的渔业与水产技术报告表明，渔业和水产领域的许多甚或大多数问题皆源于空间分异，但这种事实并没有得到普遍重视，因而渔业管理者较少关注其地理空间视角，也未认识到空间问题的重要性。随着渔业领域对空间问题的重视以及 GIS 空间分析方法的发展，近年来地统计、空间统计、空间热点、空间聚类、可视化等空间分析方法已广泛应用于渔业资源研究。结合遥感与 GIS 的各类数据和方法，对渔场及其环境开展时空分析与研究，是解决渔业资源空间问题的有效途径。

本书围绕 GIS 空间分析方法和模型的构建、优化、创新及其在海洋渔业领域的应用，重点开展了针对西北太平洋柔鱼和秘鲁外海茎柔鱼的研究。第 1 章绪论，阐述远洋渔业资源概况和渔业空间分析的关键问题；第 2 章系统介绍渔业数据处理的基本方法，包括空间插值、空间可视化、空间统计等；第 3 章介绍空间插值及远洋渔业数据应用，主要包括对空间不确定性的探讨；第 4 章介绍 GIS 空间分析方法及渔业资源应用，包括经典统计学、空间聚类、空间自回归、地理加权回归等方法；第 5 章介绍西北太平洋海表温度（SST）2005～2014 年的变化，为研究该区域柔鱼资源提供海洋环境认识的基础；第 6 章开展西北太平洋柔鱼资源的空间分布及模态分析，为第 7 章经典尺度下渔业资源空间模式分析提供基础；进一步，在第 8 章开展经典尺度下 CPUE-环境因子关系的空间回归分析；第 9 章针对空间多尺度分析，开展渔业资源分布模式的空间尺度效应研究，进一步在第 10 章探讨渔业资源 CPUE-环境因子关系的尺度效应；最后，在第 11 章开展海洋渔业生境 HSI 智能建模方法研究，为渔情预报和渔业开发提供关键支撑。

作者在过去 20 年中一直从事 GIS 模型方法及其应用的研究，致力于推动 GIS 空间分析方法的发展和相关行业应用，其中空间分析方法优化创新及其海洋渔业应用是一个重要方面。本书是作者过去 10 年在空间分析及渔业资源应用方面的研究总结，课题组学生崔丽、方学燕、霍丹、蒋芳、梅文娴、汪丁童、王畅、吴诗纯、尹铃、郑礼娥、郑文婧等也参加了研究工作。全书由冯永玖确定内容和结构，课题组翟淑婷和王蓉两名研究生整理书稿初稿，最后由冯永玖修改和定稿。

本书得到国家自然科学基金项目"西北太平洋柔鱼资源的时空模式及其尺度效应研究"（41406146）的资助，商业捕捞数据由中国远洋渔业协会鱿钓技术组提供，也得到上海海洋大学陈新军教授课题组的帮助，在此表示诚挚的谢意。

地理信息系统及其空间分析方法不断发展进步，海洋渔业领域的资源调查、商业捕捞和环境条件也不断变迁，限于作者学识与认知，书中难免存在疏漏和不足之处，恳请广大读者批评指正。

冯永玖

2022 年 2 月

目　　录

序

前言

第 1 章　绪论 ··· 1

1.1　远洋渔业资源概况 ··· 1

1.2　渔业资源中的空间问题 ··· 2

1.3　渔业资源数据处理与分析方法 ··· 3

1.4　渔业分析的尺度问题 ·· 4

1.5　主要研究内容 ··· 5

　　参考文献 ·· 6

第 2 章　渔业数据处理的基本方法 ··· 10

2.1　商业捕捞数据及环境数据的获取方法 ·· 10

2.1.1　商业捕捞数据 ··· 10

2.1.2　海洋环境数据获取方法 ·· 11

2.2　渔业空间数据基本处理方法 ··· 12

2.3　渔业空间插值方法 ··· 16

2.3.1　渔业数据空间插值的方案 ·· 17

2.3.2　克里金插值理论 ·· 22

2.3.3　模型选择方法 ··· 22

2.4　渔业空间可视化方法 ·· 23

2.4.1　Voronoi 图（泰森多边形）构建方法 ·· 23

2.4.2　三维可视化方法 ·· 24

2.4.3　三维可视化实例 ·· 25

2.5　海洋环境数据处理方法 ··· 26

2.6　渔业空间分析与模式挖掘的常用软件 ·· 31

2.7 小结 ·· 35
　参考文献 ··· 35

第3章 空间插值及远洋渔业数据应用 ································· 36
3.1 西北太平洋柔鱼资源典型数据 ······························· 36
3.2 半变异函数建模及预测结果 ·································· 37
3.3 空间不确定性分析 ··· 40
　3.3.1 误差分析 ··· 40
　3.3.2 对比分析 ··· 40
3.4 西北太平洋柔鱼资源数据分布的空间自相关特性 ······· 42
3.5 渔业资源空间插值的方法性探讨 ····························· 42
3.6 小结 ·· 43
　参考文献 ··· 43

第4章 GIS 空间分析方法及渔业资源应用 ······················· 45
4.1 渔业空间模式分析方法 ··· 45
　4.1.1 经典统计学方法 ·· 45
　4.1.2 空间统计学方法 ·· 46
　4.1.3 空间聚类分析方法 ······································ 54
4.2 空间模式与海洋环境关系的分析方法 ···················· 58
　4.2.1 算术平均法和加权平均法 ···························· 58
　4.2.2 广义可加模型 ··· 58
　4.2.3 空间自回归方法 ·· 59
　4.2.4 地理加权回归方法 ······································ 59
4.3 空间多尺度分析方法 ··· 60
　4.3.1 因子位序的尺度影响 ··································· 60
　4.3.2 常见的尺度关系 ·· 60
4.4 基于 HSI 建模的智能化渔场渔情空间预报方法 ········· 62
　4.4.1 栖息地适宜性指数模型 ································ 63
　4.4.2 基于支持向量机（SVM）的 HSI 模型 ············ 64
　4.4.3 基于遗传算法的 HSI 模型 ··························· 67
　4.4.4 基于模拟退火算法的 HSI 模型 ····················· 69
4.5 中心渔场的识别方法 ··· 72
　4.5.1 ArcGIS 中中心渔场的识别方法 ···················· 72
　4.5.2 中心渔场识别实例 ······································ 73
4.6 小结 ·· 77
　参考文献 ··· 78

第 5 章　西北太平洋 SST 2005～2014 年的变化 ················ 81

　5.1　西北太平洋渔业数据与研究方法 ················ 81
　　5.1.1　西北太平洋研究区域与 SST 数据 ················ 81
　　5.1.2　研究方法 ················ 82

　5.2　SST 空间分布分析 ················ 85
　　5.2.1　直方图 ················ 85
　　5.2.2　年际关系的比较 ················ 87
　　5.2.3　SST 等值线图 ················ 87

　5.3　SST 时空变化分析 ················ 90
　　5.3.1　SST 平均值 ················ 90
　　5.3.2　SST 标准差 ················ 92
　　5.3.3　SST 变异系数 ················ 94

　5.4　小结 ················ 95
　　参考文献 ················ 96

第 6 章　西北太平洋柔鱼资源的空间分布及模态分析 ················ 97

　6.1　柔鱼资源空间分析方法 ················ 97
　　6.1.1　主要技术方案 ················ 97
　　6.1.2　研究区域与数据 ················ 98

　6.2　研究方法 ················ 98
　　6.2.1　等值线法 ················ 98
　　6.2.2　模态分析方法 ················ 98

　6.3　10 年柔鱼资源的分布 ················ 100
　　6.3.1　月分布 ················ 103
　　6.3.2　CPUE 平均值的数据统计 ················ 105

　6.4　模态分析 ················ 106
　　6.4.1　5～7 月模态分析 ················ 106
　　6.4.2　8～11 月模态分析 ················ 107
　　6.4.3　环境因子对柔鱼资源及其模态的影响 ················ 108

　6.5　小结 ················ 109
　　参考文献 ················ 110

第 7 章　经典尺度下渔业资源空间模式分析 ················ 111

　7.1　西北太平洋柔鱼资源的空间聚类分析 ················ 112
　　7.1.1　聚类类别数的选择 ················ 112
　　7.1.2　聚类结果分析 ················ 112
　　7.1.3　聚类影响因素分析 ················ 116

7.2 西北太平洋柔鱼资源空间模式分析 ·· 117
   7.2.1 描述性统计和全局模式 ·· 117
   7.2.2 西北太平洋柔鱼资源的热点和冷点 ·································· 119
   7.2.3 热点和冷点的年变化 ·· 121
   7.2.4 柔鱼资源热冷点与海洋环境的关系 ·································· 122
7.3 空间聚集特征分析 ·· 126
   7.3.1 数据可视化与分析 ·· 126
   7.3.2 基于 Voronoi 图的渔业资源空间表达 ······························ 127
   7.3.3 基于空间自相关的柔鱼资源聚集特征 ································ 128
   7.3.4 空间热冷点与海洋环境的关系 ······································ 131
   7.3.5 空间热冷点的综合讨论 ·· 133
7.4 秘鲁外海茎柔鱼空间聚类及其与环境的关系 ·························· 134
   7.4.1 商业捕捞和环境数据 ·· 134
   7.4.2 基于两种不同聚类方法的秘鲁外海茎柔鱼聚类分析 ·············· 135
   7.4.3 海洋环境对渔业聚类簇的影响 ······································ 141
   7.4.4 K-means 和 Getis-Ord G_i^* 的比较 ······························ 142
7.5 小结 ·· 143
   参考文献 ·· 144

第 8 章 经典尺度下 CPUE–环境因子关系的空间回归分析 ·················· 146
8.1 基于地理加权回归分析柔鱼 CPUE-环境关系 ······················ 146
   8.1.1 商业捕捞与环境数据 ·· 147
   8.1.2 柔鱼资源和环境的月分布 ·· 149
   8.1.3 CPUE-环境关系建模结果 ·· 151
   8.1.4 GAM 与 GWR 在柔鱼 CPUE 预测中的比较 ···················· 153
8.2 基于空间自回归分析秘鲁外海茎柔鱼 CPUE-环境的关系 ·········· 158
   8.2.1 商业捕捞与环境数据 ·· 160
   8.2.2 SAR 建模及其评价方法 ·· 163
   8.2.3 基于 SAR 挖掘的 CPUE-环境关系 ································· 164
   8.2.4 利用 GAM 和 SAR 预测茎柔鱼月分布 ·························· 165
   8.2.5 两种方法的比较与讨论 ·· 168
8.3 小结 ·· 169
   参考文献 ·· 170

第 9 章 渔业资源分布模式的空间尺度效应 ······························· 175
9.1 渔业网格划分方法 CPUE 和捕捞努力量空间模式的影响 ············ 175
   9.1.1 数据来源与网格划分方法 ·· 175

9.1.2　多尺度网格划分与空间指数 ·············· 177

9.1.3　四种典型空间指数在不同网格划分下的尺度关系 ··········· 179

9.1.4　不同空间网格划分方法的影响 ·············· 182

9.2　西北太平洋柔鱼资源全局模式的空间尺度效应 ··············· 182

9.2.1　研究区与原始数据 ·············· 183

9.2.2　网格数量的尺度关系 ·············· 184

9.2.3　全局模式的尺度关系与尺度效应 ·············· 185

9.2.4　尺度效应的影响因素与允许最粗尺度 ·············· 190

9.2.5　尺度效应对其他渔业资源的参考 ·············· 192

9.3　西北太平洋柔鱼资源 Getis-Ord G_i^* 热点的尺度效应 ··········· 192

9.3.1　捕捞数据尺度划分与空间可视化 ·············· 192

9.3.2　尺度效应分析方法 ·············· 193

9.3.3　经典尺度 30′ 下柔鱼 CPUE 的空间分布 ·············· 194

9.3.4　不同月份渔业局部空间分布的尺度效应 ·············· 199

9.3.5　热冷点质心的尺度影响 ·············· 207

9.3.6　关于渔业热点尺度效应的进一步讨论 ·············· 208

9.4　秘鲁外海茎柔鱼捕捞努力量的空间尺度效应 ·············· 209

9.4.1　商业捕捞数据 ·············· 209

9.4.2　用于测定尺度效应的统计量 ·············· 209

9.4.3　全局空间尺度下的影响 ·············· 210

9.4.4　捕捞努力量的空间尺度效应 ·············· 211

9.4.5　捕捞努力量的尺度关系 ·············· 215

9.4.6　捕捞努力量与 CPUE 之间尺度效应比较 ·············· 216

9.5　小结 ·············· 217

参考文献 ·············· 218

第 10 章　渔业资源 CPUE–环境因子关系的尺度效应 ··············· 219

10.1　渔场和环境数据的尺度划分 ·············· 220

10.1.1　渔场数据及其尺度划分 ·············· 220

10.1.2　环境数据及其尺度划分 ·············· 222

10.2　经典的 30′ 尺度下 CPUE–环境的关系 ·············· 223

10.3　CPUE–环境因子的尺度效应 ·············· 224

10.4　CPUE–环境因子的尺度关系 ·············· 227

10.5　关于 CPUE–环境因子尺度问题的讨论 ·············· 229

10.6　小结 ·············· 232

参考文献 ·············· 232

第 11 章　基于智能 HSI 建模的渔情预报方法 ································· 236

11.1　远洋渔业空间分析与渔情预报的重要意义 ······················· 236

11.2　基于 GeneHSI 模型的渔场预报方法 ······························· 236

　　11.2.1　GeneHSI 模型框架的模拟数据 ····························· 236

　　11.2.2　HSI 参数获取 ··· 237

　　11.2.3　限制条件对优化结果的影响 ······························· 238

　　11.2.4　样本量对优化结果的影响 ································· 244

　　11.2.5　GeneHSI 模型的影响因素 ································· 245

11.3　基于 SA 的 HSI 的渔场预报方法 ·································· 246

　　11.3.1　基于 SA 的 HSI 参数获取 ································· 246

　　11.3.2　初始解和限制条件对优化结果的影响 ······················· 247

　　11.3.3　AnnHSI 的影响因素 ······································ 251

11.4　基于支持向量机（SVM）HSI 的渔场预报方法 ···················· 252

　　11.4.1　研究区数据与可视化 ······································ 252

　　11.4.2　SVM-HSI 模型建模方案 ···································· 253

　　11.4.3　SVM-HSI 模型的预测结果 ································· 254

　　11.4.4　精度评定与比较 ·· 255

11.5　小结 ·· 256

　　参考文献 ·· 256

第1章 绪 论

1.1 远洋渔业资源概况

在地球观测已深入到空天地海的当代，海洋开发越来越受各国重视并上升为国家战略。海洋蕴含丰富的动力、矿产、化学和生物资源，是人类获取各类资源的宝库。海洋渔业资源是典型的海洋经济类资源，尤其是近海养殖和远洋渔业，现已成为重要产业。渔场是渔业资源较为聚集的海域，在地理位置上可分为近海渔场和远海渔场。对渔获季的渔场探索、研究和监测一直是渔业部门和渔业研究者最关注的问题之一。联合国粮食及农业组织（FAO）将鱼类、软体类、甲壳类列为三大类渔业资源。海洋是人类天然的蓝色粮仓。全球渔业捕获量 1970 年约为 5800 万 t，1980 年约为 6000 万 t，1990 年约为 8000 万 t，2000 年约为 8700 万 t，2010 年约为 7700 万 t，近年来一直较为稳定。人类对渔业资源的开发利用经历了开发不足阶段、增长阶段、充分利用阶段、过度开发阶段、衰退阶段、恢复或崩溃阶段。当前，人类对渔业资源的开发遍及包括南极在内的全世界海域；图 1-1 显示 2015～2018 年世界海洋渔获量的分布，其中 2018 年中国渔获量占世界渔获量的 15%。

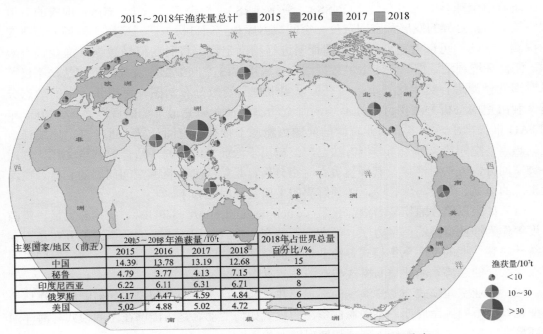

主要国家/地区（前五）	2015～2018 年渔获量/10^7t				2018年占世界总量百分比 /%
	2015	2016	2017	2018	
中国	14.39	13.78	13.19	12.68	15
秘鲁	4.79	3.77	4.13	7.15	8
印度尼西亚	6.22	6.11	6.31	6.71	8
俄罗斯	4.17	4.47	4.59	4.84	6
美国	5.02	4.88	5.02	4.72	6

图 1-1 2015～2018 年世界海洋渔业捕捞量的空间分布

数据来源于《2020 年世界渔业和水产养殖状况》http://www.fao.org

根据 2018 年全国水产品结构统计，我国海洋渔业占渔业资源总量的 22.7%，产值约为 5800 亿元，体量非常庞大。针对海洋渔业资源的开发，科技部最近几年发布了国家重点研发计划"蓝色粮仓科技创新"等重点专项项目，旨在推动我国现代渔业科技创新，驱动我国渔业产业转型升级与持续发展。这表明在国家层面，我国一直很重视渔业资源的开发，而远洋渔业资源开发是渔业资源开发的重要组成部分。

远洋渔业经济种类主要包括西北太平洋柔鱼、秘鲁外海茎柔鱼、印度洋金枪鱼、北太平洋秋刀鱼、太平洋和智利竹荚鱼、中国南海鲣鱼、中国东海鲐鱼、中国近海小黄鱼等。海洋渔业种类的空间分布以及产卵、生长和迁徙等活动受到海洋气象环境、各类时空因子的影响（Farley et al.，2013；Revill et al.，2009；Reiss et al.，2008；Azumaya and Ishida，2004；Hawkins and Roberts，2004），各种经济类渔业资源在不同海域不同时间的空间分布和资源丰度具有非常大的差异（Damalas et al.，2007）。其中，渔场分布、渔业资源丰度、渔业资源管理等海洋渔业中的许多关键性问题，都与物种栖息环境密切相关。通常认为，海表温度、海表盐度、chl-a 浓度和海表面高度是影响物种分布的关键性环境因子（Alabia et al.，2015；Nishikawa et al.，2015；Mantua and Hare，2002；Lu et al.，2001）。探索海洋物种与海洋环境之间的关系，分析其时空分布格局，掌握其分布位置、分布结构、演变状况是有效利用和管理海洋渔业资源必须突破的关键难题。

1.2　渔业资源中的空间问题

随着由全球导航卫星系统（GNSS）、遥感（RS）、地理信息系统（GIS）构成的对地观测技术日新月异的发展，空间定位、空间数据库和空间分析被广泛应用于渔场分布研究和探测。GNSS 可以对商业渔船和调查船进行精确定位。将商业捕捞数据、渔业调查数据、海洋环境观测数据、海洋卫星数据结合，采用 GIS 空间数据库及其分析方法，不仅可以对渔业资源进行数字化管理，而且可以实现鱼类资源分布制图、可视化、空间动态分析。利用空间分析方法探讨海洋渔场的时空动态是渔业研究最重要的课题之一。2008 年的 FAO 报告指出，大多数渔业资源的问题可能源于种类的空间分异；近年来，地统计、空间热点、空间聚类等空间分析方法已广泛应用于渔业资源研究。结合遥感与 GIS，利用各类空间分析方法对渔场及其环境进行时空分析，是解决渔业资源空间问题的利器。在渔业资源的研究、开发与保护中，亟须解决的主要空间问题如下。

（1）如果以单位捕捞努力量渔获量（catch per unit effort，CPUE）、捕捞努力量、资源丰度等作为渔业资源的衡量方法，渔业资源的空间模式如何刻画？渔业资源的分布是否存在统计显著性上的空间聚集模式？渔业资源的空间模式随不同种类、不同海域、不同时间存在什么样的趋势？渔业空间模式与渔场之间存在什么关系？

（2）渔业空间模式与海洋渔场的环境存在什么关系？渔业空间模式如何响应海洋环境的变化？在不同生命周期，不同渔业资源的模式如何变动？是否能够在空间模式与海洋渔场环境之间建立联系？如何去刻画和捕捉以上关系？

（3）时间和空间尺度是刻画渔业资源的关键要素，它们是否影响渔业资源的海洋环境动力学机制？是否存在刻画渔业资源空间模式、渔业–环境关系的最佳尺度？是否存在刻画渔业资源空间模式、渔业–环境关系的允许最粗尺度？最佳和最粗尺度是否可以为渔业资源调查的空间采样方案提供基础性理论和方法？

（4）通过建立渔业、环境、时空动态的关系，是否可以对渔场渔情进行高可信预测？是否能够准确找到渔场并对渔场状态进行精准识别？是否可以为渔业资源开发和渔业资源养护提供具体建议？

随着地球观测技术手段和卫星遥感的发展，GIS 空间分析方法越来越丰富，这些方法和技术对有效解决上述四类问题具有实质性作用，从而为渔业资源开发和养护、区域性管理等提供全方位支持。就全世界而言，远洋渔业在过去几十年发展十分迅速，商业捕捞产量持续增长。其中，柔鱼作为我国重要的海洋经济物种之一，每年产量的平均增长率远远高于其他海洋鱼类，在世界海洋渔业中占有十分重要的地位（余为，2016；陈新军等，2012）。柔鱼是一种十分重要的商业性海洋鱿鱼（Chen et al.，2008），广泛分布在西北太平洋地区（Boletzky，1999）。柔鱼对海洋环境的变化非常敏感（Chen et al.，2008；Nigmatullin et al.，2001），其捕捞努力量、CPUE 等丰度指标与多种环境因子之间存在稳健的关系，可用栖息地适宜性指数（HSI）、灰色关联分析（GRA）和广义加性模型（GAM）等数学方法进行刻画（Li et al.，2016；Maynou et al.，2003）。对头足类渔业资源进行空间模式及其海洋环境影响的全面分析，不仅有助于推动渔业资源的空间问题研究，而且有助于渔业生产与管理保护政策的制定。

1.3　渔业资源数据处理与分析方法

对渔业资源空间数据进行处理、分析渔业资源空间模式对于渔业资源开发和管理至关重要。原始商业捕捞数据的分布是不规则的，记录的是固定的经纬度作业点，而渔船作业位置是在一定范围内变动的，且海洋鱼类有一定的活动范围和空间。在进行空间分析时，如果直接采用这些不规则的原始点位进行处理，会造成分析结果的不稳定，不能很好地体现渔业空间模式并影响渔情预报的准确性。因此，对原始的渔业数据进行规则化或网格化处理是十分必要的；在网格化处理的基础上，进而对其模式、分布、范围、统计特性进行全方位分析。

（1）数理统计分析方法。数理统计分析方法是渔业资源分析的传统方法，在过去几十年一直沿用。统计学指标是能够体现渔业资源总体分布状态的重要指标，可以对渔业资源状况进行刻画。各种不同计算方式得到的单位捕捞努力量渔获量、捕捞努力量等也可以表征资源的丰度，并通过统计量进行刻画和分析。

（2）空间可视化分析方法。空间可视化分析方法一般对渔业资源的分布状态进行分级可视化显示，通过 GIS 可视化功能直观体现渔业的空间模式，对渔业资源的空间状态进行多角度展示，有助于直观了解渔业资源的空间分布模式。

（3）空间热点模式分析方法。空间热点模式分析方法主要用于识别渔船频繁活动的地点，这些地点可能单次渔获量很高，也可能比较低，可通过全局空间自相关、局部空间自相关等分析方法进行准确识别。空间热点模式分析方法一般可以采用全局 Moran's I 指数、全局 Geary's C 指数、General G 指数刻画渔业资源分布的整体格局；采用局部空间自相关统计量探测渔业资源的聚集特征（张松林和张昆，2007），如通过局部 G 统计量来判定高值和低值的聚集状况（Ord and Getis，2001，1995）。

（4）空间聚类模式分析方法。空间聚类模式分析方法与空间热点模式分析方法类似，都可用于探测渔业资源中存在的聚类簇和聚类特征。空间热点模式分析方法基于空间统计学，其每个聚类簇具有显著的物理意义；而空间聚类模式分析方法（K 均值、层次分析等）往往只针对空间现象进行聚类，其聚类簇的意义不显著，对其解释存在困难，需结合种类及其生活环境进行特定的挖掘和分析。

1.4 渔业分析的尺度问题

空间尺度问题在地理学、景观生态学、地理信息系统及遥感等许多领域都有涉及（Garza，2008；董斌等，2005；徐英等，2004；刘明亮等，2001），在生态学中更是引起了高度关注（李书鼎，2005；吕一河和傅伯杰，2001；Legendre et al.，1997）。渔业资源的全局空间模式、局部空间模式、CPUE-环境关系都受到空间尺度的影响。近年来，空间尺度问题在渔业领域中也逐渐受到关注，许多学者基于不同侧重点对尺度问题进行了探讨。一般地，对渔业资源进行分析，首先需将原始数据划分为规则渔获网格，然后计算每个单位网格的 CPUE、捕捞努力量等，再对捕捞点的属性值进行空间分析和地统计分析。然而，渔业分析的网格大小对分析结果具有显著影响，该网格大小即渔业资源分析的空间尺度，确定该网格大小就是渔业资源分析的空间尺度问题的关键所在。

大多数传统渔业空间问题的研究缺乏对空间尺度关系和尺度效应的考量，不利于深入开展渔业资源与海洋环境的时空分析。在探索海洋渔业资源时空分布问题时，许多研究都是基于某一特定空间尺度来开展的（Bacha et al.，2017；Feng et al.，2017；Allen et al.，2007），所用的空间尺度从 1km 的高分辨率到 5° 的低分辨率不等，网格形状则采用正方形或非方形。例如，Harford 等采用 1km 的方形网格来评估 Glover 珊瑚礁海洋保护区的捕捞死亡率（Harford and Babcock，2015）；Zainuddin 等（2006）和 Ibaibarriaga 等（2007）采用 30′ 的方形网格来研究不同渔业的热点和空间分布；Lewison 等（2004）采用 5°×5° 的粗空间尺度来评估海龟捕捞中存在的兼捕现象。此外，也有研究试图寻找最佳空间尺度：杨铭霞等以 10′ 为间隔，采用 10′~70′ 的 7 个方形空间尺度，利用地统计学方法分析柔鱼资源丰度的空间分布特征，探讨其空间变异特性，结果显示柔鱼资源丰度空间结构具有各向异性（杨铭霞等，2013）；龚彩霞等（2011）以捕捞努力量作为表征栖息地指数的指标，将捕捞努力量与海表温度（sea surface temperature，SST）数据按 12 个不同的空间尺度和 3 个不同的时间尺度建立栖息地适宜性模型，分析及比较它们的结果来评价时空尺度在量化柔鱼栖息地中的作用及其影响。对于柔鱼资源来说，30′×30′ 是研究资源丰度（Chen et al.，2007）、CPUE 标准化（Cao et al.，2011）以及分布和迁移（Choi et al.，2008）普遍采用的空间尺度；另外，60′ 也是渔业资源常采用的空间尺度，有学者在 60′ 的空间分辨率下探索柔鱼资源补充、渔获组成和预报模型等（Martínez et al.，2015；Yen et al.，2012；Waluda et al.，1999）。

对于渔业分析的尺度问题，可以在多尺度下利用冷热点分析（Getis-Ord G_i^*）、GAM 模型、HSI 模型等多种方法进行分析探讨；可以根据不同空间尺度下渔业资源的空间格局，分析环境因子对渔业资源的影响，发掘渔业的空间模式及其变动机理，确定最佳研究尺度；同时可以采用 HSI 模型，选择 CPUE 与捕捞努力量两个资源丰度指标，在空间多尺度下分析海洋环境对渔业资源的影响规律，确定每个海洋环境因子的适宜性 SI 以及环境因子 HSI 的尺度关系，从而为海洋渔业资源的调查提供最佳空间采样方案。

1.5 主要研究内容

本书主要以西北太平洋柔鱼（*Ommastrephes bartramii*）和秘鲁外海茎柔鱼（*Dosidicus gigas*）为研究对象，对其空间模式、HSI、模式-环境关系、空间尺度效应、渔场渔情预报等空间相关问题进行研究。这些研究可为阐述和揭示世界海洋渔业资源的空间问题提供理论和方法基础，以及可供参考的典型案例。

1. 渔业资源空间模式分析

渔业空间模式研究以数理统计为基础，首先探测其整体分布模式；然后以空间自相关为手段刻画渔业资源的空间模式，包括两类指标：全局空间自相关和局部空间自相关。全局指标有时会掩盖局部存在的细节状态（Getis and Ord，1992），即全局离散状态下存在局部聚集可能性、全局聚集状态下存在局部统计不显著区域。所以需要同时结合全局和局部指标来探测渔业空间模式，从而全面反映渔业资源的空间分布格局及其变动机理。

2. 鱼类栖息地适宜性分析

栖息地是影响物种和群落繁殖、生长和生存的关键地理要素，是直接作用于生命活动的生态环境（D'Antonio et al.，2004；Hirzel and Guisan，2002；Brooks，1997）。在渔业科学中，栖息地一般是指生物出现的物理化学环境及与之相关的其他生物栖息地（龚彩霞等，2011）。HIS 是一种评价野生生物生境适宜程度的指数，在研究柔鱼资源渔场分布、渔业与海洋环境的关系、渔业资源的评估与保护等方面被广泛运用（Zorn et al.，2012；李捷等，2009；邵帼瑛和张敏，2006）。基于 HIS 的分析不仅可以发现种类生境状态，也可以为渔业估产和预测预报提供理论基础。

3. 空间模式与环境的关系分析

渔业空间分布与海洋环境密切相关（Yatsu and Watanabe，1996），一般使用 SST（℃）、海表盐度（sea surface salinity，SSS，单位：psu）、chl-a 浓度（chl-a，单位：mg/m³）、海表高度（sea surface height，SSH，单位：cm）及异常、温度梯度、黑潮和亲潮等海洋环境因子，来研究海洋渔业丰度分布的环境效应（Feng et al.，2017；Alabia et al.，2015；Tian et al.，2009；Yatsu et al.，2002）。SST、SSS、chl-a 和 SSH 是浮游动植物生长不可或缺的要

素，它们通过影响初级生产力而影响渔业资源生命周期及其空间分布（Alabia et al.，2015），即丰富的动植物群可以通过提供必需的营养物质和能量来影响渔业生命活动（Nishikawa et al.，2015；Mugo et al.，2014；Watanabe et al.，2009）。因此，探测空间模式与海洋环境的关系是揭示渔业时空模式和理解渔业动态机理的关键。

4. 渔业空间分布的尺度效应分析

分析尺度是揭示物种生物学特征和时空分布的基础。传统研究常根据专家知识和经验选取分析尺度（Cheung et al.，2016；Christensen et al.，2003；Murphy et al.，1997）。然而，不同空间尺度会导致不同的研究结果。国外有学者比较了不同空间分辨率下的全球和局部的总可捕捞量（Holland and Herrera，2010），但是仍然不确定不同空间网格对结果存在怎样的影响，最佳空间分辨率或最佳空间网格的选取也尚未解决。因此，本书对渔业资源的分析尺度对模式探测的影响、最佳分析尺度的选择进行重点研究。

此外，渔业资源受到海洋环境的影响与制约，其空间模式与海洋环境的关系也与空间尺度直接相关，而在过去的研究中却很少探讨这个问题。本书以西北太平洋柔鱼和秘鲁外海茎柔鱼为例，分析不同空间尺度对渔业资源及其海洋环境关系的作用效应，获取不同方法下最佳的空间尺度，为渔业资源研究的尺度选择和渔业资源调查的方案设计提供理论依据。

5. 渔场渔情空间预报模型建立

渔情预报是指对未来时间一定海域范围内海洋渔业资源的预测，包括对渔期、渔场、鱼群数量和质量等做出快速和合理的预报。渔场渔情预报的基础是海洋种类的发育、生长、行为与环境条件的相互作用机制及其规律。渔场渔情预报的模型和方法较多，其中HSI是一类重要的方法，其范围在 0.0～1.0，用于表示是否有利于鱼类栖息（Thomasma，1981）；基于 HSI 模型，进一步通过卫星遥感和浮标观测等获取最新的海洋环境因素，从而判断和预测某一时段某一海域的渔场渔情状况、可捕获量、持续捕捞时间等。

参考文献

陈新军, 龚彩霞, 田思泉. 2013. 基于栖息地指数的西北太平洋柔鱼渔获量估算. 上海海洋大学学报, (4): 29-33.

陈新军, 陆化杰, 刘必林. 2012. 利用栖息地指数预测西南大西洋阿根廷滑柔鱼渔场. 上海海洋大学学报, 21(3): 431-438.

董斌, 崔远来, 李远华. 2005. 水稻灌区节水灌溉的尺度效应. 水科学进展, 16(6): 833-839.

龚彩霞, 陈新军, 高峰. 2011. 栖息地适宜性指数在渔业科学中的应用进展. 上海海洋大学学报, 20(2): 260-269.

李捷, 李新辉, 谭细畅. 2009. 广东肇庆西江珍稀鱼类省级自然保护区鱼类多样性. 湖泊科学, 21(4): 556-562.

李书鼎. 2005. 放射生态学原理及应用. 北京: 中国环境科学出版社.

刘明亮, 唐先明, 刘纪远. 2001. 基于 1 km 格网的空间数据尺度效应研究. 遥感学报, 5(3): 183-190.

吕一河, 傅伯杰. 2001. 生态学中的尺度及尺度转换方法. 生态学报, (12): 2096-2105.

邵帼瑛, 张敏. 2006. 东南太平洋智利竹鱼渔场分布及其与海表温关系的研究. 上海水产大学学报, 15(4): 468-472.

徐英, 陈亚新, 史海滨. 2004. 土壤水盐空间变异尺度效应的研究. 农业工程学报, 20(2): 1-5.

杨铭霞, 陈新军, 冯永玖, 等. 2013. 中小尺度下西北太平洋柔鱼资源丰度的空间变异. 生态学报, 33(20): 6427-6435.

余为. 2016. 西北太平洋柔鱼冬春生群对气候与环境变化的响应机制研究. 上海: 上海海洋大学.

张松林, 张昆. 2007. 空间自相关局部指标 Moran 指数和 G 系数研究. 大地测量与地球动力学, 27(3): 31-34.

Alabia I D, Saitoh S I, Mugo R, et al. 2015. Seasonal potential fishing ground prediction of neon flying squid (*Ommastrephes bartramii*) in the western and central North Pacific. Fish Oceanogr, 24(2): 190-203.

Allen L G, Pondella I D J, Shane M A. 2007. Fisheries independent assessment of a returning fishery: Abundance of juvenile white seabass (*Atractoscion nobilis*) in the shallow nearshore waters of the Southern California Bight, 1995-2005. Fisheries Research, 88(1-3): 24-32.

Azumaya T, Ishida Y. 2004. An evaluation of the potential influence of SST and currents on the oceanic migration of juvenile and immature chum salmon (*Oncorhynchus keta*) by a simulation model. Fish Oceanogr, 13(1): 10-23.

Bacha M, Jeyid M A, Vantrepotte V, et al. 2017. Environmental effects on the spatio-temporal patterns of abundance and distribution of *Sardina pilchardus* and *Sardinella* off the Mauritanian coast (North-West Africa). Fish Oceanogr, 26(3): 282-298.

Boletzky S V. 1999. Cephalopod Development and Evolution. New York：Springer US.

Brooks R P. 1997. Improving habitat suitability index models. Wildlife Society Bulletin, 25(1): 163-167.

Cao J, Chen X, Chen Y, et al. 2011. Generalized linear Bayesian models for standardizing CPUE: An application to a squid-jigging fishery in the northwest Pacific Ocean. Scientia Marina, 75(4): 679-689.

Chen C, Chiu T, Huang W. 2007. The spatial and temporal distribution patterns of the Argentine short-finned squid, Illex argentinus, abundance in the Southwest Atlantic and the effects of environmental influences. Zoological Studies, 46(1): 111-122.

Chen X, Liu B, Chen Y. 2008. A review of the development of Chinese distant-water squid jigging fisheries. Fisheries Research, 89(3): 211-221.

Cheung W W, Jones M C, Reygondeau G, et al. 2016. Structural uncertainty in projecting global fisheries catches under climate change. Ecological Modelling, 325: 57-66.

Choi K, Lee C I, Hwang K, et al. 2008. Distribution and migration of Japanese common squid, *Todarodes pacificus*, in the southwestern part of the East (Japan) Sea. Fisheries Research, 91(2-3): 281-290.

Christensen V, Guenette S, Heymans J J, et al. 2003. Hundred-year decline of North Atlantic predatory fishes. Fish and fisheries, 4(1): 1-24.

D'Antonio C M, Jackson N E, Horvitz C C, et al. 2004. Invasive plants in wildland ecosystems: Merging the study of invasion processes with management needs. Frontiers in Ecology & the Environment, 2(10): 513-521.

Damalas D, Megalofonou P, Apostolopoulou M. 2007. Environmental, spatial, temporal and operational effects on swordfish (*Xiphias gladius*) catch rates of eastern Mediterranean Sea longline fisheries. Fisheries Research, 84(2): 233-246.

Farley J H, Williams A J, Hoyle S D, et al. 2013. Reproductive dynamics and potential annual fecundity of South Pacific albacore tuna (*Thunnus alalunga*). PLoS One, 8(4): e60577.

Feng Y, Cui L, Chen X, et al. 2017. A comparative study of spatially clustered distribution of jumbo flying squid (*Dosidicus gigas*) offshore Peru. J Ocean Univ, 16(3): 490-500.

Garza C. 2008. Relating spatial scale to patterns of polychaete species diversity in coastal estuaries of the western United States. Landscape Ecology, 23(1): 107-121.

Getis A, Ord J K. 1992. The analysis of spatial association by use of distance statistics. Geographical Analysis, 24(3): 189-206.

Harford W J T C, Babcock E A.2015. Simulated mark-recovery for spatial assessment of a spiny lobster (*Panulirus argus*) fishery. Fisheries Research, 165(3): 42-53.

Hawkins J P, Roberts C M. 2004. Effects of fishing on sex-changing Caribbean parrotfishes. Biological Conservation, 115(2): 213-226.

Hirzel A, Guisan A. 2002. Which is the optimal sampling strategy for habitat suitability modelling. Ecological Modelling, 157(2): 331-341.

Holland D S, Herrera G E. 2010. Benefits and risks of increased spatial resolution in the management of fishery metapopulations under uncertainty. Natural Resource Modeling, 23(4): 494-520.

Ibaibarriaga L, Irigoien X, Santos M, et al. 2007. Egg and larval distributions of seven fish species in north-east Atlantic waters. Fish Oceanogr, 16(3): 284-293.

Legendre P, Thrush S F, Cummings V J, et al. 1997. Spatial structure of bivalves in a sandflat: Scale and generating processes. Journal of Experimental Marine Biology & Ecology, 216(1-2): 99-128.

Lewison R L, Freeman S A, Crowder L B. 2004. Quantifying the effects of fisheries on threatened species: The impact of pelagic longlines on loggerhead and leatherback sea turtles. Ecology Letters, 7(3): 221-231.

Li G, Cao J, Zou X, et al. 2016. Modeling habitat suitability index for Chilean jack mackerel (*Trachurus murphyi*) in the South East Pacific. Fisheries Research, 178(4): 47-60.

Lu H J, Lee K T, Lin H L, et al. 2001. Spatio-temporal distribution of yellowfin tuna Thunnus albacares and bigeye tuna Thunnus obesus in the Tropical Pacific Ocean in relation to large-scale temperature fluctuation during ENSO episodes. Fisheries Science, 67(6): 1046-1052.

Mantua N J, Hare S R. 2002. The pacific decadal oscillation. Journal of Oceanography, 58(1): 35-44.

Martínez Ortiz J, Aires-da Silva A M, Lennert Cody C E, et al. 2015. The Ecuadorian artisanal fishery for large pelagics: Species composition and spatio-temporal dynamics. PloS One, 10(8): e0135136.

Maynou F, Demestre M, Sánchez P. 2003. Analysis of catch per unit effort by multivariate analysis and generalised linear models for deep-water crustacean fisheries off Barcelona (NW Mediterranean). Fisheries Research, 65(1): 257-269.

Mugo R M, Saitoh S-I, Takahashi F, et al. 2014. Evaluating the role of fronts in habitat overlaps between cold and warm water species in the western North Pacific: A proof of concept. Deep Sea Research Part II: Topical Studies in Oceanography, 107: 29-39.

Murphy E, Trathan P, Everson I, et al. 1997. Krill fishing in the Scotia Sea in relation to bathymetry, including the detailed distribution around South Georgia. CCAMLR Science, 4(6): 1-17.

Nigmatullin C M, Nesis K N, Arkhipkin A I. 2001. A review of the biology of the jumbo squid *Dosidicus gigas* (Cephalopoda: *Ommastrephidae*). Fisheries Research, 54(1): 9-19.

Nishikawa H, Toyoda T, Masuda S, et al. 2015. Wind-induced stock variation of the neon flying squid (*Ommastrephes bartramii*) winter-spring cohort in the subtropical North Pacific Ocean. Fish Oceanogr, 24(3): 229-241.

Ord J K, Getis A. 1995. Local spatial autocorrelation statistics: Distributional issues and an application. Geographical Analysis, 27(4): 286-306.

Ord J K, Getis A. 2001. Testing for local spatial autocorrelation in the presence of global autocorrelation. Journal of Regional Science, 41(3): 411-432.

Reiss C S, Checkley D M, Bograd S J. 2008. Remotely sensed spawning habitat of Pacific sardine (*Sardinops sagax*) and Northern anchovy (*Engraulis mordax*) within the California Current. Fish Oceanogr, 17(2): 126-136.

Revill A T, Young J W, Lansdell M. 2009. Stable isotopic evidence for trophic groupings and bio-regionalization of predators and their prey in oceanic waters off eastern Australia. Marine Biology, 156(6): 1241-1253.

Thomasma L E. 1981. Standards for the development of habitat suitability index models.Wildlife Society Bulletin, 19:1-171.

Tian S, Chen X, Chen Y, et al. 2009. Standardizing CPUE of *Ommastrephes bartramii* for Chinese squid-jigging fishery in Northwest Pacific Ocean. Chinese Journal of Oceanology and Limnology, 27(4): 729-739.

Waluda C, Trathan P, Rodhouse P. 1999. Influence of oceanographic variability on recruitment in the *Illex argentinus* (Cephalopoda: *Ommastrephidae*) fishery in the South Atlantic. Marine Ecology Progress Series, 183(1): 159-167.

Watanabe H, Kubodera T, Yokawa K. 2009. Feeding ecology of the swordfish *Xiphias gladius* in the subtropical region and transition zone of the western North Pacific. Marine Ecology Progress Series, 396(4): 111-122.

Yatsu A, Watanabe T, Mori J, et al. 2002. Interannual variability in stock abundance of the neon flying squid, *Ommastrephes bartramii*, in the North Pacific Ocean during 1979-1998: Impact of driftnet fishing and oceanographic conditions. Fish Oceanogr, 9(2): 163-170.

Yatsu A, Watanabe T. 1996. Interannual variability in neon flying squid abundance and oceanographic conditions in the central North Pacific, 1982-1992. Bulletin of the National Research Institute of Far Seas Fisheries, (33): 123-138.

Yen K, Lu H J, Chang Y, et al. 2012. Using remote-sensing data to detect habitat suitability for yellowfin tuna in the Western and Central Pacific Ocean. International Journal of Remote Sensing, 33(23): 7507-7522.

Zainuddin M, Kiyofuji H, Saitoh K, et al. 2006. Using multi-sensor satellite remote sensing and catch data to detect ocean hot spots for albacore (*Thunnus alalunga*) in the northwestern North Pacific. Deep Sea Research Part II: Topical Studies in Oceanography, 53(3): 419-431.

Zorn T G, Seelbach P W, Rutherford E S. 2012. A regional-scale habitat suitability model to assess the effects of flow reduction on fish assemblages in Michigan Streams. Jawra Journal of the American Water Resources Association, 48(5): 871-895.

第2章　渔业数据处理的基本方法

2.1　商业捕捞数据及环境数据的获取方法

2.1.1　商业捕捞数据

本章采用的海洋渔业数据均为商业捕捞数据，包括西北太平洋柔鱼数据和秘鲁外海茎柔鱼数据，由设在上海海洋大学的中国远洋渔业协会鱿钓技术组提供。这些数据的元素包括捕捞日期、渔船所属公司、渔船类型、捕捞地点（经度和纬度）、每日运营的渔船数量、每日渔船捕捞总量、作业次数等。据此，可以计算每个捕捞数据点或网格点的 CPUE 和捕捞努力量等，基于这些数据可进行渔业资源和丰度的空间分析以及渔场渔情预报等。

商业捕捞数据一般采用数据库或数据表格的方式进行处理，如简单的 Excel 表格或者普通数据库系统。其中，最重要的是对网格进行划分，网格的大小和划分方式对于空间模式分析至关重要。在鱿钓过程中，渔船以一定速度航行，其位置在一定范围内不断变动，而且捕捞有一定的延伸范围，因此以记录的原始商业捕捞点位数据进行分析存在误差。为了在柔鱼资源的聚类模式、中心渔场分布、分布模式与海洋环境因子的关系等统计分析中得到稳定的分析结果，学者们提出将原始数据按照一定的尺度（常见为 $0.5°$）网格化。网格化的渔业数据能够通过网格尺寸调整空间分析视角，有助于挖掘渔业资源潜在的空间分布规律。图 2-1 展示了原始商业捕捞数据和对应的以 $0.5°$ 标准尺度网格化的渔业数据。

序号	公司名称	日期	经度(°E)	纬度(°N)	CPUE
1	舟山市普陀远洋渔业	2007/7/16	159.2	40.2	3.952381
2	舟山市普陀远洋渔业	2007/7/17	157.17	39.48	3.671429
3	舟山市普陀远洋渔业	2007/7/18	157.08	39.5	5.952381
4	舟山市普陀远洋渔业	2007/7/19	157.4	39.38	7.142857
5	舟山市普陀远洋渔业	2007/7/20	157.32	39.43	6.571429
6	舟山市普陀远洋渔业	2007/7/21	157.14	39.57	7.904762
7	舟山市普陀远洋渔业	2007/7/22	156.48	40.21	9.619048
8	舟山市普陀远洋渔业	2007/7/23	156.34	40.36	7.714286
9	舟山市普陀远洋渔业	2007/7/24	156.39	40.35	6.904762
10	舟山市普陀远洋渔业	2007/7/25	157.03	40.18	9.285714
11	舟山市普陀远洋渔业	2007/7/26	157.4	40.08	8.142857
12	舟山市普陀远洋渔业	2007/7/27	157.56	40.06	7.809524
13	舟山市普陀远洋渔业	2007/7/28	157.13	40.46	5.047619
14	舟山市普陀远洋渔业	2007/7/29	156.59	40.54	6.333333
15	舟山市普陀远洋渔业	2007/7/30	157.56	40.12	8.238095

(a)

序号	公司名称	日期	网格化经度(°E)	网格化纬度(°N)	网格化CPUE
1	舟山市普陀远洋渔业	2007/7/16	159.00	40.00	4.00
2	舟山市普陀远洋渔业	2007/7/17	157.00	39.50	3.50
3	舟山市普陀远洋渔业	2007/7/18	157.00	39.50	6.00
4	舟山市普陀远洋渔业	2007/7/19	157.50	39.50	7.00
5	舟山市普陀远洋渔业	2007/7/20	157.50	39.50	6.50
6	舟山市普陀远洋渔业	2007/7/21	157.00	39.50	8.00
7	舟山市普陀远洋渔业	2007/7/22	156.50	40.00	9.50
8	舟山市普陀远洋渔业	2007/7/23	156.50	40.50	7.50
9	舟山市普陀远洋渔业	2007/7/24	156.50	40.50	7.00
10	舟山市普陀远洋渔业	2007/7/25	157.00	40.00	9.50
11	舟山市普陀远洋渔业	2007/7/26	157.50	40.00	8.00
12	舟山市普陀远洋渔业	2007/7/27	157.50	40.00	8.00
13	舟山市普陀远洋渔业	2007/7/28	157.00	40.50	5.00
14	舟山市普陀远洋渔业	2007/7/29	156.50	40.50	6.50
15	舟山市普陀远洋渔业	2007/7/30	157.50	40.00	8.00

(b)

图 2-1　示例性原始商业捕捞数据（a）及其网格化后的渔业数据（b）

2.1.2 海洋环境数据获取方法

海洋环境数据可以通过多种方式获取，主要来自卫星遥感、浮标数据和实地调查。数据获取方式包括：①通过国际海洋相关网站获取，包括 OceanColor、OceanWatch、Argo、NCEI、美国 SST 在线公司、美国环境预报中心、哥伦比亚大学等的海洋相关网站；②通过遥感影像反演获取，可用于反演海洋参数的遥感影像主要来源于 MODIS、美国海湾影像公司、Roffers 海洋渔情预报服务公司、法国 CATSAT 数据、中国地理空间数据云等。

其中，OceanColor 是典型的海洋环境数据网站，由美国国家航空航天局（NASA）的海洋生物处理组织建立。该网站自 20 世纪 90 年代中期开始为 NASA 提供海洋数据支持，收集、处理、检验、存储和发布海洋数据，已经广泛应用于海洋卫星遥感研究领域。在 OceanColor 网站的 Level-1、Level-2 和 Level-3 数据浏览器中，可以可视化搜索和下载感兴趣的海洋环境数据。在 Level-3 浏览器中可以下载 JPEG 格式的海洋水色图片和 HDF 格式的数据，同时还能设置数据的状态、传感器类型、分辨率等参数，获得多种形式的海洋环境数据（图 2-2）。

图 2-2 OceanColor 网站海洋 SST 数据选择页面

Level-3 数据浏览器可提供标准、临时、测试和特殊四种状态的各类数据，包括 chl-a 浓度、光合有效辐射、遥感反射率、日夜海表温度等。图 2-3 是 OceanColor 网站中 Level-3 数据浏览器显示的海洋 SST 下载示例。本章采用的海洋表面月均温数据传感器类型为 MODIS-Aqua（分辨率为 4km 或 9km）。

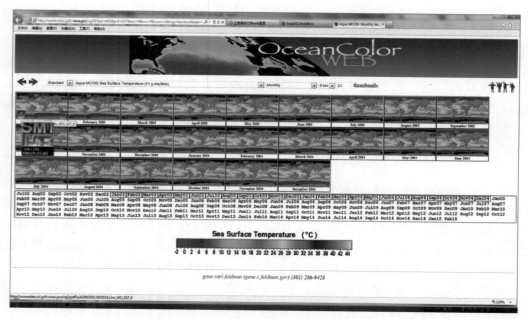

图 2-3　OceanColor 网站海洋 SST 数据下载页面

另外，获取环境数据还有以下途径。

（1）NOAA National Centers for Environmental Information (NCEI): https://www.nodc.noaa.gov；

（2）OceanColor/SeaDAS: https://oceancolor.gsfc.nasa.gov；

（3）NOAA ESRL Physical Sciences Laboratory (PSL): http://www.esrl.noaa.gov/psd/programs/；

（4）NASA OceanColor: http://oceancolor.gsfc.nasa.gov；

（5）Argo 全球海洋观测网：http://argo.ucsd edu/data/argo-data-products；

（6）国家气象科学数据中心：http://data.cma.cn；

（7）对地观测数据共享计划：http://ids.ceode.ac.cn；

（8）地理空间数据云：http://www.gscloud.cn。

2.2　渔业空间数据基本处理方法

1. CPUE 的定义和计算方法

CPUE 能够反映渔场资源量和资源密度的相对大小，常作为渔业资源丰度的相对指标。对于商业捕捞数据来说，不同的空间处理方法可能会产生不同的结果。目前，计算 CPUE 的方法主要有三种：①直接将每个记录的产量除以其对应的捕捞努力量（effort）计算出 CPUE 值；②先对所有的记录计算出 CPUE，然后以某一空间尺度（渔获网格，如 0.5°×0.5°）统计数据，对每个网格内所有的 CPUE 直接求平均值（所有 CPUE 求和再除以捕捞努力量）；③以某一空间尺度统计数据为基础，用网格内所有记录的总产量除以总捕捞努力量计算得到 CPUE。其中，第一种方法保留了原始数据的特点，后两种方法由于计算了平均值，平滑了部分异常值的影响。用三种方法分别计算的 CPUE 公式如下（冯永玖等，2014a，2014b；陈新军等，2011）：

$$\text{方式 1：} \qquad \text{CPUE}_a = \frac{\text{Catch}}{\text{Effort}} \qquad\qquad (2\text{-}1)$$

式中，Catch 表示一艘渔船一天的捕捞量（t）；Effort 表示其对应的作业次数。

$$\text{方式 2：} \qquad \text{CPUE}_b = \frac{\sum \text{CPUE}_{ai}}{n} \qquad\qquad (2\text{-}2)$$

式中，$\sum \text{CPUE}_{ai}$ 表示特定时间段（如一个月）某空间尺度（即渔获网格，如 $0.5° \times 0.5°$）内记录的CPUE总和，每个CPUE的计算方法同式（2-1）；n 表示记录的CPUE的个数。

$$\text{方式 3：} \qquad \text{CPUE}_c = \frac{\sum \text{Catch}_i}{\sum \text{Effort}_i} \qquad\qquad (2\text{-}3)$$

式中，CPUE_c（t/d）是 CPUE 的计量单位；$\sum \text{Catch}_i$ 是在特定时间段（如一个月）特定空间尺度下所有渔船的总捕捞量（t）；$\sum \text{Effort}_i$ 即所有捕捞努力量（船只）的总和。

2. 采用原始点数据进行分析

GIS 可以通过原始点数据进行位置分布的描述，进而直观表达渔业资源的空间分布。原始数据的每个数据点包括捕捞生产的船名、时间、空间位置、作业次数和渔获量等信息，一部分研究直接采用捕捞商业数据的原始点位来进行分析。例如，冯永玖等以 2007 年和 2010 年鱿钓渔业的原始点位数据为基础，利用常规统计和探索性空间数据分析（ESDA）中的全局空间自相关分析方法，对西北太平洋柔鱼资源空间分布及其变动进行研究（冯永玖等，2014a）。结果表明，西北太平洋柔鱼资源呈现较强的聚集分布特征，但不同空间位置差异较大。从 GIS 的角度来看，利用原始点位进行研究存在其合理性，而且国内外不乏采用原始点位研究渔业空间分布的成功案例。

3. 采用网格化数据进行分析

商业捕捞数据的原始点位在空间上分布规律性较强，但是在解释渔业资源的动力学中有其局限性。实际上，渔船在捕捞生产过程中无法保持绝对静止状态，同时鱿钓需要用到较长的工具，会导致捕捞生产的空间位置不精确。因此，很多研究选择对原始点数据进行网格化（如 $0.5° \times 0.5°$）以进行后续的处理分析。常见的网格化方法包括两种：Excel 表格网格化和 ArcGIS 方式网格化。

假设渔获单元为 $0.5° \times 0.5°$，Excel 表格网格化可以借助以下公式进行处理。处理后的经纬度＝［Round（原始经纬度/0.5），0］×0.5。图 2-4 显示，Lonx 和 Latx 为渔船的原始点位，Lonx'与 Latx'为网格化后的空间位置，图 2-4 中 CPUE 由原始点位数据根据式（2-1）所得，进而可根据实验目的与要求借助式（2-2）和式（2-3）进行后续处理。

序号	公司名称	渔船名	日期	Lonx	Latx	CPUE		Lonx'	Latx'
1	舟山宁泰远洋渔业有限公司	金海821	2010/6/29 0:00	156.16	39.1	1.5		156.0	39.0
2	舟山宁泰远洋渔业有限公司	金海821	2010/6/30 0:00	156.41	39.23	1.8		156.5	39.0
3	舟山宁泰远洋渔业有限公司	金海821	2010/7/1 0:00	156.58	39.13	1.8		156.5	39.0
4	舟山宁泰远洋渔业有限公司	金海821	2010/7/2 0:00	156.8	39.2	1.5		157.0	39.0
5	舟山宁泰远洋渔业有限公司	金海821	2010/7/3 0:00	157.48	39.11	2		157.5	39.0
6	舟山宁泰远洋渔业有限公司	金海821	2010/7/4 0:00	156.93	39.15	1.8		157.0	39.0
7	舟山宁泰远洋渔业有限公司	金海821	2010/7/5 0:00	156.3	39.25	1.5		156.5	39.5
8	舟山宁泰远洋渔业有限公司	金海821	2010/7/6 0:00	156.7	39.06	1.6		156.5	39.0
9	舟山宁泰远洋渔业有限公司	金海821	2010/7/7 0:00	157.25	39.1	1.5		157.5	39.0
10	舟山宁泰远洋渔业有限公司	金海821	2010/7/8 0:00	157.48	38.83	1		157.5	39.0
11	舟山宁泰远洋渔业有限公司	金海821	2010/7/9 0:00	157.31	38.86	1.5		157.5	39.0
12	舟山宁泰远洋渔业有限公司	金海821	2010/7/10 0:00	153.88	39.53	1.5		154.0	39.5
13	舟山宁泰远洋渔业有限公司	金海821	2010/7/11 0:00	153.23	39.56	1.5		153.0	39.5
14	舟山宁泰远洋渔业有限公司	金海821	2010/7/12 0:00	153.5	39.53	1.5		153.5	39.5
15	舟山宁泰远洋渔业有限公司	金海821	2010/7/13 0:00	153.58	39.58	1		153.5	39.5

图 2-4 利用 Excel 对商业捕捞数据进行网格化处理示例

ArcGIS 方式网格化可以分步实现：①将原始点位数据导入 ArcGIS 软件，设置空间参考；②将矢量点栅格化（ArcToolbox—Conversion Tools—To Raster—Point to Raster）求渔获量的和以及捕捞努力量的和；③利用栅格计算器（ArcToolbox—Spatial Analyst Tools—Map Algebra—Raster Calculator）将总渔获量除以总捕捞努力量得到 CPUE。

以下是具体操作示例。图 2-5 显示将数据从 Excel 导入 ArcGIS 中，其中 Lonx 和 Latx 分别是点位 x 的经度和纬度，示例中选择空间参考椭球体为 WGS84。

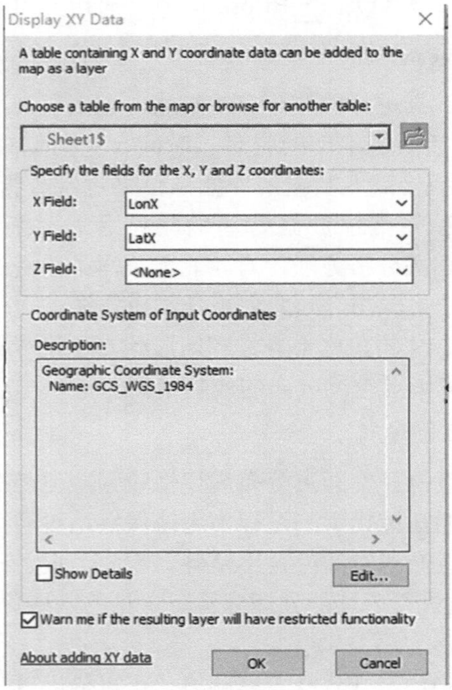

图 2-5 将原始点位的 Excel 数据导入 ArcGIS 软件

图 2-6 显示示例中导入的商业捕捞数据的属性，其中 Effort 和 Catch 分别是该点位对应的捕捞努力量和渔获量。

	Year	Month	LonX	LatX	Effort	Catch	Shape *
▶	2004	5	176.283333	39.3	1	1	Point
	2004	5	176.283333	39.3	1	1	Point
	2004	5	176.5	39	1	.5	Point
	2004	5	176.5	39	1	.5	Point
	2004	5	176.5	39.5	1	1	Point
	2004	5	176.5	39.5	1	1	Point
	2004	5	176.55	39.6	1	2	Point
	2004	5	175.75	39.333333	1	2	Point
	2004	5	175.75	39.333333	1	1.5	Point
	2004	5	175.95	39.35	5	9	Point
	2004	5	176.416667	39.433333	1	2	Point
	2004	5	176.416667	39.433333	1	2	Point
	2004	5	176.453333	39.333333	18	.600000	Point
	2004	5	176.75	39	1	1	Point
	2004	5	176.75	39	1	1	Point
	2004	5	176.816667	39.65	1	2	Point
	2004	5	176.816667	39.65	1	2	Point
	2004	5	176.833333	39.666667	1	3	Point
	2004	5	176.9	39.333333	4	9	Point
	2004	5	177.65	39.533333	1	1	Point
	2004	5	177.65	39.533333	1	1	Point

图 2-6　导入的商业捕捞示例数据原始属性

图 2-7 和图 2-8 分别是借助 Point to Raster 工具求取渔获量总和和捕捞努力量总和，Cell assignment type 选择"SUM"（求和），Cellsize 选择 0.5°（即空间分辨率）。

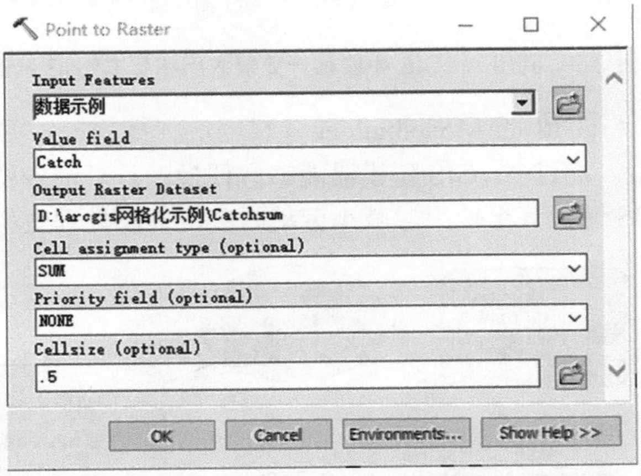

图 2-7　利用 ArcGIS 对原始点位进行栅格化求渔获量总和

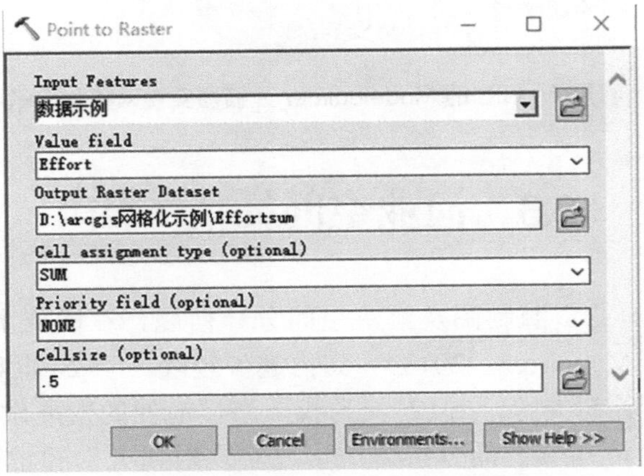

图 2-8　利用 ArcGIS 对原始点位进行栅格化求捕捞努力量总和

将上述计算得到的渔获量总和除以捕捞努力量总和，以得到网格化的 CPUE 值，如图 2-9 所示。

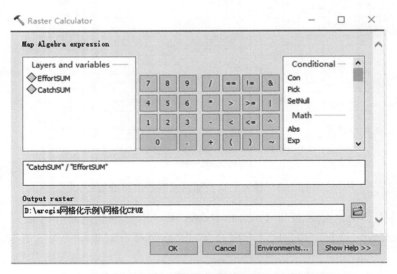

图 2-9　利用 ArcGIS 中栅格计算器求网格化 CPUE 示例

另外，可以借助 ArcGIS 的 Modelbuilder 建模器进行批处理，图 2-10 为构建的渔业资源网格化 ArcGIS 模型。通过 ArcGIS 建模器能够方便批量处理渔业资源的网格化问题，构建的模型也可供非 GIS 专业人士使用，减小劳动强度，提高处理效率和精度。

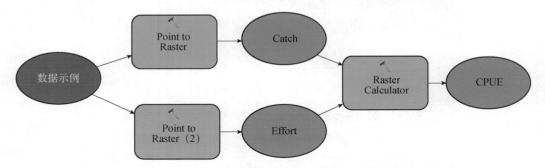

图 2-10　利用 ArcGIS 的 Modelbuilder 建模器实现网格化 CPUE 批处理

2.3　渔业空间插值方法

利用 GIS 进行渔业资源制图及解决空间分异问题，在国际上已有近 30 年的历史（Meaden and Aguilar-Manjarrez，2013）。国内起步较晚，于 20 世纪 90 年代中期将 GIS 引入海洋渔业领域（徐海龙等，2012），为我国海洋渔业的发展做出了重要贡献。实际上，GIS 的核心在于应用其空间分析方法可以实现对研究对象的地理认知；应用与其息息相关的地统计方法能够掌握渔业资源的空间分布模式。地统计方法结合地物的空间属性和经典统计学方法，同时考虑样本的空间位置、距离及相关性，对地物的空间格局和分异特性进行综合分析，弥补了经典统计学对地物空间属性考虑不足的缺陷（李灵智等，2013）。

十余年来，GIS 的地统计方法和空间分析方法不同程度地应用在渔业资源空间模式的分析中，如东太平洋和印度洋黄鳍金枪鱼（*Thunnus albacares*）（Maries et al.，2013；杨晓明等，2012）、西南大西洋深海红蟹（*Chaceon notialis*）（Gutiérrez et al.，2011）、东海区中上层和底层鱼类资源（苏奋振等，2004）、东海区小黄鱼（*Larimichthys polyactis*）（张寒野和程家骅，2005）、东海鳀鱼（*Engraulis japonicus*）（牛明香等，2013）和西北太平洋柔鱼（杨铭霞等，2013）。狭义上，地统计方法往往指的是空间插值（Longley et al.，2001），其最基本的理论假设为，空间位置越靠近的点，越可能具有相似的特征；距离越远的点，特征相似的可能性越小（李新等，2003）。渔业资源的原始数据点分布是不规则的，在渔业资源研究中一般把这些不规则的数据点划分为规则的网格样点；但不管是规则还是不规则的分布，点状数据均不会覆盖整个研究区。因此，为了获取区域内渔业资源的分布状态，往往采用空间插值方法将点数据插值为面域数据。在空间插值时，需要考虑两个重要问题：①样本点数据的分布规律，可用半变异函数（模型）进行拟合；②对插值结果的评价，即空间插值的不确定性分析。在渔业资源研究中，当涉及空间异质性分析时，半变异函数的作用显著，在许多案例中也应用得较为成功；但当涉及空间插值时，大多数研究往往并未使用半变异函数去检测数据的分布特征，同时对空间插值结果也没有可信的评价。

2.3.1　渔业数据空间插值的方案

利用空间插值进行渔业资源分布预测，包括数据表达与空间可视化、空间数据探测、半变异函数建模、插值预测图和预测结果空间不确定性分析 5 个步骤（图 2-11）：①获取原始采样点数据，将地理坐标投影到平面坐标（可采用基于 WGS84 椭球体的 UTM 投影方式），对获取的原始数据进行渔业网格划分（如 0.5°×0.5°），并计算每个数据点的资源丰度值，在渔业资源科学中该值为 CPUE，通过 GIS 的分级符号化显示方法将数据予以呈现（图 2-12）；②对数据质量进行检查，包括正态分布检验与数据转换、趋势效应、空间相关及方向变异特性等，同时半变异函数的建模还需测算平均空间相关距离（Tian et al.，2013；刘爱利等，2012；Mitchell，1999）；③进行模型拟合与变异函数的估计，包括模型参数设置、模型最优化和搜索；④生成空间插值预测图，包括填充等值线图、栅格图和矢量图等（Tian et al.，2013；刘爱利等，2012；Mitchell，1999）；⑤对预测结果进行不确定性分析（如 ArcGIS 中的交叉检验）（Mitchell，1999），本节在交叉检验的基础上还提出了利用拟合优度和一致性进行评判的方法。

克里金插值方法是基于数据的空间自相关性的一种插值方法。在 ArcGIS 平台中使用该插值方法首先需要激活地统计分析模块，然后点击地统计工作流开始插值。以下是插值案例：第一步，选择要进行插值的数据集（2007 年柔鱼商业捕捞数据）及其属性 CPUE（图 2-13）；第二步，对数据进行 Box-Cox 转换（图 2-14），使数据呈正态分布；第三步，选择半变异函数和协方差函数，作为距离函数测量统计相关性的强度（图 2-15）；第四步，寻找邻域，设置寻找半径，查看每一处邻域内包含的数据，了解数据的空间关系（图 2-16）；第五步，获得克里金插值模型参数（图 2-17）。

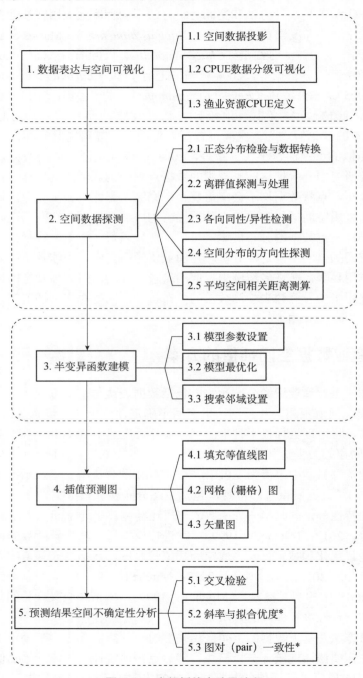

图 2-11　空间插值方法及流程

*表示该方法首次应用于渔业资源分析中

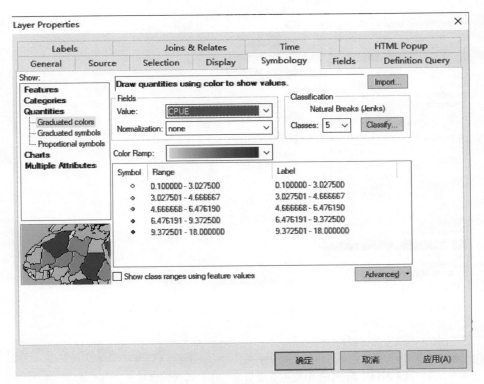

图 2-12　西北太平洋柔鱼 CPUE 的分级显示

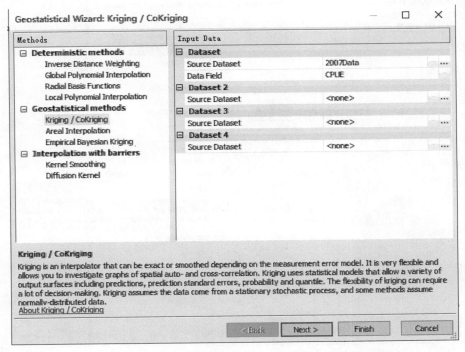

图 2-13　ArcGIS 中克里金插值第一步：选择插值数据及属性值

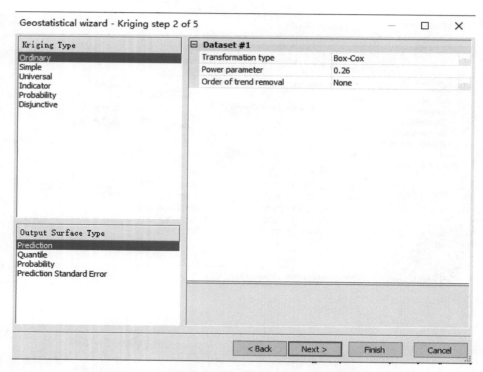

图 2-14　ArcGIS 中克里金插值第二步：将数据转换为正态分布

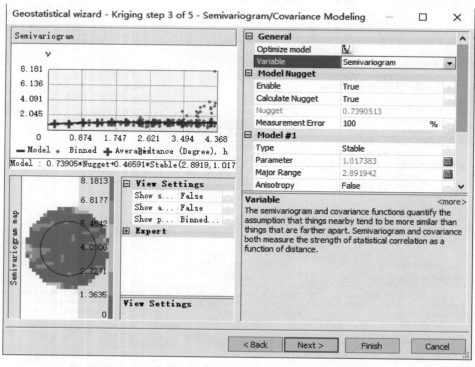

图 2-15　ArcGIS 中克里金插值第三步：半变异函数/协方差函数选择

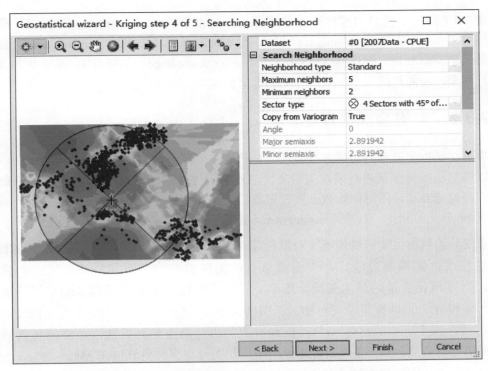

图 2-16 ArcGIS 中克里金插值第四步：寻求近邻数据

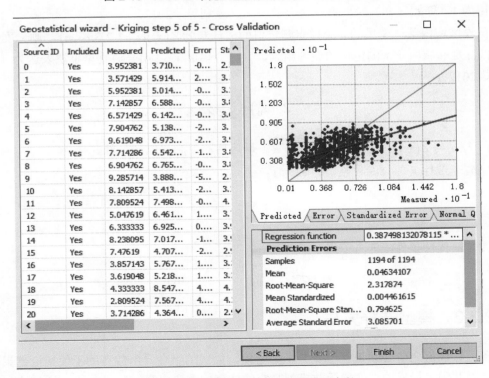

图 2-17 ArcGIS 中克里金插值模型参数

图 2-17 列出了模型精度评价。如果该模型标准平均值（mean standardized）最接近零，均方根误差（root-mean-square）最小，平均标准误差（average standard error）最接近均方根误差，标准均方根误差（root-mean-square standardized）最接近 1，那么认为该模型是最优模型，按照最优模型参数进行克里金插值即可。

2.3.2 克里金插值理论

克里金插值法又称空间局部插值法，是建立在变异函数理论及结构分析基础上，在有限区域内对区域化变量进行线性无偏最优估计的一种方法（刘爱利等，2012）。根据空间插值的理论与方法，需对原始数据进行探测并进行半变异函数建模。常用的半变异函数有球形（spherical）模型、指数（exponential）模型和高斯（Gaussian）模型等。

半变异函数的主要参数如下（刘爱利等，2012）：①块金值 C_0，随机变异引起的空间异质性程度；②偏基台值 C，变量由自身结构性引起的空间异质性程度；③基台值 C_0+C，区域化变量的最大变异，即半变异函数的极限值，表示整体的空间异质性程度；④变程 A，反映变量空间自相关范围的大小，与影响柔鱼资源的各种生态过程相互作用有关；⑤变异值 $C/(C_0+C)$，反映自相关引起的空间异质性占总空间异质性的比例。如果变异值<25%，表明研究对象的空间相关性很弱；变异值在 25%~75%，表明研究对象具有中等空间相关性；若变异值>75%，表明研究对象具有很强的空间相关性；当变异值为 1（即 $C_0=0$）时，称作块金效应（刘爱利等，2012）。

假设区域内某一变量的 n 个样点测定值的估计量为 $Z(x_i)(i=1,2,3,\cdots,n)$，则 x_0 处的真值 $Z(x_0)$ 是邻域内 n 个测定值的线性组合，其估计值 $Z^*(x_0)$ 用普通克里金法表达为（刘爱利等，2012）：

$$Z^*(x_0)=\sum_{i=1}^{n}\lambda_i Z(x_i) \tag{2-4}$$

式中，λ_i 是与 $Z(x_i)$ 位置有关的加权系数。最后估测需满足以下条件。

（1）无偏性条件，即权系数之和为 1：

$$\sum_{i=1}^{n}\lambda_i=1 \tag{2-5}$$

（2）最优性条件，即方差最小：

$$\sigma^2[Z^*(x_0)-Z(x_0)]=\min \tag{2-6}$$

2.3.3 模型选择方法

在进行插值之前必须进行半变异函数建模，最优的半变异函数有助于使插值结果接近最优，因此确定最优的半变异函数模型是空间插值的重要内容。在 GS+中，通过决定系数

R^2 和残差 SS 进行最优选择，要求决定系数尽量大而残差尽量小。

插值结果是否可靠可以通过交叉检验实现。交叉检验是指每次从采样数据中取出一点，用其他点来预测该点的值，将预测值与真实值进行比较之后，再将该点放回原始采样数据，然后从所有样点中取出另一个未被取出过的点，用剩余点来对其进行预测（刘爱利等，2012）。在 ArcGIS 中，交叉检验包含以下 5 个指标（Mitchell，1999）：Mean、Mean Stand、Root-M-S、RMS Stand 和 Average St. Err.。Mean 是预测误差的算术平均值，该值越接近 0 则说明预测值越是无偏；Mean Stand 是平均误差的标准化值，该值越接近 0 则越好；Root-M-S 是均方根误差，Average St. Err. 是平均标准误差，这两个值越小则预测值与真实值的偏差就越小；RMS Stand 是标准均方根误差，该值越接近 1 则预测越精确。在实际插值中，上述 5 个指标往往不会显示出一致的趋势，即有可能部分指标指示预测结果较好，而部分指标却指示预测结果较差。鉴于此，对 5 个误差的标准值和实际插值的误差值建立误差的数据对，测算拟合优度（RSQ）和一致率（SLOPE），这两个值越接近 1 表明预测结果越好。

此外，可以通过图对一致性（maps agreement）和 Kappa 系数，评价两种不同插值预测结果的相似度，即基于两幅栅格预测图，通过逐像元比较而得到精度或一致性指标，在遥感图像的分类精度评价中应用广泛，其详细计算方法可参见文献（Campbell and Wynne，2011）。借用这两个指标来评价两幅空间插值图的相似度或一致性，图对一致性和 Kappa 系数越高，说明两种插值结果之间的差异越小。

2.4　渔业空间可视化方法

2.4.1　Voronoi 图（泰森多边形）构建方法

捕捞船只在海上的捕捞点是有限的，产生的渔业资源的捕捞记录数据必然是点数据（陈新军等，2011），但渔业资源在空间上是连续分布的。在渔业资源研究中，了解整个海域的资源分布状态更有意义，因此需要产生面状的评估结果。从 GIS 方法学的角度来看，这涉及从点实体向其影响范围（面实体）转换的过程（Longley et al.，2001）。

渔业资源的空间表达，一般是以规则的网格进行划分并计算每个网格相应的 CPUE 值（Tian et al.，2009）。这种规则的网格有其生态学的科学基础和实践意义，每个方形网格的长度即渔业资源研究中的分辨率，如最为常用的是 $50' \times 50'$（陈新军等，2011）。规则网格中，每个渔业资源数据点的影响范围也是规则的，如在 $50' \times 50'$ 分辨率中每个点的影响范围是该数据点 $25'$ 的邻域。然而在生态学和地理学中，由于捕捞数据点的不规则性，要求每个点的影响范围具有规则性几乎是不可能的。因此，在渔业资源中需要一种能够较为准确地表达数据点空间不规则特性的方法，从而确定其不规则的影响范围（冯永玖等，2014b）。

Voronoi 图是一种用于界定点实体空间影响范围的方法，在 GIS 中 Voronoi 图也被称为泰森多边形（Longley et al.，2001）。与其对偶形式不规则三角网（TIN）不同，Voronoi 图产生的并不是影响范围的凸包（冯永玖等，2014b），而是覆盖整个研究区。随着影响范围的生成，研究区内每个空间位置均有 CPUE 值。

以鱿钓船的西北太平洋柔鱼资源丰度原始点位数据为例，通过 Voronoi 图界定每个点的空间影响范围。首先在 ArcGIS 平台中使用泰森多边形工具（ArcToolbox—Analyst Tools—proximity—Create Thiessen Polygons）进行空间分析（图 2-18），该工具用于将点输入要素所覆盖的区域划分为泰森区域或近端区域，区域内的任何位置都比其他输入点更靠近其关联的输入点，所有点数据都被三角剖分成符合 Delaunay 准则的 TIN。然后生成每个三角形边缘的垂直平分线确定泰森多边形的边缘，等分线相交的位置为泰森多边形顶点的位置（图 2-19）。

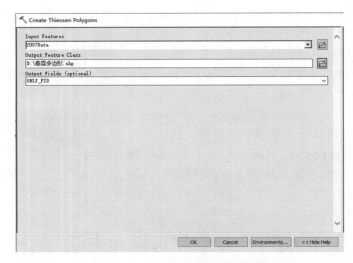

图 2-18　创建 2007 年西北太平洋柔鱼采样点的泰森多边形

图 2-19　根据 2007 年西北太平洋柔鱼数据创建泰森多边形的结果

2.4.2　三维可视化方法

三维可视化方法是指在二维平面上表示出空间数据的三维形态特征的图形表示方法。等值线法、分层设色法以及数字地形模型（DTM）是常用的三维可视化方法。当 DTM 的地形属性为高程时，就是数字高程模型（DEM），即 DEM 是 DTM 的一个子集。DEM 的表示方法分为规则网格和不规则网格。商业捕捞数据不规则地分布在研究区域内，选择其 CPUE 属性为字段建立 TIN，再进行空间插值就可以完成其三维空间可视化。三维可视化有助于全面认识渔场丰度，实现更加准确的渔情预报。

2.4.3　三维可视化实例

案例研究区域为 145°E～160°E、38°N～45°N 的西北太平洋海域（图 2-20）。商业捕捞数据中的捕捞点是彼此独立的（非统计学性质），每个捕捞点的 CPUE 也是不连续分布的，这在一定程度上影响了中心渔场的预测精度。因此，需要对研究区域内的捕捞点进行空间插值，使 CPUE 遍布整个研究区域（图 2-21），渔场热点分析结果也包含全部研究区域。

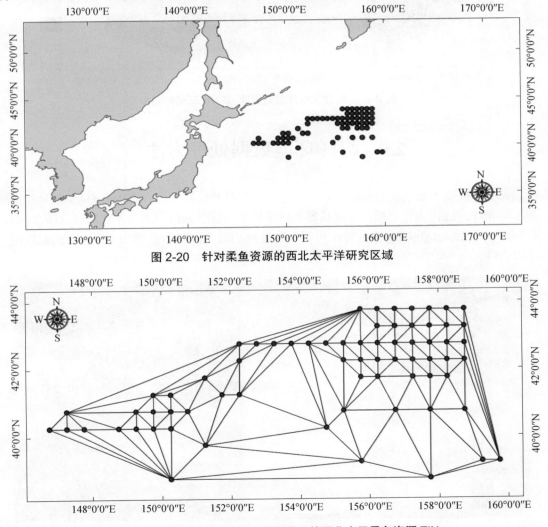

图 2-20　针对柔鱼资源的西北太平洋研究区域

图 2-21　基于归一化 CPUE 数据建立的西北太平柔鱼资源 TIN

渔场热点分析结果通常是二维的，因此其可视化效果的直观性并不强。使用 ArcGIS 三维分析工具，以 CPUE 为字段创建 TIN 对海洋环境因子进行三维可视化显示（图 2-22）。与传统的二维地图相比，三维地图增加了深度指标，更加直观地展示了整个渔场 CPUE 水平和垂直的三维空间分布情况。

图 2-22　西北太平洋柔鱼资源 CPUE 三维可视化

2.5　海洋环境数据处理方法

NOAA 提供了处理其网站海洋水色遥感数据产品的软件 SeaDAS。SeaDAS 软件能够快速处理 SST 数据（图 2-23），实现从原始影像转换为便于分析的海洋参数数据（图 2-24）。将 SST 数据导入 ArcGIS 平台时注意要读取数据的第一波段，而非 RGB 组合的彩色图像（图 2-25）。

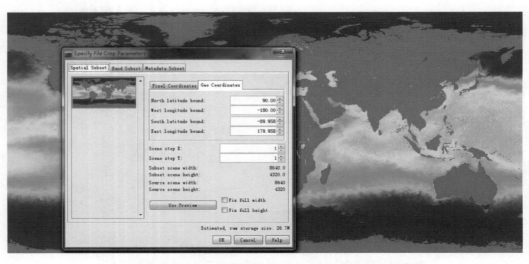

图 2-23　利用 SeaDAS 软件处理 NOAA 下载的 SST 数据

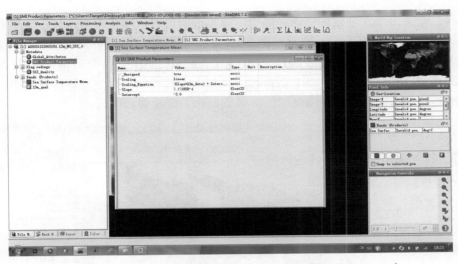

图 2-24 原始遥感影像向具有意义的海洋参数转化

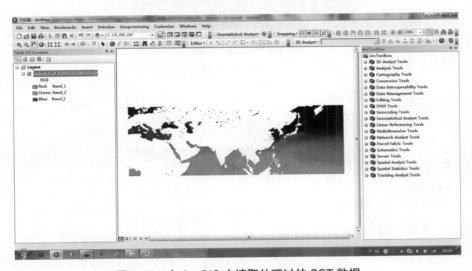

图 2-25 在 ArcGIS 中读取处理过的 SST 数据

将以第一波段读取的 SST 数据导入 ArcGIS 平台后，需要从原始范围的 SST 数据中裁剪出研究区域的 SST 数据（图 2-26）。将研究区域的栅格数据作为掩膜提取研究区域对应的 SST 数据（图 2-27）。使用栅格计算器计算 SST 数据的均方差、标准差（SD）和变异系数能够进一步发掘其分布特征（图 2-28）。以上统计量的计算公式如下：

$$均方差：\quad \mathrm{MS} = \frac{\sum_{i=1}^{n}(X-\bar{X})^2}{N-1} \tag{2-7}$$

$$标准差：\quad \mathrm{SD} = \sqrt{\mathrm{MS}} \tag{2-8}$$

$$变异系数：\quad \mathrm{CV} = \mathrm{SD}/\bar{X} \tag{2-9}$$

可以使用 ArcGIS 的 Modelbuilder 建模器实现环境数据批量处理，该建模器能够简化操作流程，避免由操作导致的错误。其中，蓝色椭圆形表示输入数据，黄色矩形表示数据处理与运算，绿色椭圆形表示结果。图 2-29 表示利用 ArcGIS 的 Modelbuilder 建模器对 SST 进行批量处理。以 2002～2011 年 10 年间西北太平洋柔鱼商业捕捞数据为例，将 2002～2011 年 10 年间的原始 SST 数据输入模型中，进行归一化处理后计算其平均值、方差、标准差和偏态，再加载中国海域的矢量数据作为掩膜裁剪区域。

图 2-26　ArcGIS 中掩膜裁剪研究区域

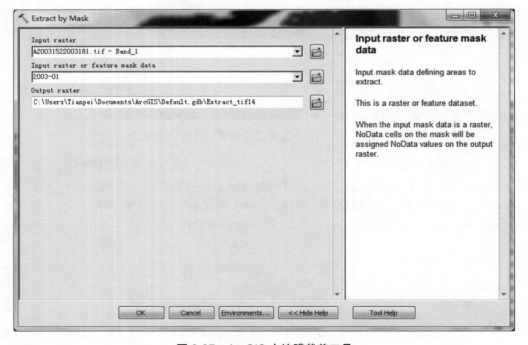

图 2-27　ArcGIS 中掩膜裁剪工具

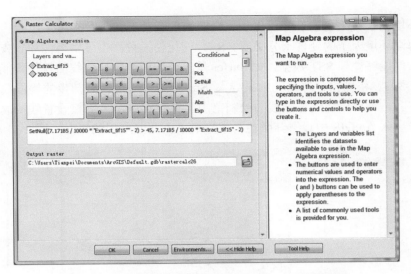

图 2-28　使用 ArcGIS 栅格计算器计算 SST 的统计量

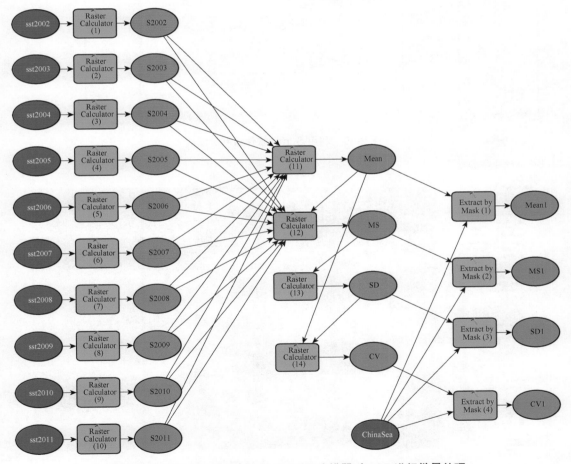

图 2-29　利用 ArcGIS 的 Modelbuilder 建模器对 SST 进行批量处理

　　海洋环境因子对柔鱼的产卵、生长、资源密度和种群数量具有重大影响，因此在渔业研究中对海洋环境因子的处理十分必要。SST 变化使柔鱼产生了季节性和昼夜性的分布差异。很多软件能够处理 SST 数据，如 Surfer 是一个专门绘制等值线的软件，能够识别栅格数据（图 2-30）。将栅格计算器的结果导入 Surfer 中，即可得到初步的等温线，通过设置上、下、左、右轴可以控制等温线的绘制范围。打开 Contours 面板设置线的属性。将绘制好的等温线导入 ArcGIS 中设置其颜色，就形成了不同温度间的锋面（图 2-31）。

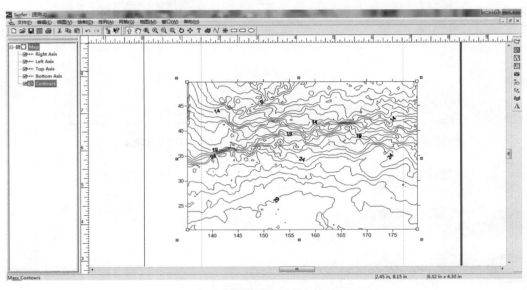

图 2-30　利用 Surfer 软件绘制等温线

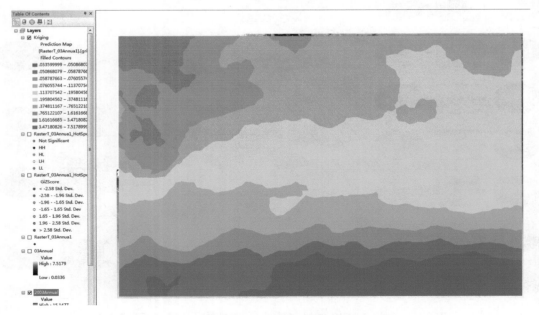

图 2-31　利用 ArcGIS 软件进行海洋锋面提取

2.6　渔业空间分析与模式挖掘的常用软件

商业捕捞数据和各种海洋环境因子数据是进行渔业空间分析与分布模式研究的基础。原始的商业捕捞数据量很大，包含上万个点数据的日期、捕捞位置（经纬度）和 CPUE 等。不同的环境因子需要使用不同的方法和参数提取得到。因此，如果要掌握渔业数据的数列分布规律，挖掘渔业数据的空间分布规律及其与环境因子的关系，需要借助各种统计软件和空间分析软件。表 2-1 对常用的渔业数据处理软件进行了梳理与汇总。

表 2-1　渔业数据处理和分析常用的软件

软件名称	开发者	描述用途	下载网址
SeaDAS	NASA Ocean Color	NASA 的官方综合性分析软件，可用于处理、显示及分析海洋水色数据	seadas.gsfc.nasa.gov
ArcGIS	ESRI 公司	一个全面的 GIS 平台，可对渔业数据进行空间分析和聚类分析等	esri.com/en-us/home
Surfer	Golden Software 公司	一款用于绘制三维图的软件，具有强大的插值功能和绘制图件能力	goldensoftware.com/products/surfer
CrimeStat	Ned Levine & Associates 公司	一个用于分析犯罪事件位置的空间统计程序，可用于分析渔场热点、中心渔场和聚类特性	nedlevine.com
R-gui	奥克兰大学	统计计算和统计制图的开源免费工具，用于对渔业数据进行空间统计	cran.r-project.org
GeoDa	Luc Anselin 团队	探索和建模空间模式的开源免费工具，可用于建立渔业数据空间分析模型	geodacenter.github.io

以上软件中，SeaDAS 的三大功能包括数据可视化、处理和统计，侧重于海洋水色数据的处理与分析，也同样适用于许多基于卫星的地球科学数据分析（图 2-32）。SeaDAS 支持栅格和矢量数据格式，可分级处理海洋环境数据。

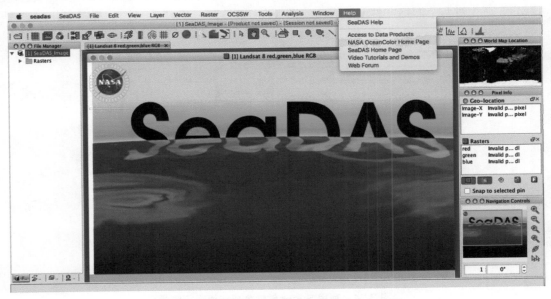

图 2-32　利用 SeaDAS 软件读取海洋水色数据

ArcGIS 是全球应用最广泛的用于创建、管理、共享和分析空间数据的 GIS 平台（图 2-33），能够实现渔业数据的深入挖掘与探索。其中，ArcMap 是 ArcGIS Desktop 套件的一部分，包含丰富的空间分析工具箱，可以使用各种扩展工具和编写脚本。

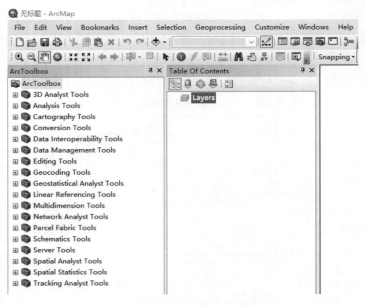

图 2-33　ArcGIS 软件操作界面和工具箱

Surfer 软件可基于网格的映射程序，将不规则间隔的 XYZ 数据插值到规则间隔的网格中。网格也可以从其他来源导入，以生成不同类型的地图（如轮廓图和 3D 地图等）。用户可以根据需求选择网格和映射选项，如可以对网格进行切片从而创建横截面轮廓，或者使用 Math 命令对两个网格文件创建等值线图（图 2-34）。

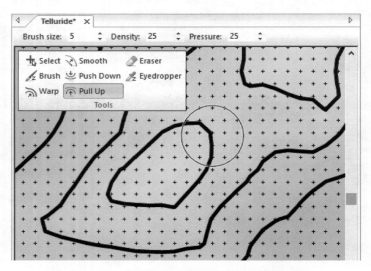

图 2-34　利用 Surfer 软件生成和编辑等值线

CrimeStat 是一项用于分析犯罪事件位置的空间统计程序（图 2-35），目的是提供补充统计工具，以协助执法机构和刑事司法研究人员进行犯罪绘图工作。该软件能够计算各种空间统计数据并将图形对象写入 ArcView/ArcGIS、MapInfo、Atlas * GIS、Surfer 和 Spatial Analyst 中。在渔业资源研究方面，可以使用该软件对渔业数据进行空间聚类模式和空间热点分析。

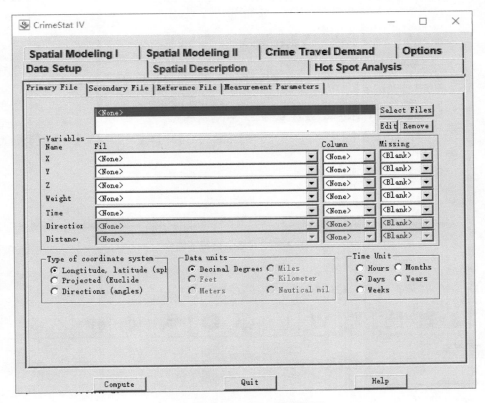

图 2-35　CrimeStat 操作界面

R-Gui 是一套由数据操作、计算和图形展示功能整合而成的开源免费软件（图 2-36），集统计分析与图形显示于一体。所有 R 的函数和数据集保存在程序包里面，只有当一个程序包被载入时，其内容才可以被访问。一些常用、基本的程序包已经被预先植入了标准安装文件中，随着新的统计分析方法的出现，标准安装文件中所包含的程序包也随着版本的更新而不断变化。本书第 8~9 章的 GAM 模型、GWR 模型和 SAR 模型都是基于 R 语言的程序包而开发的。

GeoDa 是一个免费的开源软件工具，可通过探索和建模空间模式来进行数据分析，（图 2-37）。GeoDa 支持各种格式的矢量数据，如 shapefile、地理数据库、GeoJSON、MapInfo、GML、KML 和 GDAL 库支持的其他矢量数据格式。该程序还支持将表格式（.csv、.dbf、.xls 和.ods）的坐标转换为空间数据格式，并在不同文件格式之间转换数据，例如将.csv 转换为.dbf 或将 shapefile 转换为 GeoJSON。

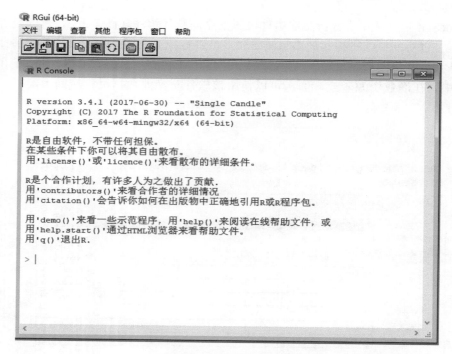

图 2-36　R-Gui 运行环境

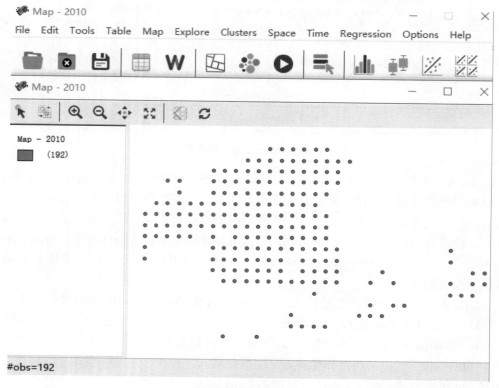

图 2-37　GeoDa 空间分析软件读取点位（.shp）数据

2.7　小　　结

本章主要介绍了渔业分析中所需的商业捕捞数据与环境数据，以及其获取方法与来源，并简单介绍了基本的处理方法，主要是基于原始数据的处理和基于网格化的处理两类方法。同时，介绍了渔业数据空间分析中常用的插值方法和可视化方法，并给出了简单的实例，如克里金插值和 Voronoi 图的构建方法。另外，着重讲述了海洋环境因子数据的基本处理方法，并以 SST 为例进行详细讲解。最后，简单介绍了渔业空间分析与模式挖掘常用的 6 款软件，包括 SeaDAS、ArcGIS、Surfer、CrimeStat、R-gui 和 GeoDa 等。

参考文献

陈新军, 田思泉, 陈勇, 等. 2011. 北太平洋柔鱼渔业生物学. 北京: 科学出版社.

冯永玖, 陈新军, 杨铭霞, 等. 2014a. 基于 ESDA 的西北太平洋柔鱼资源空间热点区域及其变动研究. 生态学报, 34(7): 1841-1850.

冯永玖, 杨铭霞, 陈新军. 2014b. 基于 Voronoi 图与空间自相关的西北太平洋柔鱼资源空间聚集特征分析. 海洋学报, 36(12): 74-84.

李灵智, 王磊, 刘健, 等. 2013. 大西洋金枪鱼延绳钓渔场的地统计分析. 中国水产科学, 20(1): 198-204.

李新, 程国栋, 卢玲. 2003. 青藏高原气温分布的空间插值方法比较. 高原气象, (6): 565-573.

刘爱利, 王培法, 丁园圆. 2012. 地统计学概论. 北京: 科学出版社.

牛明香, 王俊, 袁伟, 等. 2013. 黄海鳀鱼时空分布季节差异分析. 生态学杂志, 32(1): 114-121.

苏奋振, 周成虎, 史文中, 等. 2004. 东海区底层及近底层鱼类资源的空间异质性. 应用生态学报, 15(4): 683-686.

徐海龙, 马志华, 乔秀亭, 等. 2012. 我国海洋渔业地理信息系统发展现状. 海洋通报, 31(1): 113-119.

杨铭霞, 陈新军, 冯永玖, 等. 2013. 中小尺度下西北太平洋柔鱼资源丰度的空间变异. 生态学报, 33(20): 6427-6435.

杨晓明, 戴小杰, 朱国平. 2012. 基于地统计分析西印度洋黄鳍金枪鱼围网渔获量的空间异质性. 生态学报, 32(15): 4682-4690.

张寒野, 程家骅. 2005. 东海区小黄鱼空间格局的地统计学分析. 中国水产科学, 12(4): 419-423.

Campbell J B, Wynne R H. 2011. Introduction to Remote Sensing (Fifth Edition). New York: Guilford Press.

Gutiérrez N L, Masello A, Uscudun G, et al. 2011. Spatial distribution patterns in biomass and population structure of the deep sea red crab (*Chaceon notialis*) in the Southwestern Atlantic Ocean. Fisheries Research, 110(1): 59-66.

Longley P, Goodchild M, Maguire D, et al. 2001. Geographic information systems and science. New York: John Wiley & Sons.

Maries A, Mays N, Hunt M O, et al. 2013. GRACE: A visual comparison framework for integrated spatial and non-spatial geriatric data. IEEE Transactions on Visualization & Computer Graphics, 19(12): 2916-2925.

Meaden G J, Aguilar-Manjarrez J. 2013. Advances in geographic information systems and remote sensing for fisheries and aquaculture. Rome: Technical Report.

Mitchell A. 1999. The ESRI Guide to GIS Analysis. Redlands: ESRI Press.

Tian S, Chen Y, Chen X, et al. 2009. Impacts of spatial scales of fisheries and environmental data on catch per unit effort standardisation. Marine and Freshwater Research, 60(12): 1273-1284.

Tian S, Han C, Chen Y, et al. 2013. Evaluating the impact of spatio-temporal scale on CPUE standardization. Chinese Journal of Oceanology and Limnology, 31(5): 935-948.

第3章 空间插值及远洋渔业数据应用

GIS 可用于渔业资源制图及解决空间分异问题，利用与 GIS 息息相关的地统计方法，能够掌握渔业资源的空间分布模式。渔业资源的原始数据点分布是不规则的，在渔业资源研究中一般把这些不规则的数据点划分为规则的网格。不管是规则的还是不规则的分布，点状数据均不会覆盖整个研究区。为了获取区域内渔业资源的分布状态，往往采用空间插值方法将点数据插值为面域数据。

本章以西北太平洋柔鱼资源为例，利用空间插值进行渔业资源预测，探讨普通克里金插值方法的应用与不确定性评估，主要步骤包括数据表达与可视化、空间数据探测、半变异函数建模、差值预测结果及其不确定性分析等。除了利用 GS+的决定系数和残差外，本章还提出利用拟合优度和一致率进行最优半变异函数的选择，利用交叉检验和图对一致性对基于不同半变异函数的插值结果进行比较和不确定性评价，以期为今后渔场分析研究提供普适性参考。

3.1 西北太平洋柔鱼资源典型数据

本章以 2009 年和 2010 年西北太平洋柔鱼资源为例，研究插值方法的最优选择和插值结果的不确定性分析。研究区域范围为 $150°E\sim165°E$，$36.5°N\sim45°N$［图 3-1（a）］，2009 年的时间范围为 $6\sim12$ 月，2010 年的时间范围为 $5\sim12$ 月。两个年份的数据在月份上并不完全一致，但由于此处重点探讨最优半变异函数的选择及空间不确定性分析，因此月份不一致不会影响研究结果。

研究采用的渔区大小为 $0.5°×0.5°$，2009 年和 2010 年分别包括 118 个和 192 个数据点。将每个数据点的值换算为 CPUE，代表每个年度的柔鱼资源丰度。由于商业捕捞数据分布是不规则的，转换为规则网格之后，相同位置会有多个数据点，需要进一步计算位置重复点的 CPUE 平均值并将其作为最终值，图 3-1（b）和图 3-1（c）分别为 2009 年和 2010 年的 CPUE 空间分布结果。

表 3-1 是对西北太平洋柔鱼商业捕捞数据进行常规统计的结果。由于空间插值需满足正态分布的要求，因此本节对 2009 年和 2010 年的 CPUE 进行了 Box-Cox 转换，转换参数 λ 分别为 0.29 和 0.64。表 3-1 显示，西北太平洋柔鱼样本在 2009 年和 2010 年的偏度（skewness）均大于 0，频数分布均为偏态分布。2009 年的峰度（kurtosis）大于 3，呈现尖峰分布，表明高产值海域较多；Box-Cox 转换校正了偏态，但峰度有所降低，略小于正态分布。2010 年的峰度接近 3，柔鱼产量近似正态分布，经过 Box-Cox 转换之后和正态分布非常吻合。

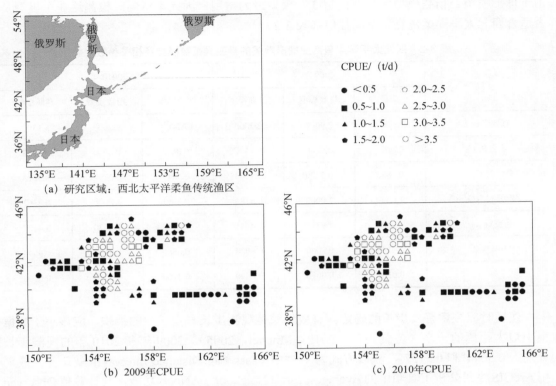

图 3-1 用于渔业空间插值方法示例的研究区域与数据

表 3-1 西北太平洋柔鱼商业捕捞数据的统计量及其分布

统计量	2009 年		2010 年	
	原始数据	Box-Cox	原始数据	Box-Cox
样本数量	118	118	192	192
最小值/(t/d)	0.2000	−1.2861	0.0500	−1.3905
最大值/(t/d)	7.2000	2.6644	4.1000	2.2195
均值/(t/d)	2.0219	0.5786	1.6197	0.4931
标准差	1.3615	0.8424	0.7736	0.6552
偏度	1.0622	0.0062	0.5334	−0.0623
峰度	4.2570	2.3515	2.9557	3.0274
1/4 分位数	1.0000	0.0000	1.0825	0.0811
中位数	1.6000	0.5035	1.4071	0.3790
3/4 分位数	3.0000	1.2938	2.0563	0.9019

3.2 半变异函数建模及预测结果

半变异函数建模是空间描述和空间预测的关键步骤，有助于了解原始数据的空间特性，同时通过使用周围的点以及拟合出来的半变异函数模型，可预测出未测量位置的值。

由于球形模型、指数模型和高斯模型 3 个模型最为常用，因此本章同时检测这 3 个模型是否适合西北太平洋柔鱼资源空间插值（表 3-2）。

表 3-2　西北太平洋柔鱼商业捕捞数据的半变异函数模型及相关参数

参数	2009 年			2010 年		
	球形模型	指数模型	高斯模型	球形模型	指数模型	高斯模型
有效步长 L	1.5000	2.9000	2.2000	17.2400	2.2600	5.1300
块金值 C_0	0.0000	0.0000	0.1677	0.0674	0.0000	0.0953
基台值 C_0+C	0.4885	0.5770	0.4103	0.7411	0.2190	0.3613
变异值 $C/(C_0+C)$	1.0000	1.0000	0.5780	0.9091	1.0000	0.7362
变程 A_0	1.0000	1.9312	1.4645	11.4940	1.5070	3.4227
决定系数	0.9330	0.8060	0.9980	0.6860	0.9190	0.9090
残差	0.0100	0.0070	0.0490	0.5100	0.0010	0.0100

建模时应注意有效步长的确定。有效步长是观测步长与步长数的乘积，应该小于数据集中最大距离的一半（刘爱利等，2012；Mitchel，2005）。2009 年和 2010 年的观测步长分别为 0.5644°和 0.5137°，获取方式为 GS+中 Class Lag Distance Interval 的默认值，或采用 ArcGIS 模式分析工具箱中的 Average Nearest Neighbor（ANN）功能，其计算值 Observed Lag 即为步长。本节采用 ArcGIS 中的 ANN Observed Mean Distances 确定步长，块金值、基台值、变异值、变程等参数同样通过 ArcGIS 测算，而评价模型优劣的决定系数和残差则通过 GS+获取。

此前的研究表明，西北太平洋柔鱼资源具有各向异性特征，且较多地呈现为聚集分布状态（杨铭霞等，2013），表 3-2 中变异值 $C/(C_0+C)$ 的大小指示西北太平洋柔鱼资源的聚集、分散或随机分布状态。当西北太平洋柔鱼资源的分布为聚集状态时，表明西北太平洋柔鱼资源具有较强的空间自相关特性。如果变异值较低，其对应的模型则不能作为最优半变异函数模型。本节研究结果表明，2009 年球形模型和指数模型具有较高的变异值，显示柔鱼资源为强聚集分布，而高斯模型变异值较低，显示柔鱼资源为弱聚集分布；2010 年的结果与 2009 年类似，即球形模型和指数模型显示西北太平洋柔鱼资源为聚集分类，而高斯模型显示柔鱼资源聚集程度并不强。文献显示，2009 年和 2010 年西北太平洋柔鱼资源为集聚分布状态（冯永玖等，2014a，2014b；杨铭霞等，2013）；这表明，高斯模型对于 2009 年和 2010 年的西北太平洋柔鱼资源并不合适，而球形模型和指数模型差异并不大。对于 2009 年，球形模型对应的决定系数较大，而残差最小，因此球形模型最优；对于 2010 年，指数模型对应的决定系数最大且残差最小，因此指数模型最优。

基于上述 3 种模型的拟合，在 ArcGIS 中利用普通克里金方法对 2009 年和 2010 年西北太平洋柔鱼资源数据进行空间插值，结果如图 3-2 所示。对插值结果进行矢量化转换，同时按照 CPUE 的大小重新对结果分为 8 类。从目视判别来看，2009 年基于球形模型和指数模型的空间插值结果在形态上非常接近；而 2010 年基于球形模型和高斯模型的空间插值结果较为接近。这与半变异函数拟合结果存在一些差异。表 3-2 中决定系数和残差显示，球形模型和指数模型在 2009 年和 2010 年均较为接近。冯永玖等（2014a）曾采用景观指数来评判渔业资源空间分布形态，比目视判别更加准确；鉴于本章的重点为空间插值，将采用预测误差和空间一致性来进行评判。此外，2009 年的插值结果覆盖了所有 8 个类别，但是 2010 年的插值结果只有指数模型包含 8 个类别，而球形模型和高斯模型均只有 6 个类别。因此，从插值结果能否较好地与观测值的值域范围相符，可以初步判断模型的优劣；从该角度来看，球形模型和高斯模型并不适合 2010 年的西北太平洋柔鱼数据。

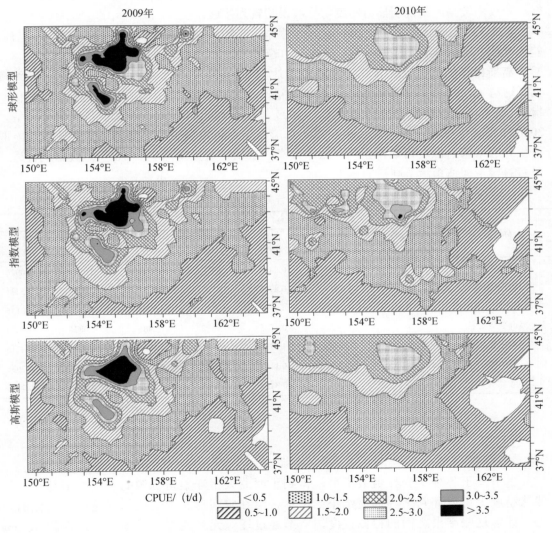

图 3-2 利用 ArcGIS 对西北太平洋柔鱼数据进行普通克里金插值

第一列为 2009 年数据，第二列为 2010 年数据

3.3 空间不确定性分析

3.3.1 误差分析

一般情况下，为了检测空间插值的有效性和准确性，需要对插值结果进行交叉检验，这个过程可以通过 ArcGIS Geostatistical Analyst 模块完成（Mitchel，2005）。交叉检验包含 5 个指标：平均误差、均方根误差、平均误差的标准化值、标准平均误差和平均标准误差。为了评价插值结果的准确性，本章利用拟合优度和一致率综合判定插值结果的 5 个指标与标准误差的一致程度。拟合优度高，则说明插值结果的精度与标准误差趋势一致性好；一致率较高，则说明插值精度与标准误差较为接近。

表 3-3 中拟合优度表明，2009 年球形模型、指数模型和高斯模型插值结果均未能与误差标准值（即表 3-3 "误差标准"一列）的趋势一致，即插值结果的误差较大；一致率表明，高斯模型的整体误差较小，但也仅仅达到 0.3947，与最精确值（SLOPE=1）差距较大。这与 GS+半变异函数的建模评估稍有差异，GS+利用决定系数与残差进行模型评估，指示 2009 年球形模型为最优模型，但 2009 年的球形模型并未显著优于其他两个模型。2010 年拟合优度和一致率均较高，表明球形模型、指数模型和高斯模型 3 种模型均能取得较好的结果，但是指数模型的一致率最高，表明指数模型对于 2010 年的数据最合适，与 GS+模型评估指示了同样的结果。

表 3-3 西北太平洋柔鱼地统计预测误差

标准值	误差标准	2009 年			2010 年		
		球形模型	指数模型	高斯模型	球形模型	指数模型	高斯模型
平均误差	0	0.0439	0.0444	0.0477	−0.0057	−0.0012	0.0026
均方根误差	0	0.8700	0.8717	0.8779	0.5145	0.5117	0.5231
平均误差的标准化值	0	0.0338	0.0447	0.0245	−0.0291	−0.0110	−0.0136
标准平均误差	1	0.8429	0.8745	0.9622	1.2483	1.0836	1.2822
平均标准误差	0	1.0648	1.0330	0.9689	0.4155	0.4702	0.4116
拟合优度	1	0.0949	0.1191	0.1904	0.7792	0.6954	0.7936
一致率	1	0.2792	0.3166	0.3947	0.7606	0.8267	0.7549

3.3.2 对比分析

本节基于各种半变异函数模型，得到了西北太平洋柔鱼资源的空间插值结果。虽然从精度上可以评判某种插值结果的优劣，但在空间形态上这些结果是较为类似的。为了评价这些结果之间的相似程度，本节通过逐像元对比得到了图对一致性和 Kappa 系数（表 3-4）。此外，还利用全局空间自相关统计量（Moran's I 和 Geary's C）来评判模拟结果的空间格局。

表 3-4 显示，对于 2009 年，图对一致性从高到低依次为：球形–指数（0.8765）、球形–高斯（0.8187）、指数–高斯（0.8173）；Kappa 系数从高到低依次为：球形–指数（0.8267）、指数–高斯（0.7453）、球形–高斯（0.7428）。可见，虽然两种指标在评价相似程度时并不一致，但是对于最相似的两个模型（球形和指数）的鉴别是一致的，其中球形–指数的 Kappa 系数和图对一致性均显著高于指数–高斯和球形–高斯。上述结果表明，当同时采用指数模型和高斯模型进行空间插值时，插值结果将具有显著的差异；球形模型和高斯模型的结果也具有较明显的差异；但是球形模型和指数模型之间的差异并不显著。根据插值精度的判断，球形模型对于 2009 年数据精度最高；在这种情况下如果采用指数模型，其结果也在可接受范围内，即从整体的相似度来看，指数模型可以替代球形模型。

表 3-4 西北太平洋柔鱼 CPUE 分布对比与空间自相关格局

项目		模型	图对一致性						空间自相关	
			2009 年			2010 年				
			球形模型	指数模型	高斯模型	球形模型	指数模型	高斯模型	Moran's I ($p<0.01$)	Geary's C ($p<0.01$)
Kappa 系数	2009 年	球形模型	1	0.8765	0.8187				0.9571	0.0278
		指数模型	0.8267	1	0.8173				0.9819	0.0198
		高斯模型	0.7428	0.7453	1				0.9542	0.0291
	2010 年	球形模型				1	0.8116	0.8944	0.9966	0.0034
		指数模型				0.7459	1	0.7786	0.9614	0.0370
		高斯模型				0.8557	0.6882	1	0.9962	0.0038

注：$\text{Kappa} = \dfrac{OA - NAMQ}{1 - NAMQ}$，其中，$OA$ 为总体分类精度，假设每一类真实样本个数分别为 a_1，a_2，$\cdots$，a_m，而预测出来的每一类样本个数分别为 b_1，b_2，$\cdots$，b_c，总样本数为 n，则 $\text{NAMQ} = \dfrac{a_1 \times b_1 + a_2 \times b_2 + \cdots + a_m \times b_m}{n \times n}$。

表 3-4 显示，对于 2010 年，图对一致性从高到低依次为：球形–高斯（0.8944）、球形–指数（0.8116）、指数–高斯（0.7786），即球形模型和高斯模型的插值结果最接近；Kappa 系数从高到低依次为：球形–高斯（0.8557）、球形–指数（0.7459）、指数–高斯（0.6882）。两种指标对于最相似的两个模型鉴别完全一致。根据误差评估，指数模型对于 2010 年的数据最合适，而指数–球形的接近程度优于指数–高斯。这表明一定程度下可以使用球形模型替代指数模型，但是由此引起的误差也不容忽视。此外，空间自相关是反映西北太平洋柔鱼资源空间分布的一种重要指标，表 3-4 中空间自相关统计量很清楚地指示了西北太平洋柔鱼资源的集聚分布特征。该表显示，不同插值结果的空间自相关统计量稍有差异：对于 2009 年，最优（球形）模型对应的 Moran's I 和 Geary's C 在 3 种模型中处于中等；对于 2010 年，最优（指数）模型对应的 Moran's I 最低且 Geary's C 最高，表明其插值结果空间聚集程度低于其他两种模型。

3.4　西北太平洋柔鱼资源数据分布的空间自相关特性

大量研究表明，西北太平洋柔鱼资源数据具有较强的空间自相关特性（冯永玖等，2014a，2014b；杨铭霞等，2013），但是不同数据处理方式所得到的自相关统计量并不一致。例如，冯永玖等（2014a）对相同区域柔鱼资源的全局 Moran's I 测算结果分别是 0.0506（2009 年）和 0.2453（2010 年），表明具有正的空间自相关，但是自相关程度并不高；但是，本章测算的 Moran's I 均较大，且 Geary's C 较小，表明 2009 年和 2010 年西北太平洋柔鱼资源呈现较强的集聚分布状态。导致这种差异的主要原因在于，测算空间自相关统计量时，国内学者采用的是商业捕捞原始点位数据（冯永玖等，2014a），而本章采用的是插值之后的面域数据，这表明对西北太平洋柔鱼资源数据进行空间插值会极大地提高其空间自相关特性（或派生的空间数据会改变原始数据的空间自相关特性）。两种不同的测算结果都指示了同样的趋势，即西北太平洋柔鱼资源数据的聚集趋势，但是这些绝对数值之间是没有可比性的。

研究表明，西北太平洋柔鱼资源存在常年局部高产值聚集区域，即局部空间热点区域，这个区域集中在（156.5°E，44°N）附近（冯永玖等，2014a，2014b）。从环境因素来看，冯永玖等（2014a）的研究认为空间热点与空间冷点（低产值聚集区域）形成的温度条件无显著差异，其区别在于热点的温度范围较小，冷点的温度范围较大；所有热冷点区域的 chl-a 浓度均在 $0.2 \sim 1.1 \text{ mg/m}^3$，而冷点区域的 chl-a 浓度相对较高。

3.5　渔业资源空间插值的方法性探讨

在进行空间插值之前，必须对渔业数据进行分析和处理，使异常值的影响降到最低限度。处理异常值的方法有很多，在地理领域，空间自相关/异常值分析方法较为常用（Mitchel，2005）。在渔业资源领域，可以考虑使用渔区划分的方法消除或减小异常值的影响。渔区划分时需要注意两点：①保证区域划分结果能代表该海域的渔业资源（丰度）情况，即符合渔业海洋学的基本理论；②保证渔区划分前后，渔业数据样点的空间模式和空间关系不会发生质的变化。这两个方面都涉及空间尺度，其中第一个方面已有文献加以阐释（朱会义和贾绍凤，2004）；关于第二个方面，虽然已有涉及尺度的案例研究（杨铭霞等，2013），但空间尺度如何影响渔业资源的空间格局至今未见报道。通常来说，细空间尺度（fine-scale）更能够体现原始数据的空间特性。在渔业资源研究中惯常采用的渔区大小为 $0.5° \times 0.5°$（Tian et al.，2013），这也是本章所采用的空间尺度。

此外，半变异函数建模会对插值结果产生直接的影响，因此最优模型的选取至关重要。GS+根据决定系数和残差选择最优模型（刘爱利等，2012），而在 ArcGIS 中可以通过插值结果的交叉校验，从误差角度判断模型是否最优。应用这两种方法对模型的判断会存在一些差异，但通常情况下其结论是比较接近的。研究表明，通过 ArcGIS 交叉检验判断插值结果的精度，结合本章提出的拟合优度和一致率两个指标，能够有效比较各种插值结果的精度。其中，拟合优度类似于决定系数，指示插值结果的 5 个精度指标与标准误差是否具有同样的趋势，而一致率则指示与标准误差的接近程度。

　　模型之间的差异可以从理论上进行解释，也可以通过图对一致性和 Kappa 系数进行评判。这样能够找到两个或多个比较接近的模型，一定程度上它们是可以互相替换的。这表明，在空间插值中尝试一种模型或方法并不能得到最优结果；必须对某种渔业资源及其现象进行充分了解、对原始数据进行深入分析后，从理论和结果两方面进行权衡才能确定最优结果。

　　此外，空间插值不但可以用来产生预测图，也可以用来进行空间热点（高产值或低产值密集区）的分析，而现有文献采用空间自相关方法得到空间相对热点区域（冯永玖等，2014a，2014b；杨晓明等，2012）。通过空间插值（普通克里金或指示克里金），同样可以直接产生空间绝对热点区域，但依赖于 CPUE 等级的划分；通常空间热点区域包含热点和冷点，而利用空间插值对冷点的分析效果有待检验。从渔业资源实际意义上分析，鉴别空间冷点意义小于鉴别空间热点（中心渔场）。

3.6　小　　结

　　空间可视化和空间表达是渔业资源空间分析的基础，可以点状、面状和三维方式进行表达。针对面状表达，空间插值方法在渔业资源领域应用广泛，但插值中涉及的半变异函数和插值结果评价并未得到充分阐释。本章以 2009 年和 2010 年西北太平洋柔鱼资源为例，探讨空间插值方法（普通克里金方法）在渔业资源中的应用，重点分析最优半变异函数和插值结果的空间不确定性。半变异函数的建模会对插值结果产生直接的影响，因此最优模型的选取至关重要。在进行最佳半变异函数选择时，根据 GS+ 的决定系数和残差进行判断，本节分析结果表明根据 GS+ 的决定系数和残差在一定程度上可以识别最优函数（模型）；同时，本章还提出利用交叉检验衍生的拟合优度和一致率进行最优模型选择和空间不确定性分析。

　　总体上看，球形模型对于 2009 年的数据最优，而指数模型对于 2010 年的数据最优。此外，通过基于两幅栅格预测图生成的图对一致性和 Kappa 系数，对各种模型的插值结果进行两两像元比较，评价插值预测结果的相似度。结果显示 2009 年数据球形-指数一致性较高，2010 年数据球形-高斯一致性较高。本章提出的方法不仅适用于渔业资源空间插值，也适用于其他相关的领域。

参考文献

冯永玖, 陈新军, 杨铭霞, 等. 2014a. 基于 ESDA 的西北太平洋柔鱼资源空间热点区域及其变动研究. 生态学报, 34(7): 1841-1850.

冯永玖, 杨铭霞, 陈新军. 2014b. 基于 Voronoi 图与空间自相关的西北太平洋柔鱼资源空间聚集特征分析. 海洋学报, 36(12): 74-84.

刘爱利, 王培法, 丁园圆. 2012. 地统计学概论. 北京: 科学出版社.

杨铭霞, 陈新军, 冯永玖, 等. 2013. 中小尺度下西北太平洋柔鱼资源丰度的空间变异. 生态学报, 33(20): 6427-6435.

杨晓明, 戴小杰, 朱国平. 2012. 基于地统计分析西印度洋黄鳍金枪鱼围网渔获量的空间异质性. 生态学报, 32(15): 4682-4690.

朱会义, 贾绍凤. 2004. 降雨信息空间插值的不确定性分析. 地理科学进展, 23(2): 34-42.

Mitchel A E. 2005. The ESRI Guide to GIS analysis (Volume 2): Spartial measurements and statistics. ESRI Guide to GIS Analysis.Redlands：ESRI Press.

Tian S, Han C, Chen Y, et al. 2013. Evaluating the impact of spatio-temporal scale on CPUE standardization. Chinese Journal of Oceanology and Limnology, 31(5): 935-948.

第 4 章 GIS 空间分析方法
及渔业资源应用

4.1 渔业空间模式分析方法

4.1.1 经典统计学方法

商业捕捞数据量往往比较大，仅通过目视检查无法了解全部渔场数据，因此需要借助经典的统计学方法。通过对商业捕捞数据的极值、均值、方差等关系进行研究，揭示数据分布的具体情况。经典统计学方法是对海洋渔业资源进行统计分析的基础性方法，能够帮助了解渔业的分布状态，包括均值、中位数、最大值、最小值、1/4 分位数、3/4 分位数、峰度（Ku）、偏度（Sk）、标准差、变异系数等。均值是统计学中最常用的统计量，用来表示一组数据中各观测值相对集中较多的中心位置；中位数是指处于一组变量数列中间位置的变量，不受分布数列的极大值或极小值影响，在一定程度上提高了中位数对分布数列的代表性；最大值是一组数据中最大的一个值；最小值是一组数据中最小的一个值；1/4 分位数是指在统计学中把所有数值由小到大排列并分成四等份，1/4 分位数又称"较小四分位数"，等于该样本中所有数值由小到大排列后第 25%的数字；3/4 分位数又称"较大四分位数"，等于该样本中所有数值由小到大排列后第 75%的数字。

峰度是表征概率密度分布曲线在平均值处峰值高低的特征数，它反映了峰的尖度。把样本的峰度和正态分布进行比较，当 Ku>3 时，峰的形状比较尖，比正态分布峰要陡峭（Joanes and Gill，1998），此时说明该冷点（热点）区域内的环境因子具有的低值较多。偏度指标统计总体当中的变量值分别落在众数的左右两边，呈非对称性分布，是对数据分布对称性的测度（李金昌和苏为华，2014）；当 Sk>0 时，分布呈正偏态，Sk<0 时，分布呈负偏态。当对渔业资源的丰度进行比较和分析时，分析各个尺度下不同月份的峰度和偏度指标，通过两个统计指标的尺度规律进一步探测柔鱼空间分布与环境因子之间的尺度效应。

标准差是一组数值自平均值分散开来的程度的一种测量观念。标准差越大，其数值与平均差值越大。在现实世界中，找到一个总体的真实标准差是不现实的。大多数情况下，总体标准差是通过随机抽取一定量的样本并计算样本标准差估计的。因此本节所选的是样本标准差，其具体计算方法如下（以 SST 为例）：

$$SD_k = \sqrt{\frac{\sum_{i=1}^{n}\left[TM_i^k(x,y) - TY_k(x,y)\right]^2}{n-1}} \qquad (4-1)$$

式中，k 为研究数据年份；SD_k 为第 k 年的标准差；$TY_k(x,y)$ 为第 k 年平均 SST 图像 (x,y) 点的值；$TM_i^k(x,y)$ 为第 k 年第 i 月的图像中 $SST(x,y)$ 点的值，如果图像在 (x,y) 处无值的话就不参与计算；n 为观测的总月数。

变异系数（CV）可以反映数据离散程度的绝对值，其数据大小与研究区域变量值的平均值和标准差有关。具体计算方法如下（以 SST 为例）：

$$CV_k = \frac{SD_k}{TY_k(x,y)} \qquad (4-2)$$

式中，k 为研究数据年份；CV_k 为第 k 年的标准差；$TY_k(x,y)$ 为第 k 年平均 SST 图像 (x,y) 点的值；如果图像在 (x,y) 处无值的话就不参与计算。

4.1.2　空间统计学方法

空间统计学方法在经典统计学方法的基础上考虑了空间位置因素，既考虑到商业捕捞数据属性值的大小，又注重数据空间位置及数据间的距离，使统计学在空间数据分析领域应用更加广泛。在统计学中，一般假设每一组数据都是呈正态分布的。使用地统计工具箱中的直方图可以检验数据是否符合正态分布，并且可以对非正态分布的数据进行变换，使其满足正态分布的要求。空间统计学方法可采用的分析软件有很多，包括统计学软件（SAS、SPSS 等）和 GIS 软件（ArcGIS、SuperMap 和 MapGIS）等，为了保证对渔业数据进行充分的空间模式分析，本节以 ArcMap（ArcGIS 的桌面分析软件）为例对渔业数据的分析进行讲解。本章示例数据为 2007 年西北太平洋柔鱼的商业捕捞数据。

首先，在 ArcMap 的扩展模块中激活 Geostatistical Analyst 工具箱（图 4-1），该工具箱中有数据探测、地统计学（空间插值）和适量数据子集的获取等功能，其中数据探测工具包括直方图、普通 QQ 分布图、泰森多边形构建、趋势面分析和半变异/协方差函数云分析等。

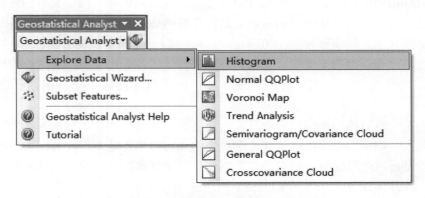

图 4-1　在 ArcMap 中打开地统计分析工具

Histogram 工具用于检查数据集的分布和汇总统计信息（图 4-2）。数量（Count）统计了所有数据的个数，是计数指数；Min、Max 和 Mean 分别统计了一组数据中的最小值、最大值和均值；峰度是表征概率密度分布曲线在平均值处峰值高低的特征数，它反映了峰的尖度。将样本的峰度和正态分布相比，当峰度>3 时，峰的形状比较尖，比正态分布峰要陡峭（Joanes and Gill，1998）；说明此时该冷点（热点）区域内的环境因子具有的低值较多。偏度指标统计总体当中的变量值分别落在众数的左右两边，呈非对称性分布，是对数据分布对称性的测度（李金昌和苏为华，2014）。当 Sk>0 时，分布呈正偏态；Sk＜0时，分布呈负偏态。1/4 分位数和 3/4 分位数的差距大小表示该组数据的分散情况，避免了极端值的影响。

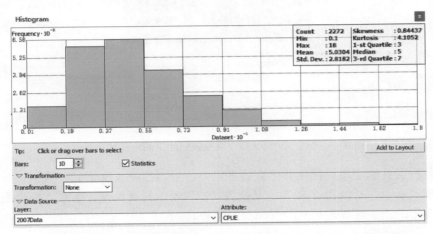

图 4-2　在 ArcMap 中对西北太平洋柔鱼的 CPUE 进行直方图统计

普通 QQ 分布图将由一组数据拟合成的曲线与标准正态分布进行对比，如果这组数据的曲线越接近一条直线，则它的分布越接近正态分布（图 4-3）。在 ArcMap 中，框选偏离直线的点可看到其空间位置。

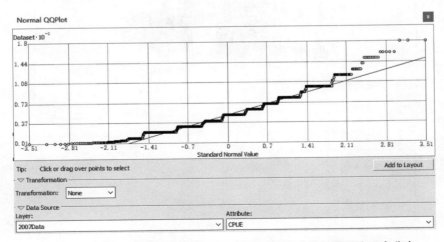

图 4-3　在 ArcMap 软件中利用普通 QQ 图分析渔业数据是否为正态分布

Voronoi 图可以直观检测数据集的空间变异性和平稳性（图4-4）。Voronoi 图是由一个样本点周围形成的一系列多边形构成的。创建 Voronoi 多边形是为了使多边形中的每个位置都比其他任何样本点更接近该多边形中的样本点。创建多边形后，样本点的邻近点被定义为其多边形与所选样本点共享边界的任何其他样本点。

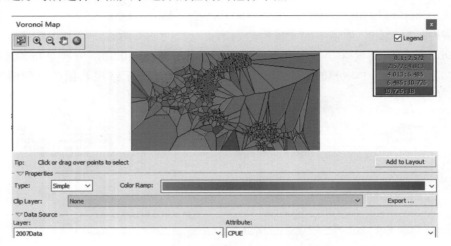

图 4-4　通过 Voronoi 检查渔业数据的空间分布和平稳性

趋势分析工具能实现可视化并检查数据集中的空间趋势（图4-5）。数据点的分布状况以三维的形式展示，X 轴和 Y 轴确定其位置，Z 轴表示其属性值，所有点投影到两个正交平面上拟合出的线条可以表示某一方向上的趋势。

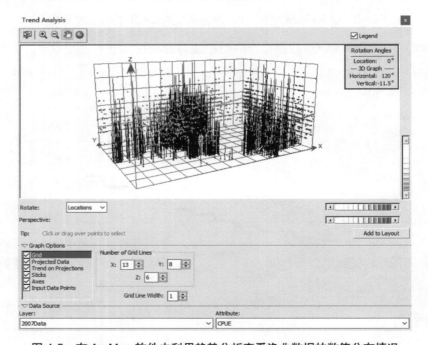

图 4-5　在 ArcMap 软件中利用趋势分析查看渔业数据的数值分布情况

半变异/协方差函数云可以评估数据集中的空间依赖性，即半变异函数和协方差；可以显示数据集中所有位置的经验半变异图和协方差值，并将它们绘制成两个位置之间距离的函数（图 4-6）。

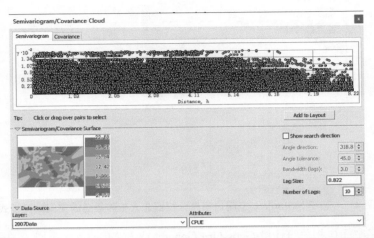

图 4-6　在 ArcMap 软件中利用半变异/协方差函数云对渔业数据进行分析

1. 全局空间自相关

为研究渔业资源丰度在全局空间上蕴含的聚集、离散或随机模式，可以采用探测性数据分析方法中的全局空间自相关统计量 Moran's I 进行度量（图 4-7），其计算公式如下（Griffith，1987）：

$$I = \frac{n\sum_{i=1}^{n}\sum_{i=1}^{n}\left[w_{ij}(x_i-\bar{X})(x_j-\bar{X})\right]}{\left(\sum_{i=1}^{n}\sum_{j=1}^{n}w_{ij}\right)\sum_{i=1}^{n}(x_i-\bar{X})^2}, \qquad (i \neq j) \qquad (4\text{-}3)$$

式中，n 是参与分析的要素数量（即样本数量）；x_i 是要素 i 的属性值；x_j 是要素 j 的属性值；$\bar{X}$ 是全部要素的平均值；w_{ij} 是空间权重矩阵，表示要素 i 和 j 的邻近关系，它可以根据邻接标准或者距离标准来度量，$w_{ij}=1$ 表示第 i 和第 j 个要素相邻，$w_{ij}=0$ 表示第 i 和第 j 个要素不相邻。

Moran's I 的值大于 0 表示正相关，小于 0 表示负相关。Moran's I 绝对值越大，表示空间分布的自相关性越高，即空间分布的聚集性越强；Moran's I 绝对值越小，代表空间分布的自相关性越低，说明空间分布呈现分散格局；当 Moran's I 值等于 0 时，表示空间分布呈现随机分布。在实际计算中，Moran's I 同时返回另外两个值：z 得分和 p 值。其中，z 得分是 Moran's I 标准差的倍数，当 z 较大时表示渔业资源丰度呈聚集分布状态；p 值表示样本空间模式是某一随机分布的概率，当 p 值很小时表示渔业资源丰度不太可能是随机分布的，当 p 值较大时则表示渔业资源丰度为随机分布的概率较大。

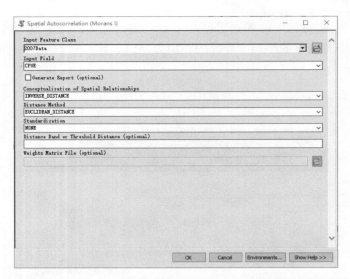

图 4-7　基于 Moran's I 空间自相关分析西北太平洋柔鱼的空间聚类模式

此外，全局空间自相关统计量 Getis-Ord General G 与 Moran's I 类似，同样能够探测渔业资源丰度的全局空间模式，其计算公式如下（Getis and Ord，1992；Mitchell，1999）：

$$G = \frac{\sum\limits_{i=1}^{n}\sum\limits_{j=1}^{n}w_{ij}x_ix_j}{\sum\limits_{i=1}^{n}\sum\limits_{j=1}^{n}x_ix_j}, \qquad (i \neq j) \tag{4-4}$$

式中，n、x_i、x_j、w_{ij} 的意义均与式（4-3）相同。与 Moran's I 统计量类似，在实际计算中 General G 将转化为 z 得分和 p 值两个值。z 得分为正高值表示渔业资源高产量区的聚集性较强，z 得分为负高值表示渔业资源低产量区的聚集性较强，z 得分接近 0 表示研究区域内渔业资源丰度不具有显著的聚集特征。无论 z 得分是正值还是负值，当 z 得分绝对值越大，表明渔业资源丰度的聚集性越强（Mitchell，1999；Getis and Ord，1992）。

2. 局部空间自相关分析

要成为具有显著统计意义的热点，要素应具有高值且被其他同样具有高值的要素所包围。将某个要素及其相邻要素的局部总和与所有要素的总和进行比较。当实际局部总和与所预期的局部总和有很大差异且无法成为随机产生的结果时，会产生一个具有显著统计学意义的 z 得分，并根据 z 得分的值来判断聚集程度（图 4-8）。

Getis-Ord 局部统计可表示为

$$G_i^* = \frac{\sum\limits_{j=1}^{n}w_{ij}x_j - \bar{X}\sum\limits_{j=1}^{n}w_{ij}}{S\sqrt{\dfrac{n\sum\limits_{j=1}^{n}w_{ij}^2 - \left(\sum\limits_{j=1}^{n}w_{ij}\right)^2}{n-1}}} \tag{4-5}$$

$$\overline{X} = \frac{\sum\limits_{j=1}^{n} x_j}{n} \tag{4-6}$$

$$S = \sqrt{\frac{\sum\limits_{j=1}^{n} x_j^2}{n} - \left(\overline{X}\right)^2} \tag{4-7}$$

式中，x_j 是要素 j 的属性值；w_{ij} 是要素 i 和 j 之间的空间权重；n 为要素总数。

G_i^* 统计就是 z 得分，因此不需要做进一步计算。热点标志为 $z \geqslant 2.58$（$p < 0.01$），意味着在这个区域内渔业资源密度高值显著聚集，该区域空间自相关性强且为正相关；冷点标志为 $z < -2.58$（$p < 0.01$），表示在这个区域内显著聚集了渔业资源密度低值，该区域空间自相关性强但却是负相关；当 $1.96 < z \leqslant 2.58$（$p < 0.05$）时，表示这个区域渔业资源密度高值聚集，空间自相关性较强且为正相关；当 $-2.58 < z \leqslant -1.96$（$p < 0.05$）时，表示该区域低值聚集，空间自相关性较强且为负相关；当 $1.65 < z \leqslant 1.96$（$p < 0.10$）时，表示这个区域内有高值聚集，空间自相关性偏强且为正相关；当 $-1.96 < z \leqslant -1.65$（$p < 0.10$）时，表示这个区域内有低值聚集，空间自相关性偏强且为负相关；当 $-1.65 < z < 1.65$ 时，说明这些区域内渔业资源密度高值和低值之间空间自相关性弱，分布为随机性分布。对于 7 类型热点分类的方案而言，根据局部 G_i^* 系数都能较准确地探测出聚集区域。

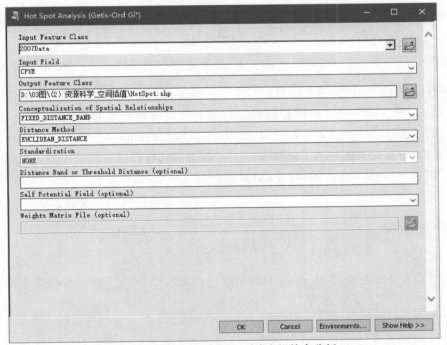

图 4-8　基于 Getis-Ord G_i^* 的空间热点分析

对处理好的数据进行再次加工，可通过 ArcGIS Modelbuilder 建模器构建处理流程，构建的 ArcGIS 模型如图 4-9 所示，最后获取的结果为某一尺度某个月份的最终数据。

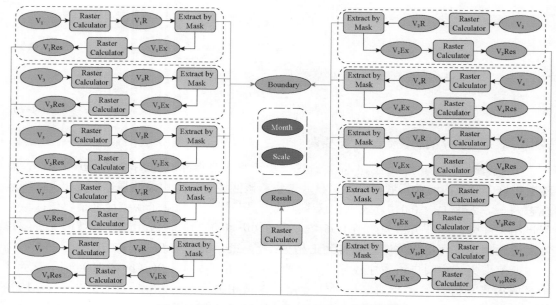

图 4-9　在 ArcGIS 中构建的渔业热点分析模型

Anselin Local Moran's I 也称为空间关联的局部指标（LISA），用于测量每个特定位置的空间自相关程度（Anselin，2004，1996，1995）：

$$\text{LISA}_i = \frac{\left(x_i - \bar{X}\right)}{\sigma^2} \sum_{j=1}^{n} w_{ij}\left(x_i - \bar{X}\right), \qquad (i \neq j) \tag{4-8}$$

式中，LISA_i 是样本 i 的局部 Moran's I；σ^2 是所有样本的总体方差；n、x_i、$\bar{X}$ 和 w_{ij} 与式（4-3）相同；与全局 Moran's I 相同的空间权重 w_{ij}（反距离）用于计算 LISA。LISA 指数可以根据相应的 z 得分或 p 值进行解释，其中 p 值代表统计量的统计显著性（Mitchel，2005）。利用 ArcGIS 中的聚类和异常值分析工具（ArcToolbox—Spatial Statistics Tools—Analyzing Patterns—High/Low Clustering），可以识别具有相似值的捕捞努力聚类和应排除的空间异常值（Yuan et al.，2018；Fu et al.，2014）。统计量的 z 得分计算公式如下：

$$Z_{\text{LISA}_i} = \frac{\text{LISA}_i}{\sqrt{E\left[\text{LISA}_i^2\right] - E\left[\text{LISA}_i\right]^2}}, \quad E\left[\text{LISA}_i\right] = \frac{\sum_{j=1}^{n} \text{LISA}_j}{n} \tag{4-9}$$

式中，$E\left[\text{LISA}_i\right]$ 代表局部 Moran's I 的期望，$E\left[\text{LISA}_i^2\right]$ 代表局部 Moran's I 的平方的期望；$E\left[\text{LISA}_i\right]^2$ 代表期望的平方。

一个正的局部 Moran's I 值表明渔业资源点被具有相似（高或低）值的渔业资源点包围，因此它是聚集的一部分；一个负的局部 Moran's I 表明渔业资源点被不同的渔业资源点包围，因此它是一个异常值。具有统计意义的聚类可能包括高值 CPUE（HH）或低值

CPUE（LL），而异常值可能是低值 CPUE 所包围的高值 CPUE（HL）或者相反，低值 CPUE 被高值 CPUE 包围（LH）。统计显著的 CPUE 高值区或捕捞努力量高值区被称为热点，类似的 CPUE 低值区或捕捞努力量低值区被称为冷点，可以通过 ArcGIS 的 Anselin Local Morans I 模块来实现计算（图 4-10）。

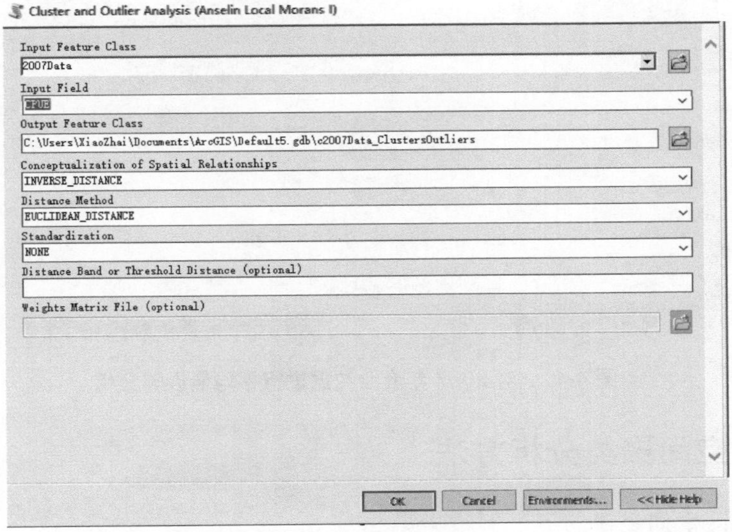

图 4-10　基于局部 Moran's I 的空间聚类

3. 平均最近邻 ANN 比率

ANN 通过位置探测 CPUE 数据的离散、距离或随机分布。它测量每个点间的平均距离和每个点与它的最邻近点的距离，然后从一个完整的随机分布中取出随机样本点的平均距离与预计的平均距离的比值，产生一个比率（图 4-11）（Mitchell，1999；Ebdon，1985；Clark and Evans，1954）。ANN 比率由以下方程给出：

$$ANN = \overline{D_O} / \overline{D_E} \tag{4-10}$$

式中，$\overline{D_O}$ 表示每个点间的平均距离和该点与其最邻近点间的平均距离；$\overline{D_E}$ 是随机分布中所给的点的期望平均距离：

$$\begin{cases} \overline{D_O} = \sum_{i=1}^{n} d_i / n \\ \overline{D_E} = 0.5/\sqrt{n/A} \end{cases} \tag{4-11}$$

式中，d_i 是点 i 与其最近点的距离；n 是点的个数；A 是所有点的最小凸包面积。

统计量的 z 得分由以下公式给出：

$$z_{ANN-score} = \left(\overline{D_O} - \overline{D_E}\right) \times \left(\sqrt{n^2 / A}\right) / 0.21636 \tag{4-12}$$

式中，ANN 比率小于 1 时代表空间聚集分布；ANN 比率大于 1 时代表空间离散分布；当 ANN 比率接近 1 时表明是随机分布。

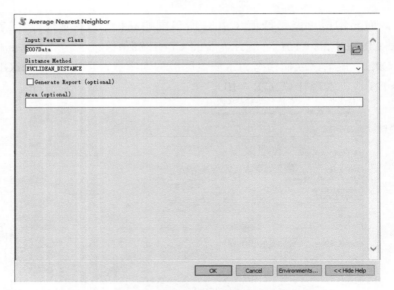

图 4-11　对 2007 年渔业数据进行平均最近邻分析

4.1.3　空间聚类分析方法

1. K-means 空间聚类方法

K-means 是一种非监督学习算法，用于解决非空间和空间聚类问题（Levine，2016）。空间聚类是经典聚类的扩展，它对空间对象进行分类，使得同一类别中的对象相似，不同类别中的对象不同（Cliff and Ord，1981）。假设数据集包含 n 个数据点 x_i（其中 x_i 可以是 CPUE 或捕捞努力量），如果每个数据点属于一个聚类，可以从数据集派生得到 K 个聚类。从数据点到每个聚类的最短距离：

$$\min(d) = \min \sum_{i=1}^{K} \sum_{x \in C_i} |x - \mu_i|^2 \qquad (4\text{-}13)$$

式中，d 是欧几里得距离度量；C_i 是聚类 i 的点集合；$\mu_i(i = 1,\cdots, K)$ 是聚类 i 的位置。可以使用四步工作流程计算 K-means：

（1）将 K 点放入被聚类的渔业数据空间中，即初始化每个聚类的中心；

（2）将每个捕捞点分配给具有最接近质心的聚类；

（3）当分配了所有捕捞点后，重新计算 K 质心的位置；

（4）重复步骤（2）和（3），直到质心不再移动，并从渔场数据中产生 K 个聚类簇。

空间聚类即为商业捕捞区域，一个聚类中的点具有相同的特征，不同聚类中的点具有不同的特征。聚类特征表示类似的 CPUE 或捕捞努力量与海洋环境具有类似的关系。例如，一个聚类簇可能平均 CPUE 较高，但捕捞努力量较低，而另一个聚类簇可能平均 CPUE 中等，但捕捞努力量较高。这些聚类簇基本上表征了 CPUE 或捕捞努力量的分布。

K-means 聚类的执行和处理可以采用 CrimeStat 软件。CrimeStat 可以读取 "dbf"、"shp" 和 ASCII 文件，并将选定的图形对象写入 ArcGIS、Windows Surfer 和 ArcView

Spatial Analyst 等程序中。渔场资源丰度也受季节性时间因素影响，利用该软件进行空间分析的同时还考虑了时间因素，因此该软件作为渔情预报和中心渔场识别的一种工具应用在渔业研究中。

以 2007 年西北太平洋柔鱼商业捕捞数据为例，将数据读入 CrimeStat 软件，在 Hotspot 选项卡下的"Hot Spot"Analysis Ⅱ 模块设置 K-means 参数。本节将西北太平洋柔鱼数据分成 5 个类别，分离度为 4，标准差为 1 倍。设置分析结果的保存路径后，点击页面下端 Compute 按钮开始 K-means 聚类分析（图 4-12）。CrimeStat 软件的 K-means 聚类会产生三个结果，分别是 K-means 聚类的统计数据（图 4-13）、K-means 聚类的空间椭圆（图 4-14）和 K-means 聚类的凸多边形（图 4-15）。

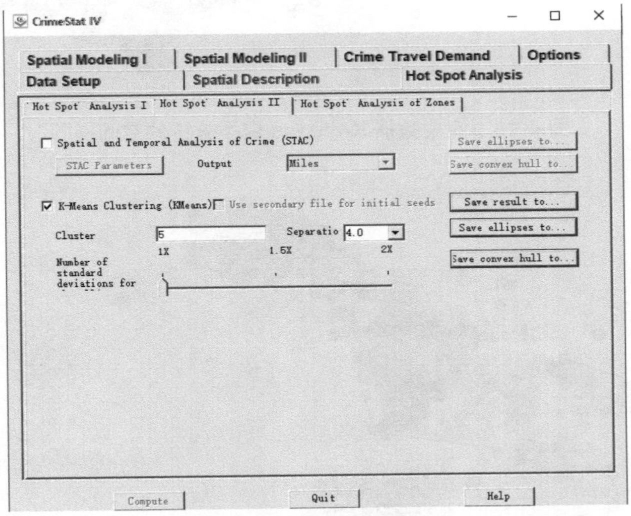

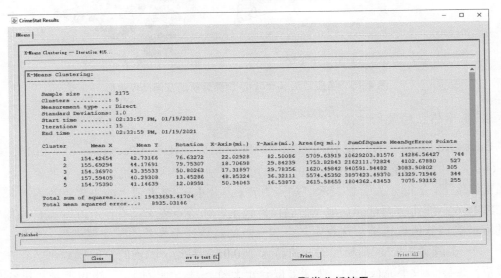

图 4-12　使用 CrimeStat Ⅳ 软件进行热点分析

图 4-13　渔业数据的 K-means 聚类分析结果

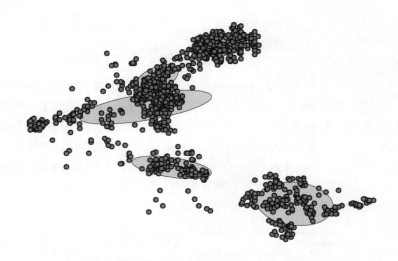

图 4-14　渔业数据 K-means 聚类分析的空间椭圆

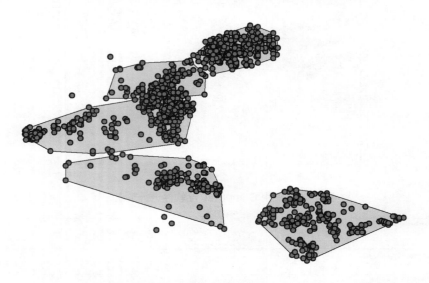

图 4-15　渔业数据 K-means 聚类分析的空间凸多边形

2. 基于热点的聚类方法

Getis-Ord G_i^* 是一种广泛使用的局部空间自相关统计量（Peeters et al.，2015；Getis and Ord，1992；Ord and Getis，1995），可以识别渔场中具有统计学意义的聚类簇。在 95% 置信度下，z 得分大于 2 表示 "热点"，z 得分小于 −2 表示 "冷点"。热点表示具有高 CPUE 或高捕捞努力量的点被类似高值点包围，而冷点表示具有低 CPUE 或低捕捞努力量的点被类似低值点包围。这表明热点和冷点都是统计上显著的空间聚类簇。如果 z 得分介于 −2～−1 或者 1～2，则相应的 p 值将大于 0.05。因此，渔场的空间模式可能存在热点或冷点，但零假设不能被拒绝。如果 z 得分介于 −1～1，则空间模式很可能是随机分布。

3. HH 空间聚类的质心

计算中心特征是空间统计和分布分析中的典型处理方法（Khormi and Kumar，2015），可以掌握渔场的最中心点和捕捞活动的集中程度。使用 ArcGIS 的中心要素工具，可以计算 CPUE 或捕捞努力量的质心。质心是不同的空间尺度上的热点和冷点的最中心位置。由于中心特征表示的是所有点的中心点，因此可以代表中心渔场的质心，即如果某一点与其他点的累积距离最小，该点就是质心。在计算质心的过程中，需要考虑每个点到其他所有点的 CPUE 或捕捞努力量的距离加权值（Mitchel，2005）。

4. 空间聚类的评估方法

为了评估 K-means 和 Getis-Ord G_i^* 生成的聚类，可以使用扩展的混淆矩阵（Jr Pontius and Millones，2011），即 Pontius 矩阵来评估 CPUE 和捕捞努力量聚类簇的总体精度。表 4-1 是基于参考图（渔业资源原始分布图）和聚类图逐像元比较的 Pontius 矩阵，其中，$C_1 \sim C_5$ 类别表示渔场的五个聚类，V_{ij} 表示参考图中的类别 i 和聚类图中的类别 j，而 i 和 j 分别是行和列的序列号。

表 4-1　用于评估渔业资源聚类图的 Pontius 矩阵

聚类	C_1	C_2	C_3	C_4	C_5
C_1	V_{11}	V_{21}	V_{31}	V_{41}	V_{51}
C_2	V_{12}	V_{22}	V_{32}	V_{42}	V_{52}
C_3	V_{13}	V_{23}	V_{33}	V_{43}	V_{53}
C_4	V_{14}	V_{24}	V_{34}	V_{44}	V_{54}
C_5	V_{15}	V_{25}	V_{35}	V_{45}	V_{55}
总计	$\sum\limits_{j=1}^{5} V_{1j}$	$\sum\limits_{j=1}^{5} V_{2j}$	$\sum\limits_{j=1}^{5} V_{3j}$	$\sum\limits_{j=1}^{5} V_{4j}$	$\sum\limits_{j=1}^{5} V_{5j}$

根据上述计算方法可以衍生出一致率（ROA）来表示 Pontius 矩阵计算的聚类簇准确度：

$$\mathrm{ROA}_m = \frac{V_{mm}}{\sum\limits_{i=1}^{5}\sum\limits_{i=1}^{5} V_{ij}} \times 100\% \qquad (4\text{-}14)$$

式中，m 是类别的索引。ROA 较大表示空间聚类与原始渔场数据之间的一致性良好，ROA 较小表示一致性较差。

为了进一步评估，应用接受者操作特征曲线（receiver operating characteristic curve，ROC）（Jr Pontius and Batchu，2003）来定量比较参考图和聚类图的相似性和差异性，由图 4-16 来进一步说明和解释（Jr Pontius and Schneider，2001）。其中曲线下面积（area under curve，AUC）就是 ROC 值，用来表示精度（Jr Pontius and Schneider，2001）。正确结果的 ROC 曲线需在对角线之上，即 AUC 范围为 0.5～1。如果空间聚类图与渔业资源图完美匹配，则相应的 AUC 将为 1（Jr Pontius and Batchu，2003）。0.5～0.7 的 AUC 表示准确度较差，0.7～0.9 的 AUC 表示准确度良好，而 AUC 值大于 0.9 表示准确度极佳（Jr Pontius and

Schneider，2001）。

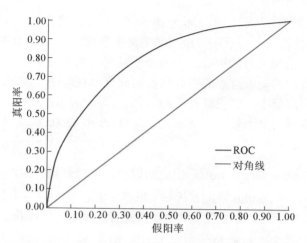

图 4-16　用于评价渔业资源空间聚类的 ROC 曲线

4.2　空间模式与海洋环境关系的分析方法

4.2.1　算术平均法和加权平均法

在渔业资源的空间分布模式与海洋环境因子的分析中，算术平均法是一种基础的处理因变量（通常是 CPUE）与多个解释变量（SST、SSH、chl-a 和 SSH 等）之间关系的方法。算术平均值的表达式为

$$P_{\text{CPUE}} = \sum_{i=1}^{s} \left(\bar{W} - W_i \right) \tag{4-15}$$

式中，$\bar{W}$ 为解释变量的均值；W_i 为第 i 个解释变量；s 为解释变量总数。

加权平均法也是一种常用的渔业资源分析方法。与算术平均法相比，该方法考虑了各个解释变量对因变量影响程度的权重，通过不同的权重来拟合因变量与解释变量的统计关系。其表达式为

$$P_{\text{CPUE}} = \sum_{i=1}^{s} W_i X_i \tag{4-16}$$

式中，W_i 为第 i 个解释变量；X_i 为第 i 个解释变量的权重；s 为解释变量总数。

4.2.2　广义可加模型

广义可加模型（GAM）是广义线性模型的非参数扩展，可以直接处理响应变量与多个解释变量之间的非线性关系。GAM 使用非特定的平滑函数，而不是线性回归模型的泛化来链接因变量和自变量。CPUE 或捕捞努力量和海洋变量之间的关系通常是非线性的，

因此一般可以使用 GAM 来研究环境变量对渔业资源丰度和分布的影响。在渔业研究中使用 GAM 时，因变量通常表示 CPUE 或捕捞努力量，自变量通常包括时空因子（如年、月、尺度、经度和纬度等）和海洋因子（如 SST、SSS、chl-a 和 SSH 等）。非参数 GAM 可以由下式给出：

$$\ln(\mathrm{CPUE}+1) - s(\mathrm{Year}) + s(\mathrm{chl\text{-}a}) + s(\mathrm{Lat}) + s(\mathrm{Lon})$$
$$+ s(\mathrm{SSS}) + s(\mathrm{SST}) + s(\mathrm{chl\text{-}a}) + s(\mathrm{SSH}) + \delta \tag{4-17}$$

GAM 是采用样条平滑函数的一种非参数模型，渔业研究中经常用这个模型研究 CPUE 与其影响因子的关系（Furey and Rooker，2013；Winker et al.，2013；Maunder and Punt，2004；Walsh and Kleiber，2001）。通常可用四个统计量来评估 GAM 的拟合程度，进而解释因子对 CPUE 的影响。这些统计量分别是解释性残差 ADE、校正后的拟合优度 R^2、赤池信息量准则和广义交叉验证 GCV。

有许多软件可用于 GAM 建模，而 R-Gui 是其中最方便的软件。可以使用 R-Gui 中的"MGCV"包来建立 CPUE 和环境因子之间关系的 GAM。采用 F 检验中的 p 值和 AIC 来评估 GAM 的拟合性能，一般采用 95%的置信水平。当在 GAM 中增加更多因子时，AIC 下降；但是，一些选择不合理、应排除的因子可能会对 GAM 的建模结果产生影响。

4.2.3　空间自回归方法

空间自回归（SAR）模型是线性回归模型的推广，可以用来解释空间自相关。该方法已被广泛应用于地理空间数据的相关研究（Celik et al.，2006；Cliff and Ord，1981；Anselin，1980）。SAR 模型由下式给出：

$$\begin{cases} \ln \mathrm{CPUE} = \rho W \ln \mathrm{CPUE} + X\beta + \varepsilon \\ \varepsilon - N(0, \sigma^2 I_n) \end{cases} \tag{4-18}$$

式中，W 是标准化空间权重矩阵，表示参数化解释变量 lnCPUE 的邻域距离，是空间滞后参数；$X = (x_1, \cdots, x_k)$ 是解释变量的向量；β 是 X 的参数向量，即解释变量的权重，是空间自相关统计量 Moran's I（Cliff and Ord，1981；Anselin，1980）。空间权重矩阵采用一阶 Queen Contiguity 定义，它只允许相邻实体之间相互影响（Anselin，1980）。

4.2.4　地理加权回归方法

地理加权回归（GWR）是一组回归模型，它允许系数在空间上变化（空间变系数模型），即数据集具有空间非平稳性（Fotheringham et al.，2003，1998；Brunsdon et al.，1996）。GWR 能够探索因变量（如 CPUE）和多个自变量（如 SST、SSS、chl-a 和 SSH）之间的关系，在渔业上可以被定义成：

$$\ln \mathrm{CPUE} = c_{0(i,j)} + (c_1 \mathrm{SST})_{(i,j)} + (c_2 \mathrm{chl\text{-}a})_{(i,j)}$$
$$+ (c_3 \mathrm{SSS})_{(i,j)} + (c_4 \mathrm{SSH})_{(i,j)} + \varepsilon_{(i,j)} \tag{4-19}$$

式中，$c_0(i, j)$ 是截距；$c_1(i, j)$、$c_2(i, j)$、$c_3(i, j)$、$c_4(i, j)$ 是与海洋环境因子有关的待估计参数；$\varepsilon(i, j)$ 是经度 i 和纬度 j 的模型拟合残差。GWR 模型可以使用 ArcGIS 或者 R-Gui 构建。GWR 的特点在于能够准确探测渔业资源与海洋环境关系的空间异质性，建立的模型参数是随机分布的，相比于非空间模型具有更好的解释能力。

4.3　空间多尺度分析方法

4.3.1　因子位序的尺度影响

如果因子对渔业资源分布或丰度的解释力更强，则会在式（4-17）中显示更高的残偏差解释力，同时也会对其他因子产生影响。一般地，将对因变量解释能力较强的因子列在前面，因此影响因子的位序非常关键。首先，以一个因子作为自变量，对所有因子的残偏差解释能力做一次全体检测，解释力最高的因子作为第一个因子；然后，以两个因子作为自变量，分别加入其他因子，如果某两个因子的组合解释能力最强，那么这两个因子位序就确定了；针对三个或者更多的因子，方法以此类推。这些因子的解释能力和位序不同，可以使用可视化工具来明确描述。在可用工具中，雷达图是一种可以表达单个或多个观测数据的平面多维显示工具，把顶点放置在等角辐条上，可以描述相应变量的大小或者其他量纲（Chang et al.，2012）。雷达图可以充分展示时空因子和环境因子的位序，揭示尺度变化对这些因子的解释能力的影响。

4.3.2　常见的尺度关系

GAM 及不同因子的解释偏差在不同的空间尺度上是不同的。常见的空间尺度效应和尺度关系包括线性、指数、对数、幂律和多项式等在内的函数，其中 R^2 用于表征选择这些函数的拟合优度。

1. 线性尺度关系

$$y = ax + b \qquad (4\text{-}20)$$

式中，y 是 GAM 的统计量，包括 ADE、R^2、AIC 和 GCV，这四个值均是正值；x 是空间尺度；a 是说明尺度效应的斜率；b 是截距。当 $a > 0$ 时，GAM 统计量随着空间尺度（x）变粗而增大，反之统计量则随着空间尺度变粗而减小。

2. 指数尺度关系

$$y = cd^x \qquad (4\text{-}21)$$

式中，c 和 d 是参数。如果 $c < 0$，统计量 y 随着空间尺度变粗而减小；当 $d > 0$ 且 $c > 0$ 时，统计量 y 随着空间尺度变粗而增大。

3. 对数尺度关系

$$y = f \ln x + g \qquad (4\text{-}22)$$

式中，f 是斜率；g 是截距。当 $f > 0$ 时，随着空间尺度变粗，统计量 y 增大；否则，统计量 y 随着空间尺度变粗而减小。

4. 幂律尺度关系

$$y = hx^i \tag{4-23}$$

式中，h 和 i 是参数。当 $h > 0$ 时，如果 $i > 0$，则统计量 y 随着空间尺度变粗而增大；如果 $i < 0$，则统计量 y 随着空间尺度变粗而减小。

5. 多项式尺度关系

$$y = k_1 x + k_2 x^2 + \cdots + k_n x^n + k_0 \tag{4-24}$$

式中，k_0、k_1、k_2、$\cdots$、k_n 是参数。当 $n = 2$ 时，该方程显示是抛物线曲线的二次多项式；当 $n > 2$ 时，GAM 统计量 y 与空间尺度之间没有明显的尺度关系。

图 4-17 显示了本书在 ArcGIS 中使用 Modelbuilder 建模器构建的渔业资源尺度分析模型。仅需要通过修改两个参数——"Input Shape Files"和"Cellsize"便可以自动完成尺度划分、CPUE 计算和最优尺度的选择。通过输入"Cellsize"这一参数（栅格图层）提供空间尺度大小；在"Copy Features"操作后可以实现不同尺度的划分；将划分为不同尺度的矢量点数据转换为 CPUE 或捕捞努力量的栅格图层，并对两个栅格图层利用"Focal Statistics"进行焦点统计；利用焦点统计的结果图层在"Raster Calculator"中进行 CPUE 的计算；将 CPUE 图层转换为矢量点数据，对矢量图层进行空间自相关评价，评价指标包括 Moran's I 值、p 值、z 值和 Moran's I 结果图等，通过比较指标实现最优尺度的选取。

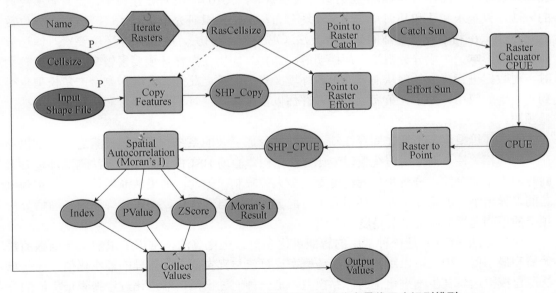

图 4-17　在 Modelbuilder 中开发的渔业空间分布最优尺度识别模型

图 4-18 是上述模型界面化的结果。最优尺度识别过程中仅需要输入两类图层，其中"Input Shape File"为渔业原始矢量数据，"Cellsize"为空间尺度参数。

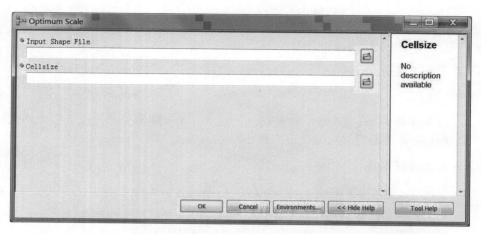

图 4-18　在 Modelbuilder 中开发的渔业空间分布最优尺度识别的数据输入界面

4.4　基于 HSI 建模的智能化渔场渔情空间预报方法

HSI 模型是渔业资源的栖息地适宜性指数模型，也经常应用在渔业资源的渔情预报中。渔场渔情预报 HSI 模型目前已广泛应用于大洋经济种类，如印度洋大眼金枪鱼（张衡等，2011；Song and Zhou，2010；陈峰等，2010）、大西洋及太平洋的柔鱼（曹杰等，2010；陈峰等，2010）、鲐鱼、秋刀鱼等（李纲等，2010）。在 HSI 建模中，已有较多经典的方法。权重求和法和几何平均法在渔场分布与渔情预报研究中得到了广泛应用；分位数回归方法重在利用分段局部的分位数方法（冯波等，2010），建立海洋环境要素对渔场分布变化的影响；主成分分析法（胡振明等，2010）应用在海洋环境要素较多且相关性较大时，对数据进行降维处理从而计算出各环境要素的权重；此外，贝叶斯剩余产量模型也得到了一定的应用，如东、黄海鲐鱼资源评估以及未来一定时期内鲐鱼资源量和年总可捕捞量预测。

海洋环境要素与渔场之间存在动态交互并形成复杂的系统，且环境要素之间通常也存在一定的相关性，而应用传统数理统计方法在构建渔场 HSI 模型时由于无法消除环境要素固有的多重相关性，分析预报的精度受到极大的限制。因此，如果从渔场计算值与实测值之间差异最小化的角度出发，利用人工智能方法进行自动优化，则可望降低渔场渔情分析预报的不确定性从而提高其精度。

遗传算法（GA）是一种常用的智能进化和组合优化算法，常用于求解复杂函数的最大值和最小值，因此可以用其求解渔场概率计算值与真实值之间差异的最小化值。遗传算法源自模拟达尔文生物进化论的计算模型，是一种通过模拟自然进化过程搜索最优解的方法，是目前最成熟的进化智能算法之一（冯永玖等，2011）。最近十几年，遗传算法在众多领域得到了广泛应用，如在复杂地理系统的建模中遗传算法被用于建立非线性元胞自动机模型（Feng and Liu，2012），与之类似的组合优化算法，包括粒子群优化算法和模拟退火算法（SA）等也得到了较好的应用（Feng and Liu，2013；Feng et al.，2011）。

鉴于此，第 11 章将基于遗传算法构建一种能够获取和自动优化渔场渔情预报 HSI 参数的智能建模框架 GeneHSI，并利用模拟数据进行该框架的执行测试。该基于遗传算法的 GeneHSI 建模框架有助于充实现有的渔情预报 HSI 建模方法与理论，并可望引导智能方法在渔业 HSI 建模中的应用。

4.4.1　栖息地适宜性指数模型

CPUE 和捕捞努力量通常是商业捕捞数据中能较好描述资源丰度的指标（Swain and Wade，2003；Richards and Schnute，1986）。在采用 HSI 模型研究渔业资源与海洋环境关系时，常常采用这两个资源丰度指标（陈洋洋等，2017；陈新军等，2012）。本节采取这两个指标建立 HSI 模型，探讨柔鱼 CPUE 与环境关系的尺度效应，并比较依据这两个不同的资源丰度指标建立的 HSI 模型。为了更准确、更有力地比较两个丰度指标建立 HSI 模型的情况，本章利用两个指标的均值建立 HSI 模型。均值表示数值相对集中的趋势，即相对集中较多的中心位置（罗乐勤和陈珍珍，2006）；采用均值的结果能验证依据 CPUE 与捕捞努力量分别建立 HSI 模型的优势。以 2005～2013 年的柔鱼渔业生产统计数据和环境数据为例，在数据预处理之后分别建立 HSI 模型，然后以 2004 年的渔业数据进行模型验证。

1. 构建 SI 模型和 HSI 模型

依据 CPUE 在各环境因子的不同范围内的频率分布，计算各环境因子不同范围内 CPUE 出现的概率以及捕捞努力量，对二者的平均值（average）也做相同的处理。不同环境因子的不同 SI 值计算公式为（陈新军等，2012，2009）：

$$SI_{(C)} = \frac{CPUE_i}{CPUE_{imax}} \tag{4-25}$$

式中，$CPUE_i$ 为某个环境因子第 i 组的 CPUE；$CPUE_{imax}$ 为 i 个分组中最大 CPUE。

$$SI_{(E)} = \frac{Effort_i}{Effort_{imax}} \tag{4-26}$$

式中，$Effort_i$ 为某个环境因子第 i 组的捕捞努力量；$Effort_{imax}$ 为 i 个分组中最大捕捞努力量。

$$SI_{(A)} = \frac{Average_i}{Average_{imax}} \tag{4-27}$$

式中，$Average_i$ 为某个环境因子第 i 组的 CPUE 与捕捞努力量的平均值；$Average_{imax}$ 为第 i 组中 CPUE 与捕捞努力量的最大平均值。

利用正态分布模型分别建立 SSS、SST、chl-a、SSH 与 $SI_{(C)}$、$SI_{(E)}$、$SI_{(A)}$ 之间的关系模型。其中，SSS 因子与 CPUE 构建的正态分布模型公式如下：

$$SI_{SSS} = \exp\left[\alpha(x_1 - \beta)^2\right] \tag{4-28}$$

通过此模型将 SSS、SST、chl-a 和 SSH 四个因子与 $SI_{(C)}$、$SI_{(E)}$、$SI_{(A)}$ 之间的离散变量关系转化为连续随机变量关系，然后利用 DPS 软件进行求解。

假设最小 CPUE 的作业位置为最不适宜的柔鱼栖息地，赋值为 SI=0，即该渔场为最不利的环境条件，表示不适宜的生境（Thomasma，1981）；最大 CPUE 的作业位置为最适宜的柔鱼栖息地，赋值为 SI=1，即该渔场为最有利的环境条件，表示最适宜的生境。捕捞努力量与二者均值的 SI 赋值与此相似；定义 SI≥0.6 时对应的环境因子变化范围为适宜的柔鱼环境（Yu et al.，2015；Brando et al.，2013）。然后，对不同空间尺度下根据各环境因子与 CPUE、捕捞努力量及二者均值建模确定的 SI 值进行比较分析。

2. HSI 构建与验证

建立 HSI 综合模型时，计算 HSI 的算法有很多，包括最小值法（minimum model，MINM）、最大值法（maximum model，MAXM）、几何平均法（geometric mean model，GMM）、算术平均法（arithmetic mean model，AMM）、连乘法（continued product model，CPM）等。本章采用算术平均法，CPUE、捕捞努力量及二者均值的 HSI 计算公式如下：

$$HSI = \frac{1}{4}\left(SI_{SSS} + SI_{SST} + SI_{chl\text{-}a} + SI_{SSH}\right) \tag{4-29}$$

根据已有的 2005～2013 年的商业捕捞数据与环境数据建立综合的 HIS 模型。将预测的 HSI 按照 [0.0～0.2]、[0.2～0.4]、[0.4～0.6]、[0.6～0.8] 和 [0.8～1.0] 的分组标准划分为 5 个区间。定义每月整个渔场的平均 HSI 值为该月柔鱼栖息地质量的指示因子：渔区 HSI≥0.6 的海域定义为有利的栖息地，渔区 HSI≤0.2 的海域定义为不利的栖息地。

将 2004 年的环境数据作为 AMM 输入条件分别预测三种情况下柔鱼渔场 HSI 值，对三种情况的各个空间尺度进行验证。将 2004 年的 CPUE、捕捞努力量及二者均值在不同空间尺度下预测的 HSI 输入到 ArcGIS 中进行插值，统计各区域的渔获量，渔获量是 CPUE 与捕捞努力量的乘积，与二者有密切联系。将渔获量分别与对应的插值分布图进行叠加，观察渔业数据与预测值的插值是否匹配、吻合。

比较各个空间尺度下根据 CPUE、捕捞努力量及二者均值分别构建的 HSI，确定采用 HSI 模型分析柔鱼资源与环境变量时更合适的资源丰度指标。根据 2005～2013 年渔业数据确定的最佳空间尺度与根据 2004 年验证所得的最佳空间尺度的一致程度，确定三者与环境因子关系的最佳空间尺度范围。

4.4.2　基于支持向量机（SVM）的 HSI 模型

1. SVM 算法简介

假设有 N 个海洋环境因子的数据对集合 $\{x_i, y_i\}_{i=1}^{N}$，其输出模式为已知且 $y_i \in \{-1, +1\}$，即输出为二元值，那么二元值的决策方程可以表达为

$$f(\boldsymbol{x}) = \text{sgn}\left[W^{\mathrm{T}}\varphi(\boldsymbol{x}) + \beta\right] \tag{4-30}$$

式中，sgn 是决策规则；$W = (w_1, w_2, \cdots, w_n)$；$\beta$ 是超平面的权重向量，且 $\langle W \cdot x \rangle + \beta = 0$。

在 SVM 中，最优化问题解析式可以表达为

$$\min_{W,\beta,\varepsilon} J(W,\beta,\varepsilon) = \frac{1}{2} W^{\mathrm{T}} W + \frac{1}{2} C \sum_{i=1}^{N} \varepsilon_i \tag{4-31}$$

$$\text{s.t.} y_i \left[W^{\mathrm{T}} \varphi(x_i) + \beta \right] = 1 - \varepsilon_i, \quad (i = 1, \cdots, N) \tag{4-32}$$

式中，$\varphi(\cdot)$ 是非线性方程，用于将输入空间映射到高维特征空间；ε_i 是限制因子（满足 $y_i \left[W^{\mathrm{T}} \varphi(x_i) + \beta \right] \geq 1$），也称作正则化参数，用于决定训练误差和 SVM 模型的泛化能力。

此外，拉格朗日方程可以用来解决上述最优化问题，该方程定义如下：

$$L(W,\beta,\varepsilon_i;\alpha_i) = J(W,\varepsilon_i) - \sum_{i=1}^{N} \alpha_i \{ y_i \left[W^{\mathrm{T}} \varphi(x_i) + \beta \right] - 1 + \varepsilon_i \} \tag{4-33}$$

式中，α_i 是拉格朗日乘数，其值可能为正也可能为负。

对最优解的条件进一步微分，转化为

$$\begin{cases} \dfrac{\partial L}{\partial W} = 0 \rightarrow W = \sum_{i=1}^{N} \alpha_i y_i \varphi(x_i) \\[2mm] \dfrac{\partial L}{\partial \beta} = 0 \rightarrow \sum_{i=1}^{N} \alpha_i y_i = 0 \\[2mm] \dfrac{\partial L}{\partial \varepsilon_i} = 0 \rightarrow \alpha_i = C \varepsilon_i \\[2mm] \dfrac{\partial L}{\partial \alpha_i} = 0 \rightarrow y_i \left[W^{\mathrm{T}} \varphi(x_i) + \beta \right] - 1 + \varepsilon_i = 0 \end{cases} \tag{4-34}$$

通过消除 ε_i 和 W，最优化问题可以重新表达为

$$\begin{bmatrix} 0 & y^{\mathrm{T}} \\ y & \Omega + C^{-1} I \end{bmatrix} \begin{bmatrix} \beta \\ \overline{\alpha} \end{bmatrix} = \begin{bmatrix} 0 \\ 1_N \end{bmatrix} \tag{4-35}$$

式中，$\Omega = ZZ^{\mathrm{T}}$；而 $Z = \left[\varphi(x_1), \varphi(x_2), \cdots, \varphi(x_N) \right]^{\mathrm{T}}$；且 $y = \left[y_1, y_2, \cdots, y_N \right]^{\mathrm{T}}$；$1_N = \left[1, 1, \cdots, 1 \right]$、$\alpha_N = \left[\alpha_1, \alpha_2, \cdots, \alpha_N \right]$。根据 Mercer 条件，矩阵 $\Omega = ZZ^{\mathrm{T}}$ 可以表达为核函数：

$$\Omega_{ij} = y_i y_j \varphi(x_{i2})^{\mathrm{T}} \varphi(x_j) = y_i y_j K(x_i, x_j) \tag{4-36}$$

SVM 的核函数选择存在多种可能性，以高斯径向基核函数（RBF）为例，该函数表达为

$$K(x, x_i) = \exp \left\{ -\|x - x_i\|^2 / 2\sigma^2 \right\} \tag{4-37}$$

式中，σ 为反映数据分布性质的常数。

根据上述条件，式（4-30）中的问题可以通过解决式（4-35）和式（4-36）中的分类问题而解决，进而表达为二元分类器。该分类器能够进一步在高维特征空间中将 HSI 建模数据进行分类，即分类为鱼类栖息地适宜和不适宜；可以表达为

$$f(x) = \text{sgn}\left[\sum_{i=1}^{N} \alpha_i y_i K(x, x_i) + \beta\right] \tag{4-38}$$

2. SVM 支持下的 HSI 建模流程

图 4-19 是一种基于支持向量机的鱼类栖息地适宜性指数建模方法流程。首先，联合多种海洋环境因子求取一组海洋因子对应的 SI；其次，对所有海洋环境因子以及 SI 进行归一化；再次，建立支持向量机 HSI 的新模型：SVM-HSI；最后，利用 SVM-HSI 对不同的区域进行预测，获取预测的均方根误差和相关系数，并在 GIS 环境中进行渔场渔情预报。与现有方法相比，本模型在样本数量较少时，能够较好地从中挖掘数据中存在的规律，得到较为合理的 HSI 模型和渔情预报结果。

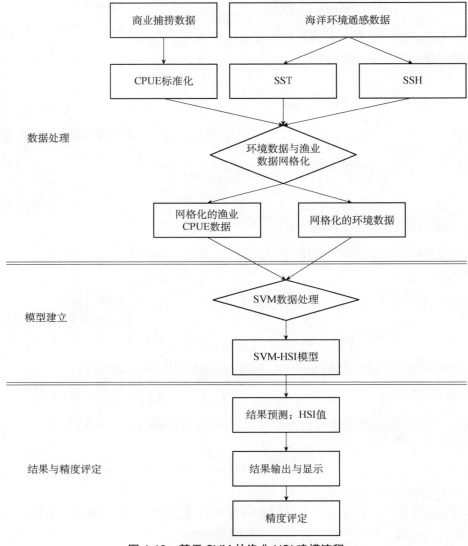

图 4-19 基于 SVM 的渔业 HSI 建模流程

4.4.3　基于遗传算法的 HSI 模型

1. GA 简介

GA 是一种基于生物自然选择与遗传机理的随机搜索算法。与传统搜索算法不同，GA 从一组随机产生的"种群"（population）（初始可行解）开始搜索过程。待解问题的每一个参数都是一个"基因"（gene），一组基因构成了问题的一个解，即种群中的个体，称为"染色体"（chromosome）。在 GA 中，染色体被编码为一串符号（二进制字符串），这些字符串在后续迭代中根据遗传规则不断进化（冯永玖等，2011）。GA 在适应度函数（fitness function）的引导下进行迭代搜索，通过适应度值来判断染色体的优劣并进行优胜劣汰。在未达到算法终止条件时，通过选择（selection）、交叉（crossover）和变异（mutation）3 个算子产生下一代（offspring）染色体。在形成新一代过程中，根据适应度值的大小选择部分后代，淘汰较差部分后代并保持种群大小为常数，并继续进行随机搜索和迭代，直到算法收敛从而得到最优解（最优染色体）。其中，GA 涉及的若干要素如下。

（1）编码（coding）：GA 处理的是染色体中的基因，因此解空间中的数据必须通过编码表示成遗传空间的基因型串结构数据，才能由遗传算法处理。

（2）初始种群（initial population）：GA 随机产生 N 个初始串结构数据，每个串结构数据称为一个个体，N 个个体构成了初始种群。

（3）适应度值评估（evaluation of fitness value）：适应度函数是待解问题向 GA 空间映射的最重要一环，适应度函数表明个体或可行解的优劣。

（4）选择（selection）：从当前种群中选出优良个体作为父代以繁殖下一代，这表明适应性强的个体为下一代贡献一个或多个后代的概率较大。

（5）交叉（crossover）：按照一定概率随机地交换一对父染色体的部分基因以形成新的子染色体，它保证前一代中优秀个体的性状能在后一代新个体中尽可能得到遗传和继承。

（6）变异（mutation）：按照一定概率随机地改变染色体的基因值，变异使得 GA 具有局部的随机搜索能力，并能维持种群多样性，防止出现过早收敛。

2. HSI 与 GA 空间的映射关系

以综合栖息地基本模型（如连乘模型、算术平均模型、几何平均模型、Logistic 回归模型等）为基础，以实际作业换算的 HIS 为基准（田思泉和陈新军，2010），构建 GA 的适应度函数（fitness function），也叫作目标函数或费用函数。利用 GA 自动寻找该适应度函数的最小值，即 GA 获取的参数能够使模型预测值与实际作业换算的 HSI 值之间的差异达到最小化（冯永玖等，2011）。对应最小适应度函数值的"染色体"，就是一组通过 GA 优化所得的栖息地指数模型的参数，而对应的"基因"则为各海洋渔业环境要素的权重。由这样一组染色体构建的 HSI 模型即为 GA 优化的渔场渔情预报模型。

3. GA 的适应度函数与优化策略

（1）染色体编码与种群初始化：染色体就是一组参数的可行解，采用浮点数编码方法，定义染色体的长度为有效解的变量长度，定义染色体编码为 $\alpha = \{ \alpha_0, \alpha_1, \cdots, \alpha_j, \cdots, \alpha_m \}$，$\alpha_j$

是 HSI 模型参数，亦即 GA 中的"基因"；m 表示基因个数。

（2）适应度函数：适应度函数是渔场渔情预报建模向 GA 映射的核心，本质上只有构建适应度函数才能够理解 GA 的本质，也才能够进行 GA 的渔情预报 HSI 建模。GA 在连续函数的优化、最小值和最大值求解中得到了广泛应用。在 GA 中，利用适应度函数评价染色体（可行解）的优劣，规定适应度函数的值越小，对应的染色体越优。可以将 Logistic 回归方程形式用于适应度函数的建立，通过 GA 自动获取 HSI 参数从而完成 HSI 的建模。

（3）种群的选择、杂交与变异：确定适当的选择算子、杂交算子、变异算子以及算法终止条件，作为 GA 的优化策略（冯永玖等，2011）。

（4）最优染色体的获取：最后获取的最优染色体即为需要确定的权重参数，从而建立基于 GA 的综合 HSI 模型框架 GeneHSI。GA 优化模块可利用 MATLAB 语言设计并编程实现（冯永玖等，2011）。

基于 GA 的基本理论以及从渔场渔情预报向 GA 的映射关系，构建了 GeneHSI 用于渔情预报 HSI 参数获取与优化的建模框架（图 4-20）。该遗传智能建模框架 GeneHSI 由 3 部分组成：①待解问题构建，即 HSI 模型向 GA 空间的映射，通过海洋环境因子、商业捕捞

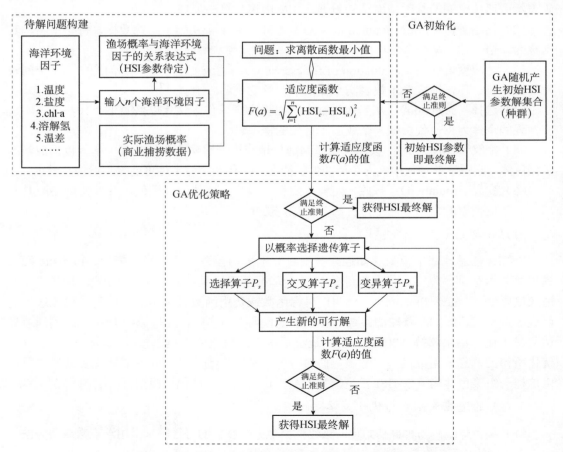

图 4-20　GA 用于渔情预报 HSI 参数获取与优化的建模框架

数据以及基于 Logistic 回归的渔场概率方程构建 GA 中的适应度函数；②GA 初始化，即确定 GA 产生初始 HSI 参数的方案和 GA 初始种群数量等；③GA 优化策略，即确定适应度函数优化过程中需要制定的迭代方法，包括可行解判断方法、新解产生的选择、交叉和变异算子以及算法终止规则等。

4.4.4　基于模拟退火算法的 HSI 模型

1. SA 简介

SA 是一种解决全局最优化问题的概率元算法，它通过在搜索空间内寻找目标函数全局极小值的近似值而实现（汪定伟等，2007）。SA 的思想源于美国科学家 Metropolis 等于 1953 年模拟热力学中高温固体或金属溶液冷却结晶的退火过程。根据波尔兹曼有序定律，退火过程遵循热平衡封闭系统中的热力学定律，即自由能减少定律：对于与周围环境交换热量而温度保持不变，退火过程遵循热平衡封闭系统，系统状态的自发变化总是朝着自由能减少的方向进行，当自由能达到最小值时系统达到平衡状态（Kirkpatrick et al.，1983）。物理系统徐徐冷却，最终所有原子同时排列成一个高度紧密和具有最低能量的规则晶体结构。

Kirkpatrick 等（1983）将 SA 的思想成功引入组合优化领域，将成果刊登在著名杂志 *Science* 上。SA 就是分别用目标函数和组合极小化问题的解，替代物理系统的能量和状态（Feng et al.，2011）。该算法把物理系统中的温度看作一个控制参数，物理系统内粒子的摄动就等价于组合极小化问题的随机搜索：开始在一个高温（初始控制参数）状态下有效地"熔化"解空间，然后慢慢地降低温度，直到系统"结晶"到一个稳定的解（Kirkpatrick et al.，1983）。与以往的近似算法相比，SA 具有描述简单、使用灵活、运用广泛和较少受初始条件限制等特点（Feng et al.，2011）。

2. AnnHSI 建模流程

基于模拟退火算法的基本理论，考虑 HSI 建模问题向 SA 的映射关系，本书构建了鱼类 HSI 参数获取与优化的 AnnHSI 建模框架（图 4-21）。AnnHSI 模型框架通过 MATLAB "Optimization Tool" 中的 SA 工具进行构建。由于该 SA 工具主要针对连续函数，而渔业 HSI 的目标函数却是一种遍历所有样本点的离散函数，因此需要将该离散函数编写成为 MATLAB 代码供 SA 工具调用和执行。

图 4-21 表明，AnnHSI 由两个部分组成：①待解问题构建，即 HSI 模型空间向 SA 空间的映射，通过海洋环境因子、商业捕捞数据以及基于 Logistic 回归的渔场概率方程构建 SA 的目标函数；②SA 初始解产生和冷却进度表，即确定 SA 产生初始 HSI 参数的方案、SA 控制参数的选择、SA 优化策略的确定和算法终止规则等。

3. HSI 参数的组合优化问题

以综合栖息地 Logistic 回归模型为基础，以实际作业换算的 HSI 为基准（陈新军等，2008），构建 SA 的目标函数（Feng and Liu，2013）。利用 SA 自动寻找该目标函数的最小值，其意义为 SA 获取的参数能够最小化模型预测值与实际作业换算的 HSI 值之间的差异（冯永玖等，2014）。对应最小目标函数值的"晶体状态"，就是一组通过 SA 优化所得的栖息地指数模型的参数。

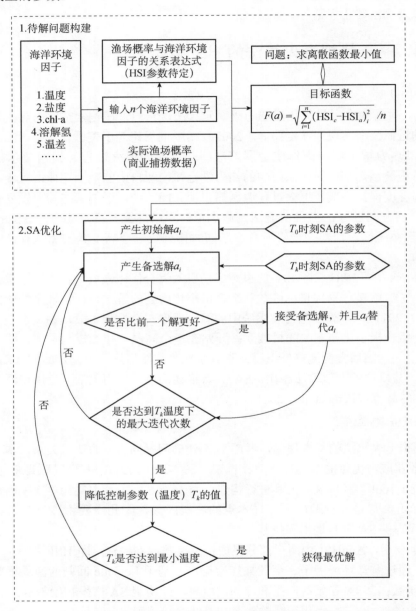

图 4-21 基于 SA 的渔业 HSI 建模框架与流程

为了利用 SA 优化 HSI 参数，需要将 HSI 建模存在的问题映射到 SA 算法空间中，即用数学模型将问题表达出来。根据模拟结果与真实形态之间的差异可以构造目标函数，其值能够反映并引导优化过程不断进行。基于前期对元胞自动机、SA 和粒子群算法的大量研究（Feng and Liu，2013，2012；Feng et al.，2011；冯永玖等，2011），可以将鱼类 HSI 的目标函数定义如下：

$$F(a) = \sqrt{\sum_{i=1}^{n}(C_{\mathrm{HSI}} - A_{\mathrm{HSI}})_i^2 / n} \tag{4-39}$$

式中，$C_{\mathrm{HSI}} = 1/[1 + \exp(-(a_0 + a_1 x_1 + \cdots + a_m x_m))]$ 表示通过海洋环境因素计算所得的渔场概率；A_{HSI} 表示通过商业捕捞数据计算所得的渔场概率；n 表示样本点的数量。其中，C_{HSI} 的表达式是一种 Logistic 回归方程式，虽然目前为止这种表达形式在渔业栖息地中并未发现，但是 Logistic 回归在野生动物的栖息地建模中广泛使用（Keating，2004；Hein et al.，2007），一些经典论文的引用频次更是达到数百次之多（Keating，2004）。这表明 Logistic 回归在动物栖息地建模中理论上是成立的（Singh et al.，2011）。在此将 Logistic 回归方程作为核心构建目标函数，通过 SA 自动获取 HSI 参数从而完成 HSI 的建模。

4. SA 的优化策略

（1）初始状态：即初始 HSI 参数，该参数可以通过随机方法或空间统计方法产生，如通过 Logistic 回归、PCA 及 PLS 等方法获取；当然，也可以通过传统方法获取 HSI 参数。

（2）新解的产生及状态接受准则：按照某种机制由当前解随机产生一个新解作为当前的候选解，并根据接受准则判断新解是否被接受。新解产生方法如下（Feng et al.，2011）：

$$\alpha_i' = \alpha_i + g_i(\alpha_{i\max} - \alpha_{i\min})$$
$$g_i = T_k \mathrm{sgn}(\xi - 0.5)[(1 + 1/T_k)^{|2\xi - 1|} - 1] \tag{4-40}$$

式中，α_i 是当前解的状态；α_i' 是新解的状态；ξ 是（0，1）区间上均匀分布的随机数；$[\alpha_{i\min}, \alpha_{i\max}]$ 是可行解的取值范围；$\mathrm{sgn}(\cdot)$ 是符号函数；T_k 是第 k 次迭代的温度。

以下列方式决定是否接受候选解：计算当前解与候选解的能量差 $\Delta f = f(\alpha_i') - f(\alpha_i)$，若 $\Delta f < 0$ 则接受 α_i'，令 $\alpha_i = \alpha_i'$，即 α_i' 为新的当前解；若 $\Delta f > 0$ 则以接受概率 $\exp(-\Delta f / T_k)$ 接受 α_i' 为新的当前解；若以上两个条件均不满足，则舍弃新解。实际上，在新解产生和接受过程中，SA 并非总是接受优化解而舍弃恶化解。SA 优化过程开始时，由于温度 T_k 较大，$\exp(-\Delta f / T_k)$ 的值也较大，因此容易接受恶化解，随着温度 T_k 降低，$\exp(-\Delta f / T_k)$ 的值不断减小，只接受极少部分恶化解，而当 $T_k \to 0$ 时不再接受恶化解。这使得 SA 能够从局部最优中跳出来，获取全局最优化参数值。

5. 冷却进度表

冷却进度表是在初始状态和新解产生策略确定的情况下，需要确定的一种使 SA 曲线不断收敛并获取最优解的方法。在 SA 中，冷却进度表包括控制参数初始值及其衰减函数、Mapkob 链取值和算法停止准则。以上 4 个关键参数或函数设置如下。①控制参数 T 的初始温度值；②控制参数 T 的衰减函数：可以采用对数降温、快速降温及指数降温等函数；③Mapkob 链取值：在控制参数 T 衰减函数既定的前提下，L 的取值应该让 T 在每个取值上都能够达到准平衡状态，同时又要考虑算法的计算效率和速度问题；④算法停止准则：以终止温度 $T_k \to 0$ 为标准判断优化是否终止，然而完全满足 $T_e = 0$ 是不可能的，需要无穷次迭代，无法显示 SA 的优越性，可以设定 $T_e = 10^{-6}$，且当 $\exp(\Delta f / T_e) \to 0$ 时收敛到最优解（Feng et al.，2011）。

4.5 中心渔场的识别方法

4.5.1 ArcGIS 中中心渔场的识别方法

根据数据分布范围，利用中心要素分析法求取中心渔场的位置。中心要素法的计算方法如下：

$$\min\left(\sum_{i=1}^{n} W_i / D_i\right) \tag{4-41}$$

式中，i 为任意一个要素；W_i 为要素 i 的 CPUE；D_i 为要素 i 到中心要素的距离；n 为要素总个数。

ArcGIS 中心要素工具用于识别点、线或面输入要素类中处于最中央位置的要素。工具执行过程中会首先对数据集中每个要素质心与其他各要素质心之间的距离进行计算并求和，然后选择与所有其他要素的最小累积距离相关联的要素（如果指定权重，则为加权），并将其复制到一个新创建的输出要素类中。

中心要素工具用于创建一个新的要素类，指示处于最中央位置的要素。图 4-22 概要性地显示了中心要素的计算方法，它标识出处于最中央位置的要素，其中红点位于最中央，即要求取的中心要素。

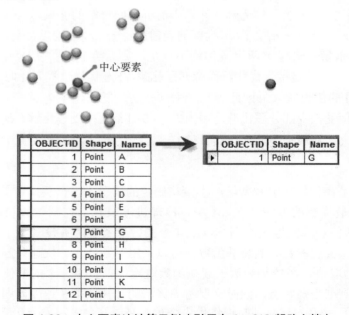

图 4-22 中心要素法计算示例（引用自 ArcGIS 帮助文档）

4.5.2 中心渔场识别实例

本章中心渔场识别实例中的实验数据由中国远洋渔业协会鱿钓技术组提供，涵盖的范围为 35°N～45°N，148°E～180°，包括 1998～2004 年 6～11 月西北太平洋柔鱼生产数据。数据要素主要有时间、位置（经纬度）、每月单船的 CPUE 及海洋水环境因子等。以 1998 年 6 月的柔鱼资源数据为例，利用 ArcGIS 中心要素法计算所得的结果如图 4-23 所示，其中绿点为中心要素，即中心渔场或渔场中心位置。

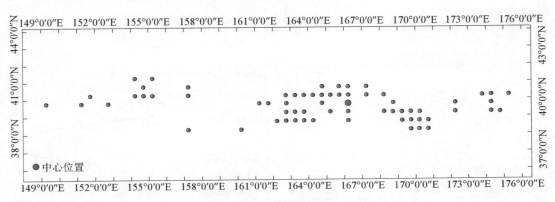

图 4-23　1998 年 6 月西北太平洋柔鱼渔场的中心位置

1. 渔场中心的月变动

渔获量的分布实际上表示了渔业资源量的空间分布和变化，可以指示渔场的分布和变动。根据 ArcGIS 中心要素法求出 1998～2004 年 6～11 月的渔场中心位置（表 4-2）。

表 4-2　西北太平洋柔鱼渔场的中心位置（1998～2004 年 6～11 月）

年份	经纬度	6 月	7 月	8 月	9 月	10 月	11 月
1998	latX	39.75	41.25	42.75	43.25	43.25	41.25
	lonX	166.25	167.25	154.75	157.25	158.25	145.75
1999	latX	40.25	41.75	42.75	43.75	42.75	40.25
	lonX	176.75	168.75	157.25	159.25	156.75	146.25
2000	latX	40.25	41.25	43.75	44.25	43.75	40.25
	lonX	182.75	183.25	156.25	159.25	160.25	146.75
2001	latX	39.25	41.25	42.75	43.25	42.75	40.25
	lonX	175.75	159.75	155.25	157.75	157.25	147.75
2002	latX	40.25	41.25	40.75	42.25	42.75	40.75
	lonX	176.25	169.75	163.75	157.75	156.25	146.75
2003	latX	39.75	41.75	41.75	41.75	41.25	40.75
	lonX	180.25	173.75	159.75	152.25	150.75	149.25
2004	latX	39.75	40.75	42.75	42.75	42.75	40.75
	lonX	176.25	155.75	155.25	156.25	156.75	150.25

注：latX 表示纬度；lonX 表示经度。

表 4-2 显示，每年 6～11 月渔场中心位置基本上呈现从东向西变化的态势。根据表 4-2 计算所得的中心渔场坐标，在 ArcGIS 中进行可视化作图，并将相邻月份进行连接，形成 6～11 月西北太平洋柔鱼渔场的中心位置变动图（图 4-24）。

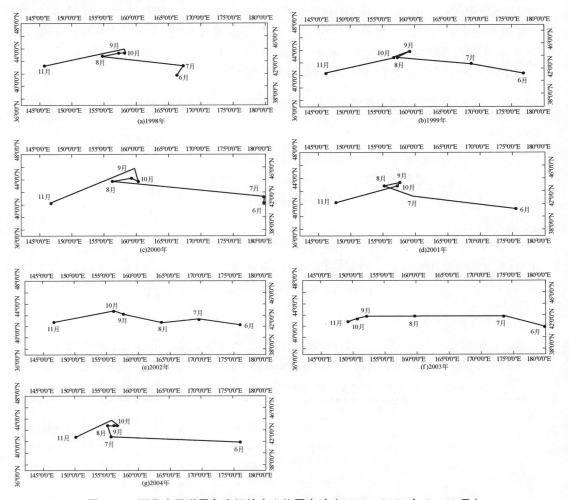

图 4-24　西北太平洋柔鱼渔场的中心位置变动（1998～2004 年 6～11 月）

图 4-24 表明，1998 年渔场的中心位置在纬度上均分布在 39°N～44°N，而在经度上跨度较大，介于 145°E～168°E，其中 8～10 月的渔场中心比较集中。与此类似，1999 年渔场的中心位置在纬度上分布在 40°N～44°N，在经度上跨度较大，介于 146°E～177°E，其中 8～10 月的渔场中心同样比较集中。2000 年渔场的中心位置在纬度上则分布在 40°N～45°N；在经度上的分布跨度较大，6～7 月在 182°E～184°E，8～11 月在 146°E～161°E。图 4-24（c）中 6～7 月的中心位置由于超出了地图所显示的范围，在图 4-24（c）中未能显示其准确位置，只做了标识；8～10 月的渔场中心比较集中。

2001 年渔场的中心位置在纬度上分布在 40°N～44°N，与 1998 年一致；在经度上则跨度较大，介于 147°E～176°E，其中 8～10 月的渔场中心比较集中。2002 年渔场的中心位置在纬度上分布在 40°N～43°N，在经度上介于 146°E～177°E，其中 9～10 月的渔场中心比较集中。2003 年渔场的中心位置在纬度上分布在 39°N～42°N；在经度上跨度则较大，其中 6 月位于 180°以外，为 180.25°E；7～11 月在 149°E～174°E；9～11 月的渔场中心比较集中。2004 年渔场的中心位置在纬度上分布在 39°N～43°N；在经度上介于 150°E～177°E，8～10 月的渔场中心比较集中。

西北太平洋每年 6～11 月的渔场中心位置在纬度上比较集中，大体分布在 39°N～45°N；而在经度上则比较扩散，大体分布在 145°E～177°E，其中 2000 年的 6～7 月和 2003 年的 6 月位于 180°以外，但是距离也不是很远，且每年 8～10 月渔场中心都比较集中。

2. 渔场中心的年际变动

此外，本节分析了同月份渔场的中心位置随年份的变动（图 4-25），为分析渔场中心位置随气候的变化等提供一定的参考。

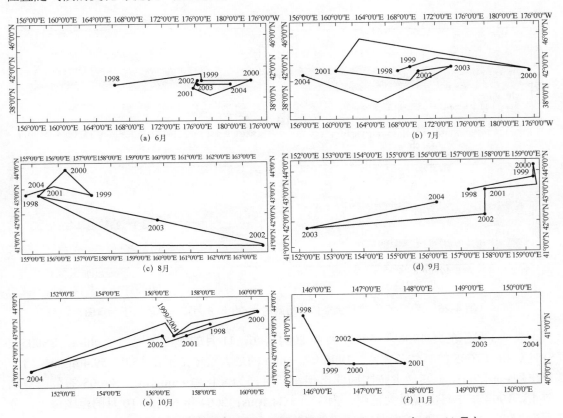

图 4-25　西北太平洋柔鱼渔场中心位置的变动（1998～2004 年 6～11 月）

图 4-25 表明，6 月柔鱼渔场中心主要分布在 39°N～41°N，166°E～180°～177°W；7 月渔场中心主要分布在 40°N～42°N，155°E～180°～174°W；8 月渔场中心主要分布在 40°N～44°N，154°E～164°E；9 月渔场中心主要分布在 41°N～45°N，152°E～160°E；10 月渔场中心主要分布在 41°N～44°N，150°E～161°E；11 月渔场中心主要分布在 40°N～

42°N，145°E～151°E。

一般地，西北太平洋6～11月渔场中心位置变动不大，纬度基本都分布在39°N～45°N，经度基本都分布在145°E～180°～177°W，其中只有2000年和2004年的6月、2000年的7月在经度上超出180°。总体上，同月在不同年的变动也不大，大部分年份在相同月份的渔场位置比较集中。

3. 渔场环境因子示例分析

由于原始海洋环境数据为点实体，利用克里金插值法得出渔场范围内海洋环境因子分布，以此来形成面状数据（图4-26）。分析时所用的海洋环境因子主要有5m水层的温度（TT005）、5m水层的盐度（SS005）、海表面 chl-a 浓度和海面高度距平均值（SSHA）。在此，仅以1998年和2004年6～11月渔获量集中海域进行示例分析，包括全部的4个海洋环境因子（表4-3）。

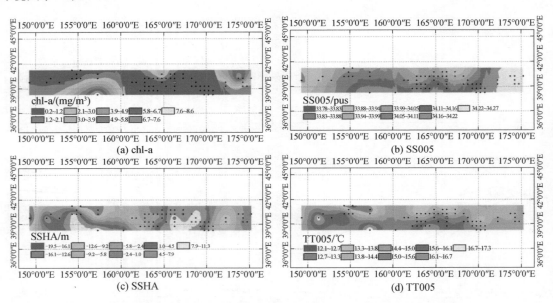

图 4-26　用 ArcGIS 克里金插值法得到的 1998 年 6 月海洋环境因子示意图

表 4-3 显示的是 1998 年 6～11 月和 2004 年 6～11 月的海洋环境因子 chl-a、SS005、SSHA 和 TT005 的具体范围值。1998 年，chl-a 的最大整体范围在 15.0～59.4mg/m³，于 7 月出现；而 2004 年其最大范围同样出现在 7 月，为 8.1～19.9mg/m³。SS005 的范围波动较小，1998 年 7 月出现最大范围，为 33.3～34.1pus；2004 年 6 月和 10 月的范围最大，分别为 33.8～34.4pus 和 33.1～33.7pus。1998 年 8 月 SSHA 的范围为−20.9～4.1m，是 6 个月中范围最大的；2004 年 7 月最大范围为−13.9～7.7m。对于 TT005，1998 年 7 月的范围值最大，为 14.7～19.4℃；2004 年的最大范围为 14.0～17.9，出现在 10 月。

总体上中心渔场海域的盐度因子和温度因子表现出比较集中的范围，其中 SS005 为 33～34pus，TT005 为 13～20℃，chl-a 含量总体较低，SSHA 波动较大。

表 4-3　1998 年和 2004 年中心渔场的海洋环境因子范围值

时间	chl-a/（mg/m³）	SS005/pus	SSHA/m	TT005/℃
199806	0.2～1.2	33.9～34.1	−5.8～7.9	13.8～16.1
199807	15.0～59.4	33.3～34.1	−14.4～8.3	14.7～19.4
199808	0.1～1.0	33.2～33.7	−20.9～4.1	17.8～22.0
199809	0.4～0.8	33.0～33.5	−23.0～8.0	17.5～20.5
199810	0.4～0.7	33.2～33.6	−24.9～10.1	13.9～17.8
199811	0.6～2.0	33.3～33.5	−10.1～0.6	11.7～14.5
200406	−0.9～1.6	33.8～34.4	2.6～22.4	14.3～16.7
200407	8.1～19.9	33.5～33.8	−13.9～7.7	15.8～18.8
200408	0.0～5.2	33.2～33.7	−17.8～1.9	17.4～21.1
200409	0.5～0.8	33.1～33.5	−24.1～−8.1	16.4～17.9
200410	0.4～1.4	33.1～33.7	−27.7～−9.4	14.0～17.9

　　根据中国远洋渔业协会鱿钓技术组在西北太平洋海域的生产数据，利用 ArcGIS 中心要素法直接推算中心渔场的分布范围。结果显示，西北太平洋渔场中心位置每月会随着柔鱼习性和海水气候变化移动，分布范围也比较广，6 月渔场中心主要分布在 39°N～41°N，166°E～177°E；7 月渔场中心主要分布在 40°N～42°N，155°E～180°～174°W；8～10 月渔场中心分布范围比较接近，主要在 40°N～45°N，145°E～164°E；11 月渔场中心主要分布在 40°N～42°N，145°E～151°E。在海洋环境因子方面，5m 水层的盐度范围为 33～34pus 或温度范围为 13～20℃ 的海域较易形成渔场中心，并且渔场中心比较倾向于在 chl-a 含量较低（0.2 mg/m³ 左右）的海域形成。

4.6　小　　结

　　本章介绍了渔业数据的各项统计指标所代表的含义，并使用 ArcGIS 地统计分析工具分析西北太平洋柔鱼 CPUE 的统计数据分布及其空间变化趋势；介绍了基于 K-means、热点和高/低值的空间聚类的计算原理以及空间聚类的评估方法；探讨了三种常用于分析柔鱼资源分布的空间模式及其与海洋环境关系的统计模型。GAM 是广义线性模型的非参数扩展，可以直接处理响应变量与多个解释变量之间的非线性关系。SAR 模型是线性回归模型的推广，以解释空间自相关。GWR 是一组回归模型，其允许系数在空间上变化，即数据集的空间非平稳性。还重点分析空间尺度对模型的影响，空间尺度的选择在模拟物种丰度及其影响因素之间的关系时尤其重要，因为这些关系会随着尺度的变化而变化。尺度关系主要包括二次多项式关系、幂关系、指数关系和线性关系（由 ADE 在 GAM 中测量）。本章介绍包括基于支持向量机、遗传算法和模拟退火算法建立的 3 种智能 HSI 模型。最后，以 1998～2004 年 6～11 月西北太平洋柔鱼生产数据，利用 ArcGIS 中心要素法获取了柔鱼渔场的中心位置，并探讨了海面高度距平均值对中心渔场的影响。

参考文献

曹杰, 陈新军, 刘必林, 等. 2010. 鱿鱼类资源量变化与海洋环境关系的研究进展. 上海海洋大学学报, 19(2): 232-239.

陈峰, 陈新军, 刘必林, 等. 2010. 西北太平洋柔鱼渔场与水温垂直结构关系. 上海海洋大学学报, 19(4): 495-504.

陈新军, 冯波, 许柳雄. 2008. 印度洋大眼金枪鱼栖息地指数研究及其比较. 中国水产科学, (2): 269-278.

陈新军, 刘必林, 田思泉. 2009. 利用基于表温因子的栖息地模型预测西北太平洋柔鱼 (*Ommastrephes bartramii*) 渔场. 海洋与湖沼, 40(6): 707-713.

陈新军, 陆化杰, 刘必林. 2012. 利用栖息地指数预测西南大西洋阿根廷滑柔鱼渔场. 上海海洋大学学报, 21(3): 431-438.

陈洋洋, 陈新军, 郭立新. 2017. 基于捕捞努力量的中西太平洋鲣鱼围网渔业入渔预测分析. 海洋学报, 39(10): 32-45.

冯波, 田思泉, 陈新军. 2010. 基于分位数回归的西南太平洋阿根廷滑柔鱼栖息地模型研究. 海洋湖沼通报, (1): 15-22.

冯永玖, 陈新军, 杨晓明, 等. 2014. 基于遗传算法的渔情预报 HSI 建模与智能优化. 生态学报, 34(15): 4333-4346.

冯永玖, 刘艳, 韩震. 2011. 不同样本方案下遗传元胞自动机的土地利用模拟及景观评价. 应用生态学报, 22(4): 957-963.

胡振明, 陈新军, 周应祺, 等. 2010. 利用栖息地适宜指数分析秘鲁外海茎柔鱼渔场分布. 海洋学报(中文版), 32(5): 67-75.

李纲, 陈新军, 官文江. 2010. 基于贝叶斯方法的东、黄海鲐资源评估及管理策略风险分析. 水产学报, 34(5): 740-750.

李金昌, 苏为华. 2014. 统计学(第四版). 北京: 机械工业出版社.

罗乐勤, 陈珍珍. 2006. 统计学(精品课程立体教材系列). 北京: 科学出版社.

田思泉, 陈新军. 2010. 不同名义 CPUE 计算法对 CPUE 标准化的影响. 上海海洋大学学报, 19(2): 240-245.

汪定伟, 王俊伟, 王洪峰, 等. 2007. 智能优化方法. 北京: 高等教育出版社.

张衡, 樊伟, 崔雪森. 2011. 北太平洋长鳍金枪鱼延绳钓渔场分布及其与海水表层温度的关系. 渔业科学进展, 32(6): 1-6.

Anselin L. 1980. Estimation methods for spatial autoregressive structures: A study in spatial econometrics. Isaka City: Cornell University.

Anselin L. 1995. Local indicators of spatial association-LISA. Geographical Analysis, 27(2): 93-115.

Anselin L. 1996. The Moran scatterplot as an ESDA tool to assess local instability in spatial association. Spatial Analytical Perspectives on GIS, (111): 111-125.

Anselin L. 2004. Exploring spatial data with GeoDaTM: a workbook. Urbana, 51: 61801.

Brando V, Castro-Zaballa S, Falconi A, et al. 2013. Modelling the impacts of environmental variation on the habitat suitability of swordfish, Xiphias gladius, in the equatorial Atlantic Ocean. Ices Journal of Marine Science, 70(5): 1000-1012.

Brunsdon C, Fotheringham A S, Charlton M E. 1996. Geographically weighted regression: A method for exploring spatial nonstationarity. Geographical analysis, 28(4): 281-298.

Celik M, Kazar B M, Shekhar S, et al. 2006. Parameter Estimation for the Spatial Autoregression Model: A Rigorous Approach. Proceedings of the Second NASA Data Mining Workshop. Issues and Applications in Earth Science with the 38th Symposium on the Interface of Computing Science, Statistics and Applications.

Chang Y, Chang C, Chen K. 2012. Radar chart: Scanning for satisfactory QoE in QoS dimensions. IEEE Network, 26(4): 25-31.

Clark P J, Evans F C. 1954. Distance to nearest neighbor as a measure of spatial relationships in populations，Ecology, 35(4): 445-453.

Cliff A D, Ord J K. 1981. Spatial processes: Models & applications . London: Pion.

Ebdon D. 1985. Statistics in Geography: A Practical Approach-Revised with 17 Programs, 2nd Edition .London：Basil blackwell Ltd.

Feng Y, Liu Y, Tong X, et al. 2011. Modeling dynamic urban growth using cellular automata and particle swarm optimization rules. Landscape & Urban Planning, 102(3): 188-196.

Feng Y, Liu Y. 2012. An optimised cellular automata model based on adaptive genetic algorithm for urban growth simulation . Berlin Heidelberg: Springer.

Feng Y, Liu Y. 2013. A heuristic cellular automata approach for modelling urban land-use change based on simulated annealing. International Journal of Geographical Information Science, 27(3): 449-466.

Fotheringham A S, Brunsdon C, Charlton M. 2003. Geographically Weighted Regression. New York：John Wiley & Sons, Limited.

Fotheringham A S, Charlton M E, Brunsdon C. 1998. Geographically weighted regression: A natural evolution of the expansion method for spatial data analysis. Environment and Planning A, 30(11): 1905-1927.

Fu W, Jiang P, Zhou G, et al. 2014. Using Moran's I and GIS to study the spatial pattern of forest litter carbon density in a subtropical region of southeastern China. Biogeosciences, 11(8): 2401-2409.

Furey N B, Rooker J R. 2013. Spatial and temporal shifts in suitable habitat of juvenile southern flounder (*Paralichthys lethostigma*). Journal of Sea Research, 76(76): 161-169.

Getis A, Anselin L, Lea A, et al. 2004. Spatial analysis and modeling in a GIS environment//McMaster R B, Usery E L. A research agenda for geographic information science.Boca Raton：CRC Press, 157-196.

Getis A, Ord J K. 1992. The analysis of spatial association by use of distance statistics. Geographical Analysis, 24(3): 189-206.

Griffith D A. 1987. Spatial Autocorrelation : A primer. Economic Geography, 64(1):88-89.

Hein S, Voss J, Poethke H J, et al. 2007. Habitat suitability models for the conservation of thermophilic grasshoppers and bush crickets—simple or complex. Journal of Insect Conservation, 11(3): 221-240.

Joanes D N, Gill C A. 1998. Comparing measures of sample skewness and kurtosis. Journal of the Royal Statistical Society, 47(1): 183-189.

Jr Pontius R G, Batchu K. 2003. Using the relative operating characteristic to quantify certainty in prediction of location of land cover change in India. Transactions in GIS, 7(4): 467-484.

Jr Pontius R G, Schneider L C. 2001. Land-cover change model validation by an ROC method for the Ipswich watershed, Massachusetts, USA. Agriculture, Ecosystems & Environment, 85(1-3): 239-248.

Jr Pontius R G, Millones M. 2011. Death to Kappa: Birth of quantity disagreement and allocation disagreement for accuracy assessment. International Journal of Remote Sensing, 32(15): 4407-4429.

Keating K A. 2004. Use and interpretation of logistic regression in habitat-selection studies. Journal of Wildlife Management, 68(4): 774-789.

Khormi H M, Kumar L. 2015. Modelling Interactions Between Vector-Borne Diseases and Environment Using GIS . Boca Raton: CRC Press.

Kirkpatrick S, Gelatt C D, Vecchi M P, et al. 1983. Optimization by simulated annealing. Science, 220(4598):671-680.

Levine N. 2016. CrimeStat: A Spatial Statistics Program for the Analysis of Crime Incident Locations. Houston: the National Institute of Justice.

Maunder M N, Punt A E. 2004. Standardizing catch and effort data: A review of recent approaches. Fisheries Research, 70(2-3): 141-159.

Mitchel A E. 2005. The ESRI Guide to GIS analysis, Volume 2: Spartial measurements and statistics. ESRI Guide to GIS Analysis.Redlands: ESRI Press.

Mitchell A. 1999. The ESRI Guide to GIS Analysis.Redlands: ESRI Press.

Ord J K, Getis A. 1995. Local spatial autocorrelation statistics: Distributional issues and an application. Geographical Analysis, 27(4): 286-306.

Peeters A, Zude M, Käthner J, et al. 2015. Getis-Ord's hot-and cold-spot statistics as a basis for multivariate spatial clustering of orchard tree data.Computers and Electronics in Agriculture, 111(c): 140-50.

Richards L J, Schnute J T. 1986. An experimental and statistical approach to the question: Is CPUE an index of abundance. Canadian Journal of Fisheries & Aquatic Sciences, 43(6): 1214-1227.

Singh A, Kushwaha S P S, et al. 2011. Refining logistic regression models for wildlife habitat suitability modeling—A case study with muntjak and goral in the Central Himalayas, India. Ecological Modelling, 222(8), 1354-1366.

Singh N J, Yoccoz N G, Bhatnagar Y V, et al. 2009. Using habitat suitability models to sample rare species in high-altitude ecosystems: A case study with Tibetan argali. Biodiversity & Conservation, 18(11): 2893-2908.

Song L, Zhou Y. 2010. Developing an integrated habitat index for bigeye tuna (*Thunnus obesus*) in the Indian Ocean based on longline fisheries data. Fish Res, 105(2): 63-74.

Swain D P, Wade E J. 2003. Spatial distribution of catch and effort in a fishery for snow crab (*Chionoecetes opilio*): Tests of predictions of the ideal free distribution. Canadian Journal of Fisheries & Aquatic Sciences, 60(8): 897-909.

Thomasma L E. 1981. Standards for the development of habitat suitability index models.Wildlife Society Bulletin, 19:1-171.

Walsh W A, Kleiber P. 2001. Generalized additive model and regression tree analyses of blue shark (*Prionace glauca*) catch rates by the Hawaii-based commercial longline fishery. Fisheries Research, 53(2): 115-131.

Winker H, Kerwath S E, Attwood C G. 2013. Comparison of two approaches to standardize catch-per-unit-effort for targeting behaviour in a multispecies hand-line fishery.Fisheries Research, 139: 118-131.

Yu W, Chen X, Yi Q, et al. 2015. Variability of suitable habitat of western winter-spring cohort for neon flying squid in the northwest pacific under anomalous environments.PLoS ONE, 10(4): 1-20.

Yuan Y, Cave M, Zhang C. 2018. Using local Moran's I to identify contamination hotspots of rare earth elements in urban soils of London. Applied Geochemistry, 88(S1): 167-178.

第5章 西北太平洋 SST
2005～2014 年的变化

SST 表征海洋热力、动力过程以及海气相互作用的综合结果，它不仅是研究海面水汽和热量交换的重要物理参数，也是气候变化、海洋营养盐、初级生产力和渔场分布的重要影响因子，为海洋环流、水团、海洋锋、上升流和海水混合等海洋学课题的研究提供了一种直观的指示量。同时，SST 对鱼类的产量和渔场的形成也有很大影响，水温空间变化是寻找渔场的重要依据之一。

本章应用直方图、普通 QQ 图和等温线方法对西北太平洋 SST 变化进行统计，并通过对各个年份 SST 值的时空变异性进行计算，获取平均值、标准差和变异系数，实现对 SST 时空变化的进一步分析，探索影响 SST 时空变化的主要原因，为 SST 研究提供理论依据与参考方法。

5.1 西北太平洋渔业数据与研究方法

5.1.1 西北太平洋研究区域与 SST 数据

1. 研究区域

本章研究区域为西北太平洋（图 5-1），覆盖的范围是 35°N～60°N，145°E～180°，位于亚洲大陆东部，涉及的主要岛屿包括勘察加半岛和千岛群岛，以及太平洋边缘海（鄂霍次克海）。该海域柔鱼资源丰富、海流复杂、海表温度变化差异大，是中国、韩国、日本、美国远洋渔业发达国家的主要柔鱼渔场，也是渔业资源研究的重要区域。

2. 环境数据及其数据预处理

SST 数据主要使用由 NASA 提供的 MODIS 资料中的 L3 数据，分辨率为 4km，下载于 NASA 海洋水色网站（http://oceancolor.gsfc.nasa.gov/）。数据包括 2005～2014 年整个地球范围内的月平均海表温度数据和年平均海表温度数据。

在 SeaDAS 软件中将原始数据裁剪到与研究区域（35°N～60°N，145°E～180°）大小范围相同，再将温度表数据单位转换为摄氏度，转换公式为

$$T = 7.17185 \times 10^{-4} \times \text{data} - 2.0 \tag{5-1}$$

式中，T 为海表温度（℃）；data 为裁剪后的 L3 数据。

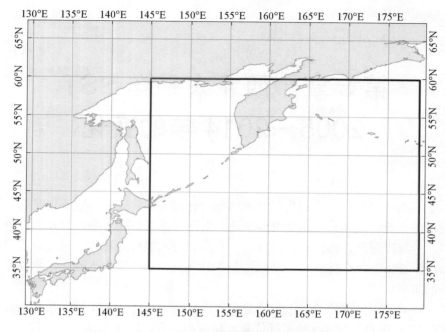

图 5-1　用于研究 SST 时空变化的西北太平洋区域

5.1.2　研究方法

1. 直方图分析

根据直方图能够对 SST 值在数据集中的频数分布进行研究，可以解析出温度分布的规律，直观地看出数据中的不同温度值的像素点频数的对比状态（Scott，2008）。在直角坐标系中，长度条表示各像素点温度数值的频数多少。

如图 5-2 所示，ArcGIS 扩展模块中 Geostatistical Analyst 工具箱里的数据探测工具就包括直方图分析等功能。在 Histogram 对话框中（图 5-3），Data Source 中 Layer 选择任意一年的矢量图层，Attribute 选择矢量对应的温度值。

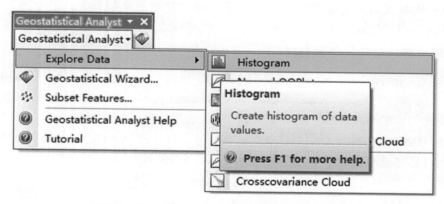

图 5-2　Geostatistical Analyst 中的数据探测工具

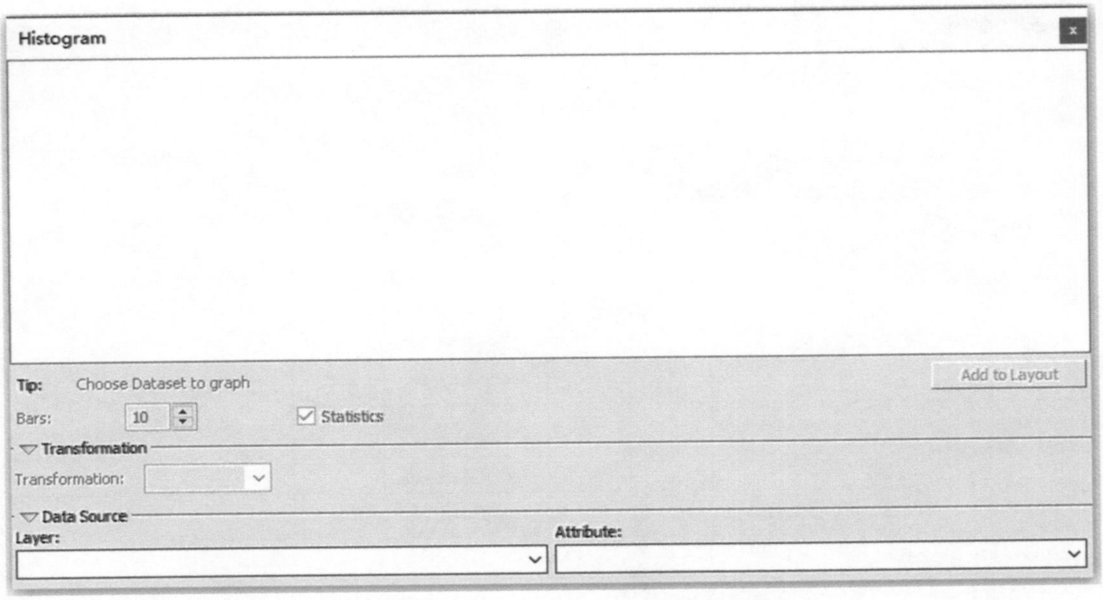

图 5-3　在 ArcGIS 中实现 SST 直方图分析

2. 普通 QQ 分析

普通 QQ 图用来评估相邻两年中同一像素点 SST 的分布的相似性。其图像越接近直线，则两年中同一位置 SST 的分布越相近；若图像的弯曲度越大，则两年中同一位置 SST 的分布差异越大。

ArcGIS 扩展模块中 Geostatistical Analyst 工具箱里的数据探测工具包括普通 QQ 分析功能。在 General QQPlot 对话框中（图 5-4），Data Sources #1 中的 Layer 选择任意一年的矢量图层，Attribute 选择矢量对应的温度值；Data Sources #2 中的 Layer 选择接下来一年的矢量图层，Attribute 同样选择矢量对应的温度值；随即 ArcGIS 软件会系统计算并生成普通 QQ 统计关系图。

3. 等值线绘制

等温线是一种典型的等值线，是在一幅图像中由温度值相同的各点连成的平滑曲线，可以提高图像中温度变化的直观效果。等温线一般用来描述一年中 SST 变化的规律性。通过两条等温线的间距可以大致了解温度的分布；等温线密集的地方温度差较大，等温线稀疏的地方温度差较小。在进行 SST 的等温线计算分析前，将 SST 数据进行网格化（如经度 4°、纬度 4°）的平均统计。

如图 5-5 所示，在 ArcGIS 的 Spatial Analyst 工具箱中选取 Surface Analysis 工具中的 Contour 菜单，利用 Contour interval 设置等值线间隔，生成等值线图层。如果生成的等值线是锯齿状的，则需要对图层进行平滑设置，生成的平滑后的新图层为最终的等温线结果图。

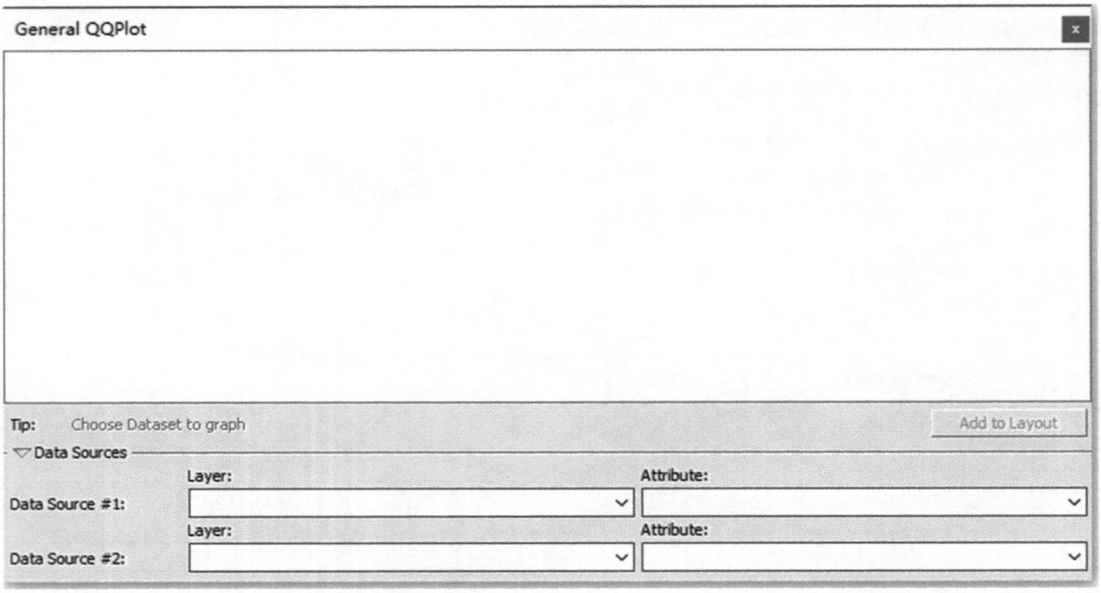

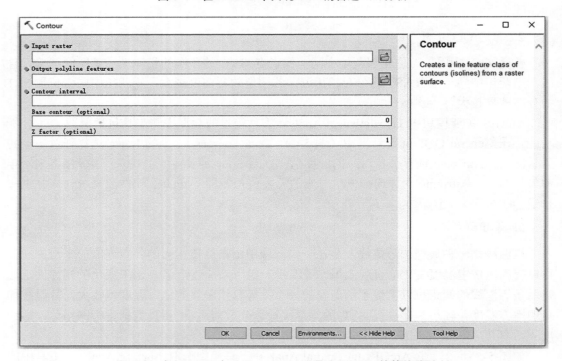

图 5-4　在 ArcGIS 中实现 SST 的普通 QQ 分析

图 5-5　在 ArcGIS 中采用 Contour 工具实现 SST 的等值线绘制

4. 统计分析

海洋中各自然过程相互作用与反馈关系十分复杂，SST 表现出明显的年际和季节性规律（Azumaya and Ishida，2004）。通过计算 SST 的平均值、标准差和变异系数等指标，能够揭示西北太平洋海洋要素场的特征，并对其空间分布进行进一步研究（Feng et al.，2017）。

平均值是对每年 12 个月中同一像素点 SST 值进行平均计算，坐标为（x，y）点的平均 SST 值计算方法如下：

$$TY_k(x,y) = \frac{\sum_{i=1}^{n} TM_i^k(x,y)}{k}$$ （5-2）

式中，k 为研究数据的年份；$TY_k(x,y)$ 为 k 年平均 SST 图像坐标位于（x，y）点的值；$TM_i^k(x,y)$ 为 k 年 i 月平均 SST 图像坐标位于（x，y）点的值；n 为观测的总月数，为 12；若（x，y）处 SST 为空值，则不参加计算。

以月为单位，对一年中同一像素点 SST 的标准差进行计算。k 年的标准差 SD_k 计算方法如下：

$$SD_k = \sqrt{\frac{\sum_{i=1}^{n}\left[TM_i^k(x,y) - TY_k(x,y)\right]^2}{n-1}}$$ （5-3）

指数分布的标准差等于其平均值，它的变异系数等于 1；变异系数小于 1 的分布，如埃尔朗分布，称为低差别的分布；而变异系数大于 1 的分布，如超指数分布，则被称为高差别的分布。以月为单位，对一年中同一像素点 SST 的变异系数分布情况进行计算。k 年的标准差 CV_k 计算方法如下：

$$CV_k = \frac{SD_k}{TY_k(x,y)}$$ （5-4）

5.2　SST 空间分布分析

5.2.1　直方图

图 5-6 为 2005～2014 年西北太平洋区域的年平均 SST 直方图，横坐标为 SST 值，纵坐标为以像元为单位的频数，其中图像右侧的空白部分表示陆地，未对其温度进行统计。

图 5-6 显示，西北太平洋区域年平均 SST 最高值约为 25℃，低于 5℃ 的海域面积较小。5～9℃ 所对应的海域面积 SST 最大，但在不同的年份，温度对应的海域面积最大值域不同。2007 年 SST 对应的频数值在 10 年中最小，约为 5.5℃；2011 年最大频数对应的 SST 在 10 年中最大，略大于 7℃。

SST 对应的频数值都具有一个最大值，其中在 2006 年、2012 年和 2013 年中各有一个次极值。SST 在 12～23℃ 的频数总体上升，对应的频数值基本上随温度升高而增大；在 SST 约为 20℃ 时对应的频数值出现另一个极值；21℃ 后，SST 对应的频数值逐渐降低，下降速度由快变慢；至 25℃ 左右时频数值降低为 0。

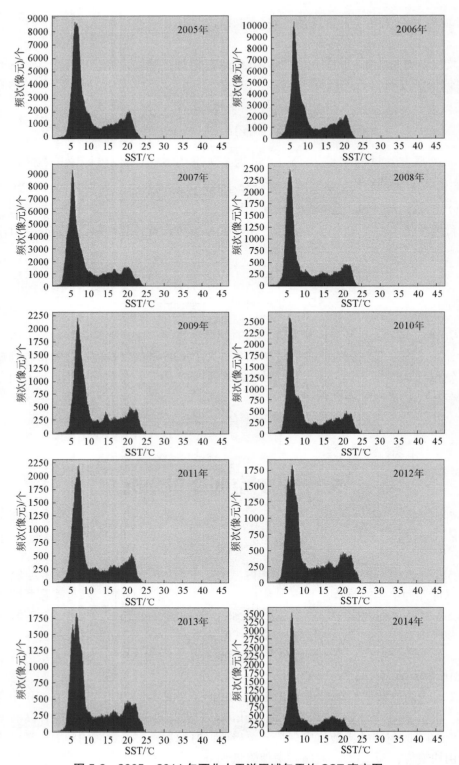

图 5-6　2005～2014 年西北太平洋区域年平均 SST 直方图

5.2.2 年际关系的比较

通过相邻两年研究区域中 SST 值的分布作图比较，得到以下普通 QQ 分布图像。图 5-7 中，横坐标为其中一年 SST，纵坐标为下一年 SST。相邻两年内 SST 分布存在一定的差异。普通 QQ 图像曲线中在某温度段曲率大，表明此温度段 SST 的分布差别大；在某温度段曲率小，表明此温度段内 SST 的分布有差别。

以上 9 幅普通 QQ 图中，图像中的曲线基本上都接近直线，说明相邻两年中温度的分布呈线性关系，即相邻两年内 SST 分布基本上呈现相同趋势；但在较小的温度段中为曲线状态，即在较短的温度段内，相邻两年内 SST 的分布存在不同程度的区别。此外，在不同图像中，相邻两年内 SST 的分布差异的温度段也存在不同。

其中，2005～2006 年及 2011～2012 年的普通 QQ 图像中的曲线比其他图像中的曲线更接近直线，即这两幅图像中所示相邻两年内 SST 的分布最为接近；2006～2007 年、2008～2009 年及 2010 年～2011 年的普通 QQ 图像中的曲线除去较小温度段内的曲线段外，基本上接近直线，即这三幅图像中所示相邻两年内较小一部分的 SST 分布差别较大，大部分 SST 分布非常接近；2009～2010 年、2012～2013 年及 2013～2014 年的普通 QQ 图像曲线相对有较多的小温度段内的曲线段，即这三幅图像中所示相邻两年内 SST 的分布相对差别较大；2007～2008 年的普通 QQ 图像曲线比其他图像曲线弯曲度更大，即这幅图像中所示相邻两年内 SST 的分布差别最大。

5.2.3 SST 等值线图

本节对等温线产生影响的四个因素分别为太阳辐射、洋流、亚洲大陆及盛行西风。图 5-8 为 2005～2014 年中每一年的平均 SST 的等温线图，其中，横轴为经度，纵轴为纬度，右侧图例为温度。

在图 5-8 中，区域右侧（175°E～180°）海表温度相对低于左侧（145°E～150°E）海表温度。在所有等温线图像中温度基本上都随着纬度的升高而降低；35°N～45°N 的等温线分布相对有规律且平缓，在不同的年份中温度的分布变化较小，温度基本上呈线性降低；45°N～60°N 的等温线无规律且曲折复杂，不同的年份中温度的分布变化复杂，温度降低无线性规则，只有 2012 年的 SST 在高纬度区域相对有规律。

在不同海区，温度降低的梯度不同。经度较高的区域温度降低速率较为缓慢，经度较低的区域温度降低速率较快；高纬度区域温度降低速率较为缓慢，低纬度区域温度降低速率较快。45°N 以下的低纬度区域温度下降速率基本呈线性，温度降低梯度趋势基本上相同；45°N 以上区域，温度降低梯度差异很大，既存在温度降低梯度较小的区域，也存在温度降低梯度很大的区域。

在西北太平洋海域中，水文变化主要是由该区域的亲潮和黑潮两大水系势力变化引起的。SST 等温线密集区域特征变化明显，等温线稀疏区域特征变化微弱。等温线密集区在 2005～2014 年大致上经历着生成、向北摆动、向南摆动、弱化和消失的过程。从整体上看，高纬度地区的 SST 空间分布呈现出西南高、东北低的趋势；中纬度地区的 SST 易受季节性变化（如太阳辐射、降水、风和环流变化等）的影响，一些环境值要素绝对值变化较大。（150°E，35°N）附近黑潮和亲潮交汇地区 SST 的温度绝对值变化在 5℃以上；而（180°，60°N）附近 SST 的温度绝对值变化低于 2℃；其他海域温度的变化介于两者之间。

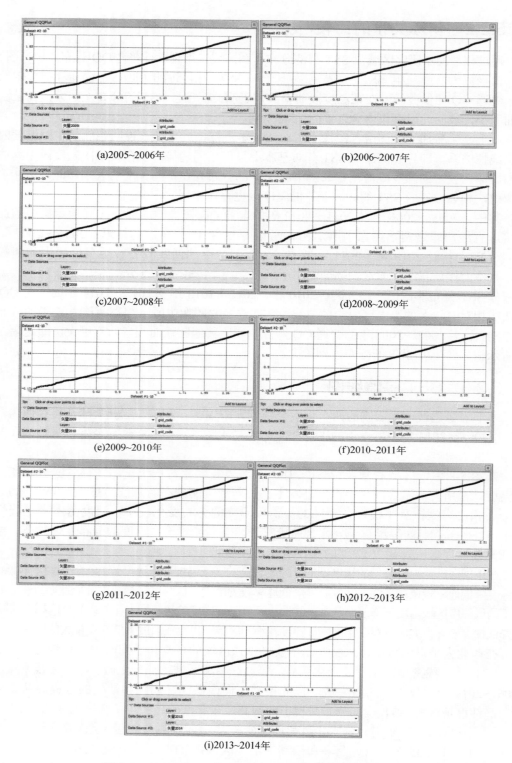

(a)2005~2006年

(b)2006~2007年

(c)2007~2008年

(d)2008~2009年

(e)2009~2010年

(f)2010~2011年

(g)2011~2012年

(h)2012~2013年

(i)2013~2014年

图 5-7　2005~2014 年西北太平洋区域 SST 普通 QQ 图

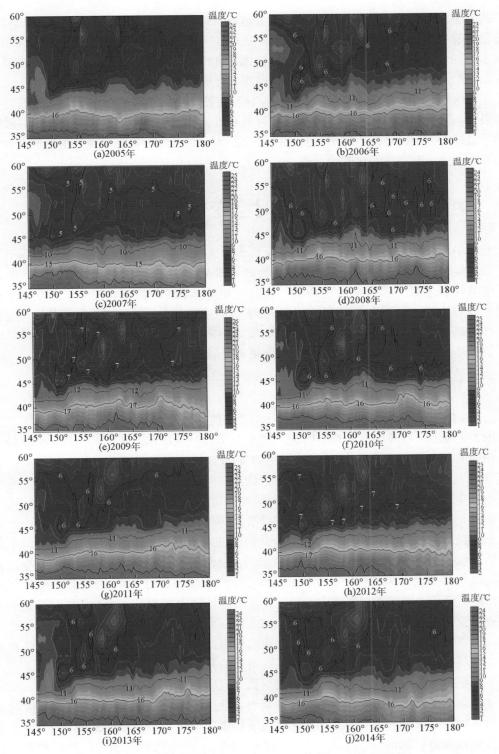

图 5-8　2005～2014 年西北太平洋平均 SST 的等温线图

北太平洋洋流混合亚极海洋锋面，混合区域对应图 5-8 中第一条黑色的等温线和第三条黑色的等温线之间，这也就解释了图 5-8 中 SST 等温线在 45°N 以下密集，而向东后由于海水的混合，等温线的梯度逐渐变宽。在大于 45°N 的海域，由于海水的温度主要来源于太阳辐射，而无暖流与其交汇融合，等温线变得极为稀疏。

左侧区域（145°E～155°E，45°N～55°N）的等温线向北方伸展形成宗谷暖流。在不同年限中，宗谷暖流的大小、方向及温度都具有很大的差异。不同的年份中，宗谷暖流的左侧等温线不同程度地向右凹进，且 SST 变化很大。这是由于鄂霍次克海中有一支自北向南的寒流经过，其寒流经过暖流西侧。

5.3　SST 时空变化分析

海洋中各自然过程相互作用与反馈关系十分复杂，并表现出明显的年际和季节性规律，如海流和海表面温度等，甚至浮游生物产量都表现出明显的季节性规律。

本节计算了每一年的 SST 平均值、标准差和变异系数等指标，揭示了西北太平洋海洋要素场的特征，对西北太平洋海洋环境要素场的空间分布进行研究。由于数据与无值区域叠加，部分区域呈白色，其中 2009 年的图像中的无值区域最大。在进行数据计算时若将无值栅格数据赋值为 0，则计算值与实际值相差较大，尤其是 SST 较高的区域。

5.3.1　SST 平均值

图 5-9 为 2005～2014 年西北太平洋 SST 平均值结果。

图 5-9 显示，高纬度地区的平均 SST 的空间分布呈现出东高西低的趋势。SST 最低值均在图像的左上角，均接近 2℃ 左右；而 SST 的最高值出现在左下角，为 22～23℃。鄂霍次克海靠近西北部大陆的海区和千岛群岛附近海域温度较低；另外，2012 年右上角海域温度值也非常低。

亲潮是位于北太平洋亚北极海区逆时针旋转环流的西部边界流，其发源于白令海峡，由自东向西北的横向海流和白令海西岸自北向南的阿纳德尔海流组成。图 5-9 中，千岛群岛附近海域的 SST 几乎为最低值，这是由亲潮由北沿着千岛群岛南下造成的。堪察加半岛东部海域与相邻大洋区域相比温度较低，当堪察加寒流明显可见时，其 SST 与相邻海域 SST 相比更低。在鄂霍次克海域中，靠近大陆的海域的 SST 也几乎为最低值。这是由于鄂霍次克海受到亚洲大陆极端气候的影响，东北部、北部和西部海域冬季严寒，容易进入结冰期；夏季宗谷暖流由宗谷海峡南侧向北流向鄂霍次克海，提高了鄂霍次克海南部及东南部的海水温度，使得这部分海域的海水温度明显偏高。

本章存在 4 个均由海洋环流所引起的主要大尺度海洋锋面：千岛锋、亲潮锋、亚北极锋和（北太平洋）亚热带锋。千岛锋是由亲潮中温度极低的寒冷水和相邻中高纬度海域中温度相对较高的寒冷水之间的急剧变化的温度梯度产生的。2007 年、2008 年和 2012 年，其位置偏向北方；2008 年、2011 年、2012 年和 2014 年千岛锋较弱，位置相对不明显；2005 年、2006 年和 2010 年千岛锋相对较强，位置也较为明显。

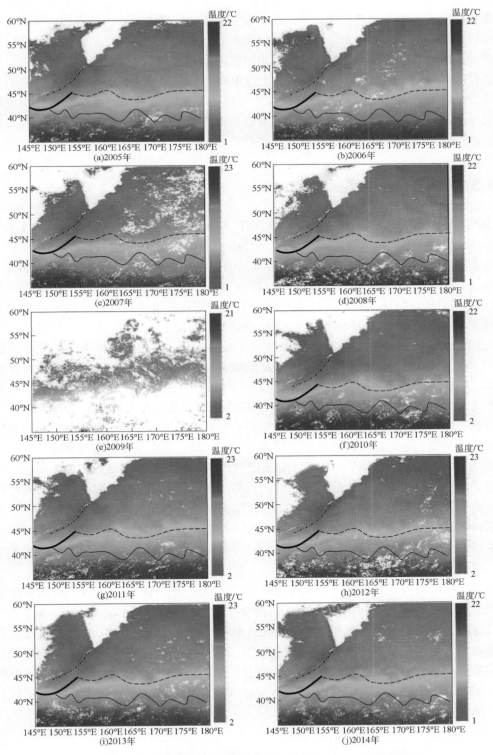

图 5-9　西北太平洋 SST 的平均值计算结果（2005～2014 年）

亲潮锋位于亲潮与黑潮的交界处。在所有年份中，在低经度地区亲潮锋的锋线位置所处纬度较低，在高经度地区亲潮锋的锋线位置所处纬度较高，总体上亲潮锋的锋线位置随经度增加，所处纬度位置呈先略微降低再增加状态。

亚极海洋锋面是由向北—东北的黑潮分支和南下的亲潮在40°N附近收敛混合后的混合水构成的。在图5-9中，亚北极锋和亚热带锋的变化趋势随经度增加基本呈相反的趋势。总体上，亚北极锋向高纬度延伸，而亚热带锋的变化趋势基本处于同一纬度或者向低纬度延伸；但是亚热带锋锋面的纬度差异要小于亚北极锋锋面。

5.3.2 SST标准差

图5-10为2005～2014年西北太平洋SST的标准差。黑色框的经纬度为（150°E～160°E，38°N～45°N）和（165°E～180°，38°N～45°N）。

除2005年以外，所有年份中的最大标准差的温度值均为8～9℃，这表明该海域SST与平均值比较温差在8～9℃。2005年（145°E，56°N）附近出现10年来标准差的最大值，接近14℃。（175°E～180°，52°N～53°N）区域附近标准差温度值最低，为1～2℃。该区域海水水体处于相对稳定状态，SST变化较小。太阳辐射是该区域海表温度改变的最大影响因素，夏季和冬季的海水温度变化是该区域SST产生标准差的主要原因。周围相邻海域标准差温度值呈现出向外发散状并逐渐升高，越向外的海域受海流的影响越大。

千岛群岛的海域主要受到亲潮影响，海域温度的标准差为3～4℃，北部海域流经的亲潮由寒冷水组成，单方面向周围辐散，使得千岛群岛附近海水温度处于相对稳定状态，因此在千岛群岛附近海温标准差较小。堪察加寒流区域、鄂霍次克海海域和北太平洋洋流区域的SST标准差为5～6℃。堪察加寒流经过堪察加半岛东部海域单方面向周围海水辐散，将不可避免地受到亚洲大陆极端气候的影响，所以堪察加半岛东部海域的海温标准差较大。而鄂霍次克海的南部受到亲潮和宗谷暖流影响，宗谷暖流经由宗谷海峡流入鄂霍次克海后与亲潮交汇，使海域的SST标准差较大；在鄂霍次克海的其他海域引起海温差异的因素是亚洲大陆的极端气候。此外，亚洲大陆的极端气候对堪察加半岛东部海域也产生较大的影响。

黑框所在位置为西北太平洋柔鱼的捕获位置。（150°E～160°E，38°N～45°N）区域单位面积柔鱼的渔获量大于（165°E～180°，38°N～45°N）区域。这部分海域基本上属于公海，且这两大渔场均处于黑潮和亲潮交汇区的末端及西北太平洋流域。由于寒暖流交汇的海区更容易满足含氧量高、营养盐丰富等条件，该区域浮游植物更容易生长，为形成渔场准备了条件。SST的标准差在（150°E～160°E，38°N～45°N）区域大于（165°E～180°，38°N～45°N）区域，即寒暖海水的混合程度在（150°E～160°E，38°N～45°N）区域同样大于（165°E～180°，38°N～45°N）区域。

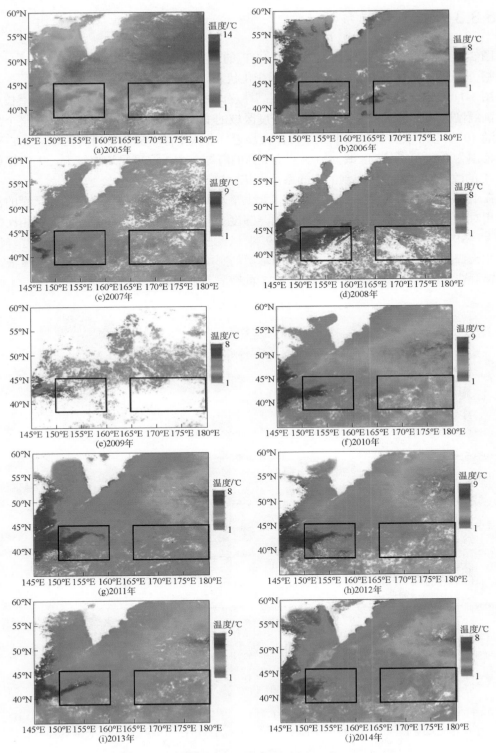

图 5-10 西北太平洋 SST 的标准差（2005～2014 年）

5.3.3　SST 变异系数

图 5-11 为 2005～2014 年西北太平洋 SST 的变异系数。变异系数的值域为（0.1，1），表明整个研究区域的 SST 处于一个低差别变化状态。

图 5-11 显示，SST 变异系数从低纬到高纬逐渐增大，低经度区域变异系数的增长速度高于高经度区域。在同一纬度地区，低经度区域的变异系数高于高经度区域。在整个黑潮和亲潮 40°N 以下交汇区以及北太平洋洋流靠近（北太平洋）亚热带锋的区域，SST 变异系数范围为 0.1～0.4。该区域为标准差值最高的海域，由于温度平均值较大，太阳辐射致使 SST 的改变较少，最终得到的变异系数也相对较低。

在 155°E 以西的北太平洋洋流靠近（北太平洋）亚热带锋的区域，黑潮和亲潮的混合影响相对降低，太阳辐射的影响与处于同一纬度 39°N 以下的黑潮和亲潮交汇区相比却没有增大，SST 变异系数值较低。对于在 39°N 以上黑潮和亲潮交汇区以及北太平洋洋流靠近亚北极锋的海域，由于纬度增加，太阳辐射的影响相对于 45°N 以下的棕色区域低，由太阳辐射造成的 SST 变化也相对降低，SST 的变异系数约为 0.5 左右。

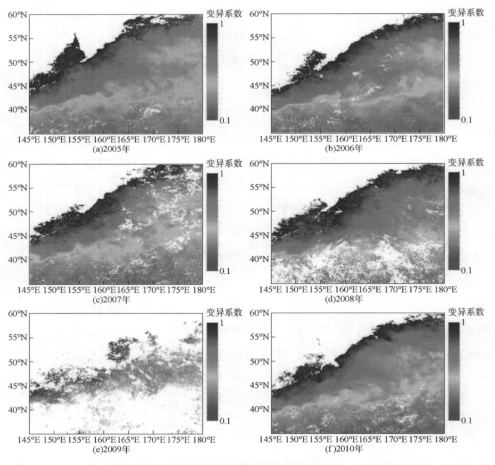

图 5-11　西北太平洋 SST 的变异系数结果（2005～2014 年）

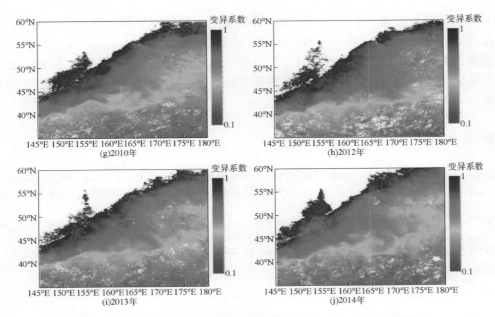

图 5-11   西北太平洋 SST 的变异系数结果（2005～2014 年）（续）

（175°E～180°，52°N～53°N）海域处于高纬，由太阳辐射和洋流造成的 SST 变化很小，最终得到的变异系数也较小。在绿色区域的海域中，由太阳辐射造成的 SST 变化也很小，但海面不同程度地受到了洋流的影响，该海域的变异系数大于（175°E～180°，52°N～53°N）海域。堪察加半岛东部、千岛群岛附近和鄂霍次克海海域变异系数最大，基本上接近 1，其附近海域由于亲潮的影响，SST 较低。鄂霍次克海海域受到亚洲大陆极端气候的影响，SST 变化较小，对其变异系数的影响也很大，最终得到的变异系数也很大。

5.4   小   结

本章采用美国 NASA 的西北太平洋 SST MODIS 数据，应用直方图、普通 QQ 图和等温线绘制方法对西北太平洋 SST 的空间分布变化进行研究，通过对每一年中各像素点的 SST 值的时空变异性进行统计和计算，得到平均值、标准差值和变异系数值，对 SST 的时空变化进行进一步分析。

（1）在西北太平洋区域中，45°N 以上纬度部分，SST 主要受亲潮流系影响；在 35°N～45°N 纬度区域，SST 受到黑潮和亲潮两大流系影响；由于（175°E～180°，52°N～53°N）区域附近离洋流流域较远，黑潮和亲潮两大流系对其影响不明显。四个海洋锋的位置不固定，其具体位置受到黑潮和亲潮流势的影响。

（2）对比标准差与变异系数，标准差可以更好地反映一年中西北太平洋 SST 的变化状况。在西北太平洋区域中，SST 的变异在各海区的分布不一致。在（145°E～148°E，38°N～

48°N）区域附近变异最大；并向西北太平洋洋流区域和亲潮区域延伸，变异不同程度减小；在（175°E～180°，52°N～53°N）区域附近变异最小。

需要说明的是，海表上空的气温、气压产生的海气热量交换和海面风对 SST 的综合影响关系比较复杂。本章重点研究了黑潮及亲潮对 SST 的影响，而太阳辐射的影响反作为辅助。

参考文献

Azumaya T, Ishida Y. 2004. An evaluation of the potential influence of SST and currents on the oceanic migration of juvenile and immature chum salmon (*Oncorhynchus keta*) by a simulation model. Fish Oceanogr, 13(1): 10-23.

Feng Y, Cui L, Chen X, et al. 2017. A comparative study of spatially clustered distribution of jumbo flying squid (*Dosidicus gigas*) offshore Peru. J Ocean Univ, 16(3): 490-500.

Scott D W. 2008. Multivariate Density Estimation: Theory, Practice, and Visualization. Hoboken：John Wiley & Sons.

第6章 西北太平洋柔鱼资源的空间分布及模态分析

6.1 柔鱼资源空间分析方法

6.1.1 主要技术方案

柔鱼资源空间模式是其关键特征,空间分布及模态分析对掌握柔鱼资源动态和渔情预报均有重要意义。本章以 2004~2013 年 5~7 月和 8~11 月的西北太平洋柔鱼商业捕捞数据为例,通过分析 CPUE 来研究柔鱼资源的空间分布:对比每年的柔鱼 CPUE 分布,研究 2004~2013 年的 10 年间柔鱼的分布状况,并探测不同季节的柔鱼资源分布模式;运用等值线法来分析柔鱼的具体分布位置,这对柔鱼渔场数据采集和商业捕捞具有重要的意义;利用模态分析方法分析柔鱼渔场的特征值和特征向量及贡献率,结合 2004~2013 年的柔鱼商业捕捞数据的统计分析,探索柔鱼资源的时间–空间分布,为柔鱼渔场资源的可持续开发提供支撑;另外,分析了海洋环境因子对柔鱼资源分布的影响。

图 6-1 显示了柔鱼资源空间分布和模态分析的数据处理方法和分析流程,主要采用

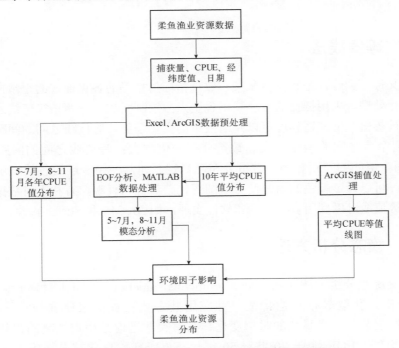

图 6-1　柔鱼资源的空间分布和模态分析数据处理方法

Excel、ArcGIS 和 MATLAB 等软件完成处理分析。柔鱼资源的分布受到海洋环境因子的影响，因此还对海洋环境因子进行了分析，得到柔鱼资源空间分布和模态分析结果。

6.1.2　研究区域与数据

本节研究数据是 2004～2013 年西北太平洋区域的柔鱼商业捕捞数据，包括日期、经纬度和渔获量等数据字段。研究区域位置为（150°E～160°E，38°N～45°N），渔场网格空间分辨率为 0.25°×0.25°，包含 1000 个网格点。利用数据表格 Excel 和地理信息 ArcGIS 软件对数据进行预处理，主要有以下几个内容和关键步骤。

（1）基于 Excel 计算柔鱼的 CPUE，表示某一位置总产量与作业次数的比值，是渔场资源评估的重要指标，能有效地分析柔鱼资源的空间分布态势。

（2）筛选出每年 5～7 月和 8～11 月的所有柔鱼资源数据，用于分析夏季和秋季西北太平洋柔鱼渔场资源的分布。

（3）基于 ArcGIS 提取研究区内所有数据和相应的 1000 个点的 CPUE。将没有渔获量的点设置为 0，对有多个 CPUE 的采样点求其平均值，便于后续插值分析得到研究区域内各年份柔鱼 CPUE 面状数据。

（4）通过 ArcGIS 的比例点要素符号，直观表示 2004～2013 年（10 年）5～7 月和 8～11 月的 CPUE 在研究区域的分布。

6.2　研　究　方　法

6.2.1　等值线法

等值线又称等量线，是制图对象某一数量指标值相等的各点连成的平滑曲线，一般是对点数据进行处理，采用插值的方法找出各整点数绘制而成。每两条等值线之间的差值多为常数，通过等值线的疏密程度可以判断数量的变化趋势。等值线之间的间距越大（越稀疏），说明两个值之间的差距越大，数量分布变化越大；等值线之间的间距越小（越稠密），说明两个值间的差距越小，数量分布越稳定。通常使用分层设色的表示方法来突出等值线效果，可以通过颜色的渐变使等值图变化趋势更为直观，有利于对数据分析。前述章节提及，等值线可以利用多种方法和软件实现，如 ArcGIS 和 Surfer 软件。

6.2.2　模态分析方法

经验正交函数分析方法（empirical orthogonal function，EOF）针对矩阵形式存储的数组进行分析，获取数据结构特征，并应用其主要特征值来研究数据（曾广恩等，2006）。EOF 主要分析变量场的时空变化，具有收敛迅速且稳定性高的优势，应用于离散数据效果更好。EOF 源于 20 世纪 50 年代气象研究，目前较多地应用于海洋模态分析。对海洋数据分析处理中，由于特征向量常常与空间样本相对应，因此也称其为空间模态或空间特征向量。同样，由于主成分与时间变化相对应，故也称为时间系数或时空分解。主成分分析是一种从多变量降维为少数变量的统计方法，利用多个变量之间的相互关系构造新的变量，如特征值、特征向量、方差贡献率和累计方差贡献率等。这些新的变量不仅能综合反映原始变量的信息，且变量间相互独立，还可以对变量按方差贡献率的大小排列。通过方差贡献率，可以选取有代表性的模态对数据进行分析，进而研究柔鱼渔场资源的分布。

EOF 分析方法需要首先求出特征值和特征向量，进而对所得的数据结果进行模态分析。具体步骤如下。

（1）选择研究数据，将其计算为距平形式，得到一个数据矩阵。距平指的是在一组数据中，某个数与这组数据资料的平均值的差，有正、负距平之分。本节指柔鱼渔场中某一个网格的 CPUE 与 10 年平均 CPUE 差异的比较。对 EOF 进行分析后，可以用其来表征柔鱼资源分布的变化特征。

具体方法是在 ArcGIS 中首先将 CPUE 矢量数据转换为栅格数据，利用栅格计算器求出 10 年的 CPUE 平均值，做相减运算求得距平值，再把距平栅格数据转为矢量数据。

（2）计算矩阵 X 和其转置后的矩阵的交叉积，可得到矩阵：

$$C_{m \times m} = \frac{1}{n} X \times X^{\mathrm{T}} \tag{6-1}$$

式中，C 称为协方差阵。

（3）计算矩阵 C 的特征值 $\left(\lambda_{1,2,\cdots,m}\right)$ 和特征向量 $V_{m \times m}$，二者满足：

$$C_{m \times m} \times V_{m \times m} = V_{m \times m} \times \Lambda_{m \times m} \tag{6-2}$$

式中，Λ 是 $m \times m$ 的对角矩阵，其对角线上的值就是特征根，列向量为每个特征根对应的模态值，也称为经验正交函数。

（4）计算主成分：通过将经验正交函数投影到原始数据矩阵 X 上，就获得了与全部空间模态相对应的时间变化系数（即主成分），即

$$PC_{m \times n} = V_{m \times m}^{\mathrm{T}} \times X_{m \times n} \tag{6-3}$$

式中，PC 中每一行的值就是相应某一空间模态的时间变化系数。

通常使用位置靠前且比较突出的几个 EOF 模态来拟合矩阵 X 的主要特征，EOF 分析的核心是计算矩阵 C 的特征值和特征向量。

EOF 分析通过 MATLAB 编程来进行计算处理，需要提前把每年的距平值在相对应的坐标下转换为矩阵形式，然后将矩阵读入 MATLAB，进行数据编程计算。下文是 MATLAB 的部分计算代码（b 为数据矩阵）：

```
[EigVector, EigValue] =eig (b'*b);
EigVector=fliplr (EigVector);
EigValue=rot90 (EigValue, 2);
EigVector=bsxfun (@rdivide, b*EigVector, sqrt (diag (EigValue) '));
```

```
timefun=EigVector'*b;
EigValSort=diag（EigValue）;
contri=EigValSort/sum（EigValSort）;
cumcontri=cumsum（EigValSort）/sum（EigValSort）;
```

上述代码中，EigVector 表示特征向量；EigValue 表示特征值；timefun 为方差贡献率，即 EOF 模态，所有模态的贡献率加起来和为 1；cumcontri 为累计方差贡献率，即 EOF 模态之和，累计方差贡献率的最后一个值必定为 1。

6.3 10年柔鱼资源的分布

图 6-2 为 10 年间 5～7 月西北太平洋柔鱼 CPUE 分布图，其中圆形符号的尺寸代表柔鱼 CPUE 的大小，分布密度代表该区域的柔鱼资源分布资源量。其中 2004～2007 年 5～7 月柔鱼分布比较分散，渔业资源量也相对比较少，大部分研究区网格点的柔鱼 CPUE 小于 0.5，其余 CPUE 相对较高的点在 1～2.5 范围内浮动；2008 年和 2009 年柔鱼主要分布在（152°E～156°E，39°N～42°N）区域，其 CPUE 数值基本都为 1～3，说明这两年柔鱼分布较为集中，资源量也比较稳定；而 2010～2012 年柔鱼分布总体向北迁移，主要分布在（152°E～159°E，42°N～45°N）区域，总体的 CPUE 数值在 1.5～2.5，柔鱼资源相比于 2008 年和 2009 年更加丰富，分布范围占整个研究区域一半以上，柔鱼商业渔获量达到顶峰；2013 年之后，柔鱼渔获量大幅下降，并且柔鱼分布向南移动，主要集中在北纬 42°N～45°N 区域。

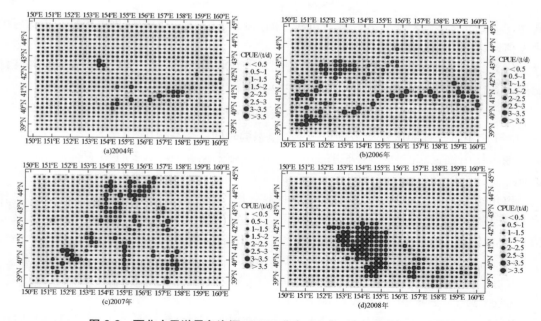

图 6-2 西北太平洋柔鱼资源 CPUE 分布（2004～2013 年 5～7 月）

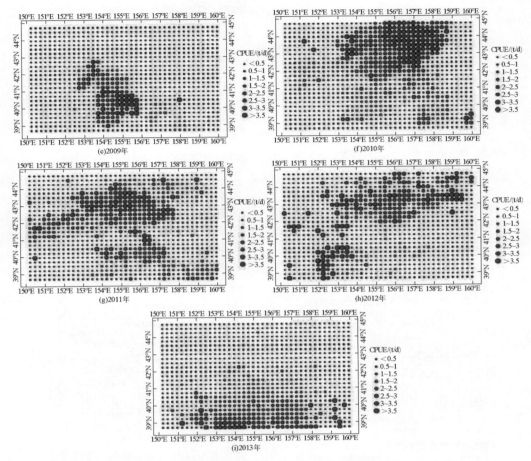

图 6-2　西北太平洋柔鱼资源 CPUE 分布（2004～2013 年 5～7 月）（续）

图 6-3 为 2004～2013 年 8～11 月柔鱼 CPUE 分布。相对于 5～7 月，该区域 8～11 月柔鱼 CPUE 比较集中，柔鱼分布密集且稳定。其中，2004～2010 年柔鱼资源主要集中分布在 41°N～45°N 的区域，活动性较强。此外，2004 年 153°E～155.5°E 的区域柔鱼 CPUE 为 2～2.5 t/d，这表明该区域柔鱼空间分布比较集中且资源量大；2005 年柔鱼 CPUE 的高值集中在 154.5°E～157°E 地区，CPUE 在 2～2.5 t/d；2007 年柔鱼集中分布在两个区域，这是由于受到西北太平洋环境因素的影响；2008 年和 2009 年柔鱼 CPUE 的分布基本相似，主要分布在 153°E～159°E，说明这两年柔鱼资源分布比较稳定且集中，受到外界的环境影响比较小；2010 年柔鱼分布比前两年密集，且分布范围扩大，资源量增多，这与前两年柔鱼资源的持续稳定有着密不可分的联系；2011 年和 2012 年柔鱼分布有所分散，总体资源量并未明显减少，但 CPUE 却明显减小，说明柔鱼分布区域变得广泛、聚类特征不明显，CPUE 在 1～2.5 t/d 范围内分散分布；2013 年柔鱼资源量急剧下降，柔鱼 CPUE 降低到 0.5～1 t/d，且大于 2.5 t/d 的 CPUE 极少出现，可能受海洋环境的影响，柔鱼种群的活动性增强，向其他区域大量迁徙。

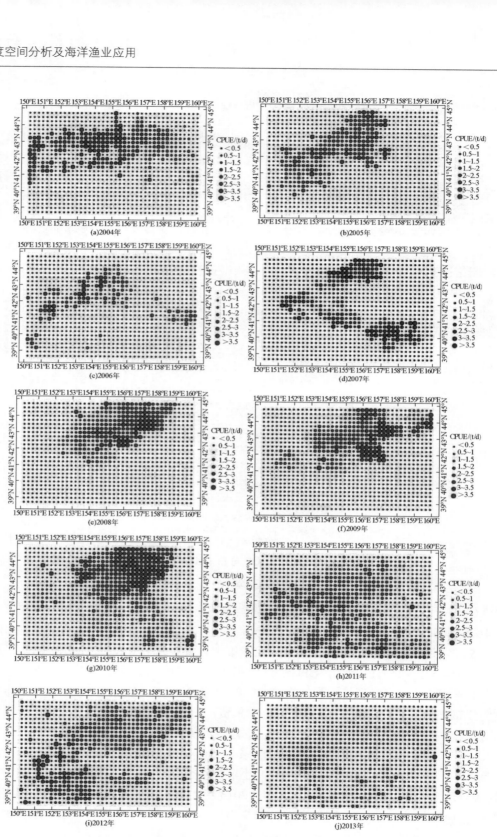

图6-3　西北太平洋柔鱼资源CPUE分布（2004~2013年8~11月）

　　针对 5～7 月和 8～11 月柔鱼资源的空间分布，对其平均 CPUE 进行插值得到等值线图以直观展现柔鱼资源分布，如图 6-4 所示。其中，图 6-4（c）为 2004～2013 年 10 年间 5～7 月的平均 CPUE 等值线图。5～7 月的柔鱼资源主要分布在（150°E～154°E，38.5°N～43°N）区域，该区域柔鱼资源丰富、分布较为集中，但并不是区域内所有网格点的 CPUE 都很高，高 CPUE 是分散分布的。在 1～2.5 t/d 的 CPUE 分布比较广，主要分布在（151.5°E～158°E，38°N～42°N）区域；而 42°N～45°N 范围内 CPUE 大部分介于 1.5～2.5 t/d，极少部分介于 1～1.5 t/d。相较于 38°N～42°N 的海区，柔鱼在 42°N～45°N 区域的分布更集中，资源量也较大。总体而言，5～7 月柔鱼分布比较分散，在整个海区分布相差不大，这与柔鱼资源总量有一定的关系。

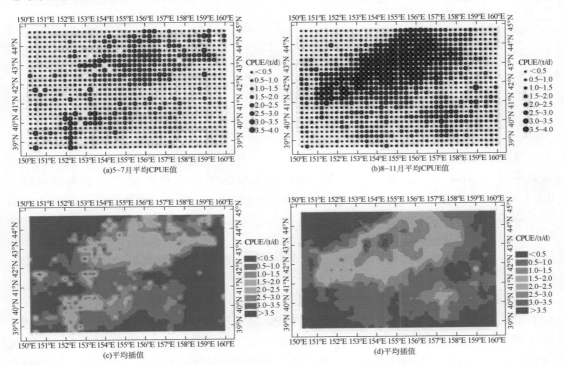

图 6-4　平均 CPUE 值分布和 CPUE 等值线图

　　图 6-4（d）为 2004～2013 年 10 年间 8～11 月的平均 CPUE 等值线图。图 6-4（d）表明 8～11 月的柔鱼分布比较集中，深蓝色范围以外的区域 CPUE 均大于 0.5 t/d；0.5～1.5 t/d 的 CPUE 主要在研究区域的南部，位于（152°E～159°E，39°N～41.2°N）海域；CPUE＞2.5 t/d 的海域在（153°E～156.5°E，42.3°N～44.2°N），该区域柔鱼分布比较集中、资源量较大。总体而言，8～11 月柔鱼资源分布集中且资源丰富。

6.3.1　月分布

　　本节基于 2004～2013 年 5～7 月和 8～11 月柔鱼商业捕捞数据的 CPUE 空间分布，结合柔鱼 CPUE 的统计数据，分析柔鱼资源在 5～7 月和 8～11 月的分布状况。表 6-1 显示了 2004～2013 年 5～7 月柔鱼 CPUE 的基本统计。

表 6-1　柔鱼 CPUE 值数据统计分析（2004～2013 年 5～7 月）

项目	2004 年	2006 年	2007 年	2008 年	2009 年	2010 年	2011 年	2012 年	2013 年
最小值/（t/d）	0.00	0.00	0.00	0.00	0.00	0.00	0.00	0.00	0.00
最大值/（t/d）	19.10	35.00	10.83	7.00	3.10	4.71	10.00	36.00	8.00
平均值/（t/d）	0.13	0.65	0.66	0.33	0.19	0.83	0.74	3.57	0.31
标准差	0.95	2.58	1.85	0.83	0.51	1.01	1.17	6.87	0.71
偏度	11.75	5.92	2.92	2.86	2.90	0.99	2.28	2.00	4.24
峰度	188.45	49.70	10.85	12.21	11.02	3.03	11.19	6.20	30.28
1/4 分位数	0.00	0.00	0.00	0.00	0.00	0.00	0.00	0.00	0.00
中位数	0.00	0.00	0.00	0.00	0.00	0.23	0.00	0.00	0.00
3/4 分位数	0.00	0.00	0.00	0.00	0.00	1.50	1.31	3.00	0.33

从表 6-1 中 CPUE 的平均值可以看出，2004～2013 年柔鱼资源的分布总体差异比较明显，其中，2004 年、2008 年、2009 年和 2013 年的平均值相对较小，基本在 0.13～0.33t/d。结合图 6-1 的 CPUE 分布，2004 年柔鱼 CPUE＞1.5 t/d 的网格点极少，所以 2004 年平均 CPUE 达到最小；由于 2004 年大部分 CPUE＜0.5 t/d，所以标准差为 0.95。2008 年、2009 年和 2013 年的 CPUE 分布总体比较集中且差异不大，其他区域柔鱼资源分布较少，造成 CPUE 平均值偏低。标准差表示研究区内数据的离散程度，标准差越小说明柔鱼的 CPUE 分布稳定性越强。2006 年、2007 年、2010 年、2011 年和 2013 年的平均值主要在 0.6～0.7 t/d，这 5 年柔鱼资源相对来说比较丰富，广泛分布在整个研究区域，标准差都小于 2.5。2012 年 CPUE 的平均值达到 3.57 t/d，结合图 6-1 中 CPUE 的分布可以观察到，其 CPUE 并不像 2004 年、2008 年、2009 年和 2013 年那样集中，并且在整个研究区域 CPUE 比较多地介于 2.5～3.5 t/d，造成 CPUE 的平均值增大；由于平均值增大，标准差也随之增大，达到 6.87。结合 1/4 分位数、中位数和 3/4 分位数，可以进一步了解柔鱼 CPUE 的分布情况。2010～2012 年中，3/4 分位数的 CPUE 都达到了 1 以上，表明柔鱼在 2010～2012 年的资源比较丰富。

表 6-2 为 2004～2013 年 8～11 月柔鱼 CPUE 的统计数据。从最大值看，10 年内共有 8 年 CPUE 最大值大于 10 t/d，CPUE 小于 10 t/d 的年份仅为 2009 年和 2010 年，说明 8～11 月柔鱼资源比较丰富。CPUE 的平均值基本分布在 0.43～1.47 t/d，各年份间 CPUE 平均值接近，表明各年份间的柔鱼资源分布呈现稳定状态。标准差集中在 0.80～2.65，进一步表明柔鱼资源分布稳定。从偏度来看，除 2010 年以外，其余年份的偏度都大于 1.5，其中 2011 年和 2012 年的偏度达到 5.0 以上，同时这两年的峰度也比较高，说明这两年的 CPUE 值数据分布差异明显，受到海洋环境的显著影响。

表 6-2　柔鱼 CPUE 数据统计分析（2004～2013 年 8～11 月）

项目	2004 年	2005 年	2006 年	2007 年	2008 年	2009 年	2010 年	2011 年	2012 年	2013 年
最小值/（t/d）	0.00	0.00	0.00	0.00	0.00	0.00	0.00	0.00	0.00	0.00
最大值/（t/d）	13.50	12.50	17.18	18.00	10.39	3.95	4.71	32.87	19.39	11.00
平均值/（t/d）	1.32	0.95	0.63	1.36	1.00	0.43	0.83	1.47	0.98	1.05
标准差	2.18	1.78	1.78	2.65	1.86	0.80	1.01	1.97	1.67	1.23
偏度	1.52	1.79	3.47	2.02	1.77	1.92	0.99	5.06	5.00	1.85
峰度	4.65	6.01	18.24	7.29	5.28	6.09	3.03	69.51	43.53	9.61
1/4 分位数/（t/d）	0.00	0.00	0.00	0.00	0.00	0.00	0.00	0.00	0.00	0.00
中位数/（t/d）	0.00	0.00	0.00	0.00	0.00	0.00	0.23	1.06	0.00	0.76
3/4 分位数/（t/d）	2.78	0.00	0.00	0.20	1.18	0.55	1.50	24827.00	1.63	1.64

6.3.2　CPUE 平均值的数据统计

为进一步研究柔鱼在不同季节的资源分布，本节分别对 2004～2013 年 5～7 月和 8～11 月的柔鱼 CPUE 求平均值，分析柔鱼在夏季（5～7 月）和秋季（8～11 月）的空间分布状况。CPUE 平均值如图 6-4 所示。其中，图 6-4（a）中 5～7 月柔鱼 CPUE 值相对较小[除了 43°N～45°N，150°E～152°E 和 39°N～41°N，158°E～160°E]，介于 0.5～1 t/d；其他区域柔鱼分布比较均匀，CPUE 在 1～2.5 t/d。对比 5～7 月和 8～11 月柔鱼平均 CPUE 的分布情况，两个季度柔鱼分布区域总体上一致，差别在于 5～7 月柔鱼 CPUE 总体较低且并不集中，而 8～11 月柔鱼 CPUE 较高且较为集中。这也比较符合冬生和春生柔鱼的资源分布状况。

两个季度的标准差都小于 1，说明柔鱼的总体 CPUE 接近平均值，柔鱼 CPUE 分布也具有一定的稳定性；8～11 月柔鱼 CPUE 平均值和最大值都高于 5～7 月（表 6-3），说明 8～11 月柔鱼 CPUE 分布更为稳定；1/4 分位数、中位数和 3/4 分位数表明 8～11 月柔鱼资源更为丰富。

表 6-3　柔鱼 CPUE 统计量对比分析（5～7 月和 8～11 月）

项目	5～7 月	8～11 月
最小值/（t/d）	0.00	0.00
最大值/（t/d）	4.20	4.73
平均值/（t/d）	0.82	1.00
标准差	0.93	0.90
偏态	1.28	1.03
峰度	3.83	3.30
1/4 分位数	0.11	0.30
中位数	0.44	0.71
3/4 分位数	1.32	1.51

6.4 模 态 分 析

6.4.1 5～7 月模态分析

对 5～7 月柔鱼 CPUE 距平用 EOF 分析，得到空间和时间的模态变化特征值，即方差贡献率（表6-4）。显著性检验表明，5～7 月柔鱼 CPUE 的 EOF 分析结果中，前 3 个空间模态都符合要求。另外，模态分析的前 3 个模态的累计方差贡献率为 94.16%，说明基于此模态分析 5～7 月柔鱼的空间分布状态是可行的。事实上，特征值计算结果共产生了 9个模态，但是从方差贡献率来看，只要根据方差贡献率选择前面特征值较大的模态就能够描述柔鱼 CPUE 的分布信息。

表 6-4 柔鱼 CPUE 值的 EOF 前 3 个空间模态方差贡献率（5～7 月）

模态序列	方差贡献率/%	累计方差贡献率/%
模态 1	79.89	79.89
模态 2	9.72	89.61
模态 3	4.55	94.16

第一模态的方差贡献率达到了 79.89%，代表研究区域内 5～7 月柔鱼的整体分布。如图 6-5（a）所示，第一模态中部分区域柔鱼 CPUE 小于 0.5 t/d，其余区域都为负值，这表明柔鱼资源分布距平变化在空间分布上具有整体一致性，且变化也比较平稳。基于距平变化率值分析柔鱼的资源分布，在变化率较大的区域柔鱼分布集中且资源量大。例如，CPUE 大于 2.5 t/d 的区域，其距平变化率比较大，最大达到−0.11，这说明柔鱼在该区域的分布较为集中。结合 10 年间 5～7 月平均 CPUE 的分布情况，图 6-5 中绿色区域表示资源分布量较大，等值线密集说明柔鱼分布比较集中，其分布与 5～7 月 CPUE 分布情况基本吻合。

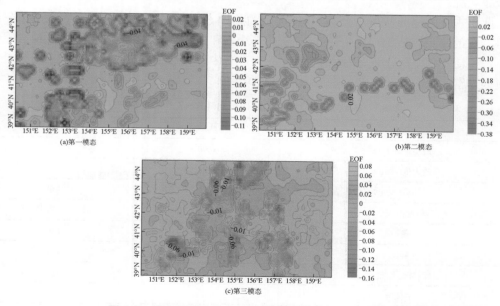

图 6-5 柔鱼资源丰度 CPUE 模态分布图（5～7 月）

第二模态的方差贡献率为9.72%。如图6-5（b）所示，大部分区域的距平变化率都为负值，整个区域的颜色变化不大，说明这一区域的分布变化平稳。图中蓝色区域为39°N～41°N，该区域中柔鱼 CPUE 基本在2～2.5 t/d，但相对于第一模态中蓝色区域的密度小。第二模态突出了柔鱼分布相对分散区域，是对第一模态分析结果的补充。

第三模态的方差贡献率为4.55%，图6-5（c）所示的第三模态中，蓝色区域基本为等值线图中 CPUE 相对较高的区域。这表明，并不是 CPUE 越大的区域，其研究重要性越强，而应该侧重对等值线与 CPUE 分布范围不同的区域进行局部分析。根据不同数据，从不同的角度全面分析柔鱼资源的分布。第三模态突出了（156°E～158°E，39°N～41°N）范围内柔鱼的分布。三个模态在5～7月的总体分析与观测到的5～7月柔鱼 CPUE 分布基本一致。

6.4.2　8～11月模态分析

以同样方式对8～11月柔鱼 CPUE 距平采用 EOF 分析（表6-5），其中前6个空间模态都符合要求，其累计方差贡献率达到88.34%。因此，本节采用前6个模态的贡献率进行分析。

表6-5　柔鱼 CPUE 值的 EOF 前6个空间模态方差贡献率（8～11月）

模态序列	方差贡献率/%	累计方差贡献率/%
第一模态	25.77	25.77
第二模态	16.57	42.34
第三模态	15.63	57.97
第四模态	11.81	69.78
第五模态	10.69	80.47
第六模态	7.87	88.34

8～11月第一模态的方差贡献率达到25.77%，是所有模态中最高的。图6-6（a）中蓝色区域距平变化率比较大，所对应的 CPUE 比较突出，达到2.5 t/d 以上。图6-6（a）中变化率的等值线越密集的区域说明柔鱼分布越集中。黄色区域等值线密集区的 CPUE 在1～1.5 t/d，表明柔鱼分布集中，且该区域距平变化率较小，说明柔鱼分布整体上一致。通过与8～11月柔鱼 CPUE 分布图对比，第一模态基本能够表征柔鱼的资源分布。

第二模态和第三模态的方差贡献率分别是16.57%和15.63%。从总体上看，这两个模态的距平变化率比较小，柔鱼分布也基本整体一致。（159°E，41.5°N～42°N）范围内有一个区域比较突出，其 CPUE 也比周围大，这表明该区域柔鱼分布突然比较集中。图6-6（b）和图6-6（c）中左上区域范围是（151°E～152°E，41°N～44°N）。该区域内有几处距平变化率比较大，为-0.12左右。整体上看，除去 CPUE 非常高的网格点，柔鱼资源的分布比较稳定。

第四模态方差贡献率为11.81%，其 EOF 正值达到0.11，而负值为-0.13［图6-6（d）］，表明距平变化率较大。结合8～11月柔鱼 CPUE 分布分析可知，柔鱼 CPUE 与周围相差较大。

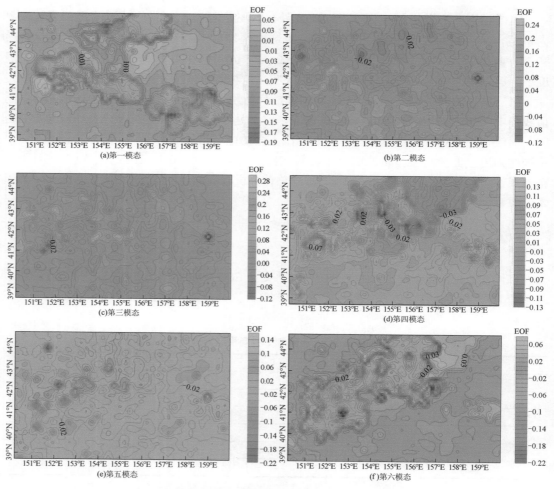

图6-6　柔鱼资源丰度CPUE模态分布图（8～11月）

第五模态方差贡献率为10.69%，与第四模态的距平变化相比，其变化率并不突出[图6-6（e）]。整个研究区域的柔鱼分布比较稳定，而左上方偏中间的区域柔鱼的分布相对密集，并且资源量分布集中。

第六模态方差贡献率为7.87%。结合柔鱼8～11月CPUE等值线分布图可知柔鱼资源的分布情况［图6-6（f）]。柔鱼CPUE范围在（152°E～153°E，41°N）和（157°E，41.5°N～42.5°N）区域较小。

6.4.3　环境因子对柔鱼资源及其模态的影响

本章对2004～2013年西北太平洋柔鱼商业捕捞数据进行分析。该数据为10年的平均资源分布情况，很大程度上减小了柔鱼生长波动和环境因子的影响，但由于柔鱼的物种特性，环境因子对柔鱼的分布有着不可忽略的影响，因此模态分析结果也存在环境因子的影响。主要有以下几点。

（1）柔鱼是短生命周期物种，柔鱼的亲体在产完卵后随即死亡，其资源量完全取决于补充量的多少，而胚胎和仔鱼在发育阶段死亡率较高，海洋环境的细微变化都可能影响柔鱼资源（曹杰等，2010；Payne et al.，2006）。例如，柔鱼产卵对水温要求严格，在合适的水温范围内柔鱼存活率才会提高。

（2）柔鱼有洄游的现象，一般表现为南北洄游，因此在不同季节柔鱼资源的 CPUE 会存在季节性变化，产生季节性的聚类模式。一般柔鱼 CPUE 会在 8 月左右显著上升，8～11 月是柔鱼捕捞的旺季。

（3）SST 对柔鱼的空间分布有显著影响，因为温度差异形成不同水团，进而形成不同的渔场（邵全琴等，2004）。

（4）柔鱼在不同阶段对环境的选择受到光照强度和捕食的影响，存在昼夜垂直移动的现象。柔鱼白天下潜到 150～700m 深的水层，而夜晚则栖息在 0～70m 水层，造成柔鱼分布不稳定（马金等，2011）。

这些环境因子直接影响着柔鱼的空间分布。充足的食物来源有益于柔鱼的生长，柔鱼分布就较为密集；若环境发生突变或是外来物种入侵，那么柔鱼的分布和丰度必定也会受到干扰。因此，由于受到环境因子的影响，所采集的数据存在一定的差异性，导致模态分析也存在一些不可避免的误差。

本节通过对 2004～2013 年 5～7 月、8～11 月的西北太平洋柔鱼资源 CPUE 分布特征进行分析和统计，基于 EOF 模态分析方法得出柔鱼资源在 5～7 月和 8～11 月的分布情况。柔鱼一般分为春生和冬生两个群体。5～7 月的商业捕捞数据对应冬生柔鱼，其丰度相对较小，在研究区域中的分布也比较分散。这应该与冬生柔鱼的资源量少有一定的关系，冬季水温比较低，一定程度上影响了柔鱼资源的状况。8～11 月的商业捕捞数据对应春生柔鱼。8～11 月柔鱼资源量比较丰富，并且分布比较集中，特别是在（41°N～45°N，151°E～158°E）的范围内，柔鱼的 CPUE 稳定保持在 2～3。

6.5　小　　结

本章基于 2004～2013 年西北太平洋（150°E～160°E，38°N～45°N）柔鱼商业捕捞数据，探索了柔鱼 CPUE 分布以及 5～7 月和 8～11 月的分布模态。通过对 10 年间 5～7 月和 8～11 月 CPUE 分布特点，分析这 10 年间柔鱼资源分布的变化趋势，分别对 10 年间 5～7 月和 8～11 月的平均 CPUE 的空间分布进行模态分析，对比冬生（5～7 月）柔鱼和春生（8～11 月）柔鱼的分布特点，深入探究柔鱼分布的季节性聚类特征。对柔鱼 CPUE 进行统计处理，通过 CPUE 分布图直观展示柔鱼的空间分布特征。等值线图则展示了柔鱼 CPUE 的变化趋势和丰度。通过对 10 年平均 CPUE 的等值线分析，得到了柔鱼在 5～7 月和 8～11 月的总体分布规律和柔鱼丰度变化趋势。基于距平值探索了柔鱼资源在各年间的变化程度，并对 10 年的 CPUE 距平值进行了 EOF 分析，方差贡献率表明 5～7 月和 8～11 月柔鱼 CPUE 空间分布模态存在较大差异。

本节采用 10 年 CPUE 的平均值数据，在一定程度上排除了异常环境因子的影响，分析结果可靠性较强。这种结合空间特征和统计特征的模态分析方法，也为分析其他浮游物种的生态过程和分布特征提供了一种新思路。

参考文献

曹杰, 陈新军, 刘必林, 等. 2010. 鱿鱼类资源量变化与海洋环境关系的研究进展. 上海海洋大学学报, 19(2): 232-239.

马金, 陈新军, 刘必林, 等. 2011. 北太平洋柔鱼渔业生物学研究进展. 上海海洋大学学报, 20(4): 563-570.

邵全琴, 戎恺, 马巍巍, 等. 2004. 西北太平洋柔鱼中心渔场分布模式. 地理研究, (1): 1-9.

曾广恩, 练树民, 程旭华, 等. 2006. 东、黄海海表面温度季节内变化特征的 EOF 分析. 海洋科学进展，(2): 146-155.

Payne A G, Agnew D J, Pierce G J. 2006. Trends and assessment of cephalopod fisheries. Fisheries Research, 78(1): 1-3.

第 7 章　经典尺度下渔业资源空间模式分析

通过海洋渔业资源空间模式分析，开展渔业资源时空格局识别与潜在规律挖掘，能够为远洋渔业资源的可持续开发与资源评估管理提供参考依据。有关渔业资源的 GIS 空间分布研究的文献数量相对于渔业资源生物学等领域并不多，但不乏经典的著作和最新的报道。在 21 世纪初，国外学者已经开始利用 GIS 的空间自相关方法进行渔业资源调查和渔业资源评估，其中 Rivoirard（2000）利用地统计方法对渔业资源空间分布进行的研究开启了渔业空间统计的新领域。杜云艳等（2002）采用空间动态聚类方法，对东海区渔业资源进行了分析，认为渔业密度数据和温度环境数据存在一定的空间分布关联模式，并且随季节变化非常明显。在利用地理信息科学（GISciences）研究渔业资源时，应着重解决全局空间分布模式、空间关联关系、空间聚类、渔业生态学空间过程和空间异质性等重要的科学问题，但目前为止这些问题并未得到彻底的阐释和解决。

本章首先以西北太平洋柔鱼资源为例，分析西北太平洋柔鱼资源空间聚集特征，揭示西北太平洋柔鱼资源的整体空间模式、热冷点区域及其变动的海洋环境因素影响规律，为柔鱼资源空间分布规律的掌握提供科学方法。本章研究范围为（150°E～160°E、38°N～45°N）。数据时间范围为 2007 年、2008 年、2009 年和 2010 年。本节采用 0.1°×0.1°分辨率，以经纬度各 10′的范围为一个渔区。每个数据点的位置就是捕捞渔船活动范围（渔区），2007 年有 513 个数据点，2008 年有 1046 个数据点，2009 年有 640 个数据点，2010年有 1803 个数据点。将捕捞数据换算为 CPUE 来代表年度柔鱼资源丰度，剔除无渔获量的海域并产生有效数据区域，使聚类分析不受或少受无数据区域的影响，从而提高空间分析的可信度。

以秘鲁外海茎柔鱼为例，探查空间聚类及其与环境的关系。研究范围为 78°W～86°W和 8°S～20°S。渔业数据选择 2003～2004 年和 2006～2013 年的 10 年，其中 2005 年暂无渔业数据，数据采用 0.5°×0.5°网格。其中，2006 年和 2009 年厄尔尼诺事件（Xu et al.，2012）可能导致秘鲁外海茎柔鱼的异常分布和变异。因此通过准备两个数据集，实现空间模式探测：①10 年数据集，包括厄尔尼诺事件（2003～2004 年和 2006～2013 年）；②8年数据集，不包括厄尔尼诺事件（2003～2004 年、2007～2008 年和 2010～2013 年），通过对比研究厄尔尼诺事件对渔业空间聚类的影响。

7.1　西北太平洋柔鱼资源的空间聚类分析

7.1.1　聚类类别数的选择

为了选择能较好地反映柔鱼资源空间模式的聚类类别数，选取 2010 年柔鱼资源数据为样本，该年度数据量最大、覆盖范围大。采用 K-means 算法，分别将 2010 年研究数据进行类别数为 10、16、20、30 的聚类分析，结果如图 7-1 所示。遵循各类本身尽可能相似，而类间尽可能不同的准则，选择最佳聚类类别数。采用的聚类分析软件为 CrimeStat，采用的类别渲染软件为 ArcGIS。当聚类类别数为 10 时，聚类分析结果显示并未覆盖很大部分数据点；当聚类类别数为 16 时，各聚类本身尽可能紧凑，而各聚类之间尽可能分开；当聚类类别数为 20 时，各聚类之间并未尽可能分开，类别数量过多导致类间的特点可能存在相似之处；当聚类类别数为 30 时，类间并未尽可能分开，各个聚类簇无区分性特点。根据上述实验，选择 16 为聚类类别数。

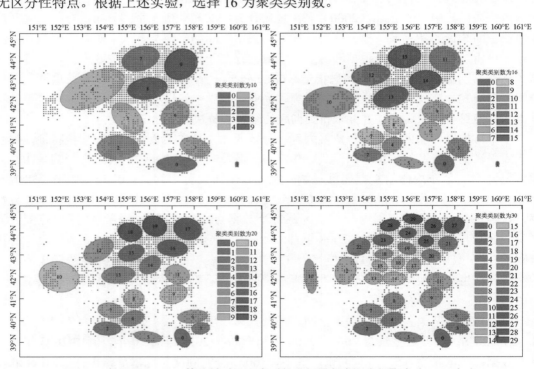

图 7-1　采用 K-means 算法针对不同类别数进行柔鱼资源空间聚类（2010 年）

0～29 代表聚类类别

7.1.2　聚类结果分析

为了直观显示聚类分析结果，从而掌握研究区域内柔鱼资源的分布，利用 K-means 算法对 2007～2010 年的研究数据进行聚类，类别数为 16，然后对聚类结果进行经典统计，了解聚类后每个柔鱼资源簇的特征。图 7-2 所示的椭圆是每个簇的分布形态。

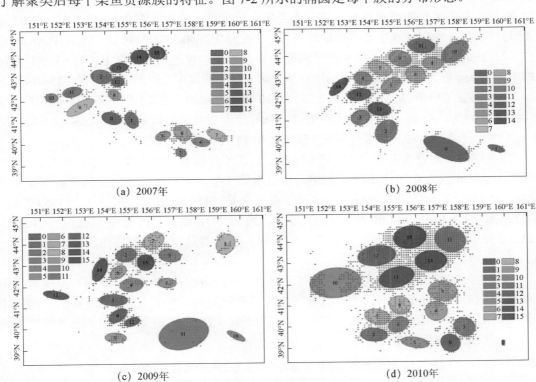

图 7-2　西北太平洋柔鱼资源空间聚类分析（2007～2010 年）

0～15 代表聚类类别

2007 年的柔鱼资源聚类，以其中各个簇的 CPUE 统计量平均值（Mean）为参考，将各个簇分为 5 类：第 3、12、13 个空间簇为一类（Mean<4）；第 1、2、8、10 个空间簇为一类（4<Mean<5）；第 5、9、11、14、15 个空间簇为一类（5<Mean<6）；第 4、7、16 个空间簇为一类（6<Mean<7）；第 6 个空间簇单独为一类（Mean>7）。其中，第 6 个空间簇可看作绝对热点，第 7 个和第 16 个空间簇可看作相对热点，第 3 个和第 13 个空间簇可看作绝对冷点。

同样，将 2008 年的柔鱼资源各个簇分为 5 类：第 1、2 个空间簇为一类（Mean<2）；第 3、4、13、14 个空间簇为一类（2<Mean<3）；第 5、8、10、12、15 个空间簇为一类（3<Mean<4）；第 6、7、11 个空间簇为一类（4<Mean<5）；第 9 个空间簇单独为一类（Mean>7）。其中，第 9 个空间簇可看作绝对热点，第 1、2 个空间簇可看作绝对冷点。

2009 年的柔鱼资源聚类簇分为 3 类：第 5、12、11 个空间簇为一类（Mean<1）；第 1、2、3、4、8、9、10、14、15、16 个空间簇为一类（1<Mean<2）；第 6、7、13 个空间簇为一类（2<Mean<3）。其中，第 6 个空间簇可看作绝对热点，第 11 个空间簇可看作绝对冷点。

2010 年的柔鱼资源聚类簇分为 3 类：第 3、4、5、8、11 个空间簇为一类（1<Mean<1.3）；第 1、6、7、9、10、13、14 个空间簇为一类（1.3<Mean<2.2）；第 2、12、15、16 个空间簇为一类（2.2<Mean<3）。其中，第 15 个空间簇可看作绝对热点，

第 3、5、8、11 个空间簇可看作绝对冷点。

然后，对各年份的绝对热点和绝对冷点所在位置进行分析（表 7-1～表 7-4），2007 年的绝对热点第 6 个空间簇中心点的地理位置（156.56°E，40.35°N）对应 CPUE 中 Mean 值为 7.62；2008 年的绝对热点第 9 个空间簇中心点的地理位置（156.82°E，43.63°N）对应 CPUE 中 Mean 值为 6.06；2009 年的绝对热点第 6 个空间簇中心点的地理位置（156.74°E，42.13°N）对应 CPUE 中 Mean 值为 2.79；2010 年的绝对热点第 15 个空间簇中心点的地理位置（156.67°E，43.08°N）对应 CPUE 中 Mean 值为 2.93。可以看出，虽然年份不同，但是柔鱼渔业资源的绝对热点都分布在 156°E，40.35°N～43.08°N 范围。

2009 年的绝对冷点是第 11 个空间簇中心点的地理位置（159.79°E，39.59°N），对应 CPUE 中 Mean 值为 0.39；2010 年的绝对冷点是第 3 个空间簇、第 5 个空间簇、第 8 个空间簇、第 11 个空间簇，其中心点的地理位置分别是（154.86°E，43.46°N）、（155.02°E，42.07°N）、（156.06°E，44.06°N）、（159.79°E，39.59°N），对应 CPUE 中 Mean 值为 0.39、0.28、0.32、0.46。可以观察出，虽然年份不同，但是柔鱼渔业资源的绝对冷点都分布在（154°E～157°E，40°N）。

总体上，2007 年和 2008 年西北太平洋（150°E～160°E、38°N～45°N）范围内柔鱼高产量海域多，且各个空间簇的产值都远比往后几年要高，2009 年和 2010 年的空间簇中平均 CPUE 的最高值都低于 2007 年的空间簇中平均 CPUE 的最高值，且西北太平洋柔鱼资源呈现较强的聚集分布特征。

表 7-1　西北太平洋柔鱼资源各个聚类簇的统计特性（2007 年）

簇序号	经度	纬度	旋转角	X-轴/mi	Y-轴/mi	面积/mi²	平方和	平均误差	点数量	最小值/(t/d)	最大值/(t/d)	均值/(t/d)	方差
1	154.33	41.18	30.56	24.63	18.50	1431.08	62594.33	1956.07	19	0.50	8.00	4.88	2.18
2	155.16	41.09	77.96	26.67	15.28	1280.20	62364.32	1889.83	17	2.67	7.33	4.31	1.32
3	153.89	43.14	36.22	24.50	21.60	1662.36	83620.60	1900.47	30	0.10	9.00	3.92	1.77
4	157.39	39.60	53.65	14.71	12.02	555.31	19541.36	977.07	12	3.00	15.00	6.25	3.10
5	158.30	40.07	16.63	21.50	13.70	925.58	30449.08	1602.58	12	2.00	9.71	5.10	2.05
6	156.56	40.35	56.42	13.05	19.75	809.68	34370.73	1494.38	13	5.26	13.00	7.62	2.05
7	157.45	40.48	63.40	25.83	19.14	1552.97	157001.59	3140.03	25	0.50	13.50	6.50	3.13
8	158.98	40.32	35.37	28.00	14.33	1260.37	35662.49	2377.50	9	2.00	15.00	4.76	4.01
9	152.82	41.75	50.53	15.56	39.60	1935.08	60244.84	4016.32	6	2.00	11.48	5.47	3.31
10	154.42	42.29	61.93	19.18	13.21	795.71	29830.72	962.28	19	2.18	6.22	4.05	1.08
11	151.52	42.18	38.48	14.87	14.18	662.78	18191.85	1070.11	10	0.60	8.00	5.81	2.20
12	152.43	42.45	69.14	15.93	23.14	1157.97	52853.40	1704.95	16	0.10	9.97	5.81	2.43
13	154.52	42.91	27.01	15.39	15.97	772.09	32578.26	794.59	20	1.50	7.71	3.76	1.41
14	154.59	43.55	76.60	15.88	21.01	1048.52	58858.64	1898.67	17	4.10	9.28	6.07	1.34
15	155.55	44.07	14.58	19.70	23.34	1444.27	175375.00	2875.00	38	0.40	10.00	5.85	2.28
16	156.35	44.24	78.41	21.15	17.96	1192.93	125287.31	2505.75	28	2.88	10.67	6.78	1.36

注：1mi=1.609344km，1mi²=2.589988km²。

表 7-2　西北太平洋柔鱼资源各个聚类簇的统计特性（2008 年）

簇序号	经度	纬度	旋转角	X-轴/mi	Y-轴/mi	面积/mi²	平方和	平均误差	点数量	最小值/(t/d)	最大值/(t/d)	均值/(t/d)	方差
1	157.65	39.55	33.49	62.14	29.13	5687.38	109787.97	2195.76	27	0.25	3.00	1.11	0.68
2	159.73	39.62	23.86	21.95	9.59	661.44	6024.92	286.90	10	0.83	3.48	1.67	0.83
3	154.68	40.54	17.29	24.83	37.83	2951.46	150768.55	2153.84	48	0.90	5.25	2.19	0.77
4	153.62	41.15	29.68	21.46	25.14	1694.69	81154.28	1308.94	37	1.24	3.82	2.83	0.79
5	153.71	42.94	61.40	23.26	19.78	1445.07	102822.78	1581.89	36	1.66	6.72	3.75	1.53
6	154.97	42.63	36.40	19.83	28.32	1763.80	163788.23	2559.19	33	1.59	8.31	4.81	2.78
7	156.06	43.14	74.34	27.70	22.17	1929.02	251970.09	2680.53	52	1.00	8.33	4.30	1.51
8	154.48	43.41	41.43	29.87	20.05	1881.33	202540.53	2177.86	52	0.74	8.00	3.38	1.60
9	156.82	43.63	15.11	23.89	19.95	1497.45	230465.39	2711.36	42	2.32	8.16	6.06	1.34
10	155.39	43.86	47.76	28.19	22.97	2034.77	212695.54	2363.28	46	1.68	11.11	3.55	1.60
11	157.78	44.08	34.93	23.87	40.97	3071.73	447629.43	4865.54	49	1.81	6.85	4.84	1.52
12	156.35	44.44	13.70	30.35	23.38	2228.67	229447.61	2637.33	49	1.00	7.23	3.40	1.45
13	153.50	42.23	74.47	19.39	28.27	1721.89	97825.59	1552.79	31	1.17	4.81	2.89	0.95
14	154.38	41.53	19.65	27.73	20.89	1820.14	114365.54	1504.81	41	1.32	6.00	2.82	1.01
15	152.63	42.65	34.42	13.00	33.20	1356.47	52725.63	1550.75	18	0.71	6.46	3.16	1.63

表 7-3　西北太平洋柔鱼资源各个聚类簇的统计特性（2009 年）

簇序号	经度	纬度	旋转角	X-轴/mi	Y-轴/mi	面积/mi²	平方和	平均误差	点数量	最小值/(t/d)	最大值/(t/d)	均值/(t/d)	方差
1	154.46	40.64	40.07	16.34	27.95	1434.76	49897.64	941.46	28	0.84	4.00	2.00	0.88
2	154.33	41.36	3.04	33.14	18.91	1968.51	57526.09	898.85	35	0.30	5.00	1.32	0.95
3	154.86	43.46	50.36	21.06	24.84	1643.09	44110.17	551.38	45	0.32	2.93	1.09	0.64
4	156.81	43.44	22.70	25.35	20.51	1633.24	36638.97	732.78	27	0.26	3.34	1.61	0.94
5	155.02	42.07	75.96	21.80	27.43	1878.52	19213.67	446.83	27	0.36	1.34	0.78	0.37
6	156.74	42.13	3.44	21.37	15.80	1060.74	21465.49	858.62	14	1.60	4.00	2.79	0.69
7	154.47	42.66	32.72	15.59	24.20	1185.07	33296.03	756.73	22	0.50	5.00	2.42	1.16
8	156.06	44.06	35.67	21.37	29.20	1960.61	54743.79	927.86	29	0.50	3.81	1.78	0.97
9	159.35	43.86	10.86	20.76	33.12	2159.89	37259.64	1064.56	17	0.76	2.84	1.64	0.54
10	154.35	39.56	5.36	25.67	15.86	1279.34	16576.70	613.95	20	0.72	2.00	1.48	0.36
11	159.79	39.59	37.01	26.01	9.56	780.96	268.80	38.40	7	0.27	0.55	0.39	0.11
12	157.20	39.75	61.65	47.98	62.39	9405.28	16767.29	1863.03	7	0.32	2.00	0.92	0.54
13	155.10	40.31	61.95	12.90	19.94	808.26	22168.01	599.14	19	1.00	3.91	2.35	0.93
14	151.56	41.65	14.21	30.71	12.61	1216.55	8339.22	555.95	10	0.91	2.00	1.19	0.34
15	153.66	42.82	14.79	15.33	37.87	1824.04	41813.23	1229.80	16	0.65	2.63	1.61	0.63
16	155.70	43.14	0.71	19.66	26.16	1615.52	45971.74	792.62	33	0.24	3.31	1.50	0.74

表 7-4   西北太平洋柔鱼资源各个聚类簇的统计特性（2010 年）

簇序号	经度	纬度	旋转角	X-轴/mi	Y-轴/mi	面积/mi²	平方和	平均误差	点数量	最小值/(t/d)	最大值/(t/d)	均值/(t/d)	方差
1	157.55	39.15	75.66	28.56	23.17	2078.64	49546.91	971.51	31	0.20	3.46	1.47	0.77
2	159.89	39.16	1.73	4.06	8.49	108.14	580.98	96.83	4	2.33	3.00	2.71	0.28
3	154.12	39.59	5.48	33.14	21.58	2247.31	66659.07	865.70	45	0.40	2.18	1.19	0.39
4	158.18	39.92	72.75	30.87	24.89	2414.13	92077.86	979.55	53	0.75	3.00	1.26	0.40
5	155.16	40.06	41.99	21.11	27.11	1797.90	57260.87	689.89	47	0.80	2.00	1.19	0.28
6	155.95	39.15	13.03	34.24	16.50	1774.21	26207.48	970.65	16	0.50	2.25	1.48	0.49
7	156.87	40.65	87.68	32.10	25.90	2611.11	57226.83	1144.54	29	0.40	3.36	1.56	0.65
8	154.31	40.42	25.44	31.60	23.72	2354.71	62627.65	869.83	48	0.47	2.00	1.17	0.32
9	155.25	40.95	75.26	30.64	24.74	2381.03	72219.48	1046.66	41	1.00	2.00	1.42	0.42
10	157.17	41.60	30.74	34.35	32.11	3464.98	207055.76	1725.46	64	1.00	4.00	1.70	0.77
11	152.41	42.05	76.14	48.27	59.63	9042.54	504158.75	3762.38	92	0.50	3.00	1.16	0.46
12	157.53	44.04	72.58	41.49	34.02	4434.14	780787.28	3598.10	116	1.00	6.00	2.65	0.83
13	154.27	43.34	73.88	32.09	44.38	4473.01	541231.90	3260.43	92	0.30	6.00	2.16	1.01
14	155.13	42.32	59.75	31.32	43.32	4263.02	628816.98	2794.74	118	0.77	4.30	2.00	0.60
15	156.67	43.08	81.29	32.59	36.64	3750.89	655256.36	3395.11	97	1.00	6.50	2.93	1.16
16	155.75	44.16	46.00	34.79	38.35	4190.93	738327.02	3371.36	114	1.00	12.00	2.60	1.26

7.1.3   聚类影响因素分析

本节西北太平洋柔鱼资源在不同的年份呈现不同的聚类分布、不同的聚类簇，聚类影响因素可能源于以下三点。

1. 渔区网格大小的影响

在空间聚类分析中，不使用原始数据是因为在作业时渔船并不是固定的，每次记录的渔获量分布在一个区域内，而不是在一个坐标点上，即在一个范围内进行捕捞活动，需要记录在这个范围内的渔获量。同时，在渔业资源研究中，广泛认为如果选择数据的分辨率越高（渔区越小），数据值就越接近原始数据，空间特性越能够被显现出来；而分辨率越低（渔区越大），相同面积下渔区数量越少，获取的数据点越少，有可能改变原始数据的空间特性。另外，原始数据原本具有聚类关系，如果渔区选择过大有可能使获得的数据失去原有空间特性，从而不具备聚类关系，甚至可能变成随机数据。

2. 聚类类别数的影响

遵循各聚类本身尽可能形态紧凑，而各聚类之间尽可能分开的准则，选择最佳聚类类别数。聚类类别数过多容易导致聚类本身特点不明显，聚类结果冷点与热点过多，不易提取渔业资源的特征；聚类类别数过少则不易进行分类，在分类后提取不了有效数据，区分不出冷点和热点。

3. 海洋环境因素的影响

柔鱼是一年生的短生命周期种类，其资源极易受海洋环境的影响，包括 SST、chl-a 和海流等。研究普遍认为，柔鱼鱼群分布密度尤其与温度密切相关，其中与水温的垂直分布也存在密切关系，水温差越大，CPUE 越高。

海洋初级生产力（可体现为 chl-a 浓度）是海洋生物生产力的基础，它决定着海洋生物的储量、分布和变化。王文宇（2005）分析了 2003 年西北太平洋 chl-a 分布月平均值，根据结果将 chl-a 分布分为春、夏、秋、冬四种分布类型，定义黑潮锋线是 chl-a 分布月平均值 $0.2mg/m^3$ 组成的线，亚极锋线是 $0.35mg/m^3$，千岛锋线是 $0.5mg/m^3$。柔鱼的产卵位置和洄游分布大部分集中在 chl-a 浓度为 $0.25\sim0.5mg/m^3$ 的海域。

此外，柔鱼渔场的形成和消失会受到海流分布及变动的影响，流系的变化对中心渔场位置和汛期也有重要影响（陈新军等，2011）。不同的海流流系有不同的温盐理化性质，并且不同海流流系的交汇作用使得交汇海域的温盐理化性质发生剧烈变化。不同鱼类对温盐理化性质的适应性不同，所以在海流交汇海域含有丰富的鱼类。黑潮和亲潮的交汇作用对西北太平洋柔鱼渔场形成有着至关重要的作用，通常在亚热带暖水和亚极地冷水交汇区以及向北延伸的暖水舌海域附近会出现柔鱼高产渔区。柔鱼喜欢聚集在暖水前锋，同样在黑潮与亲潮的交汇地区，柔鱼渔场更容易形成。国内研究认为，在黑潮较强、亲潮较弱的年份，黑潮北上的各分支向势力较为强劲，使得 5 月以后海区的温度快速上升，柔鱼受到影响也随之向东北回游，柔鱼渔场中心位置向东北方向移动；在黑潮较弱、亲潮较强的年份，海区温度缓慢上升，中心渔场向西北方向移动（陈新军等，2011）。

7.2 西北太平洋柔鱼资源空间模式分析

7.2.1 描述性统计和全局模式

本节分别使用描述性统计和全局 Moran's I（表 7-5）研究西北太平洋柔鱼的空间模式，并绘制了四年数据的频数分布（图 7-3）。表 7-5 显示，2009 年的 CPUE 最大值（7.2）和 CPUE 平均值（2.2558）在所有年份中都是最小的，表明 2009 年的西北太平洋柔鱼捕获量最低（8878t）。其他年份的 CPUE 平均值较大，2007 年、2008 年和 2010 年的渔获量分别为 29872t、26906t 和 15862t。尽管偏态都是正值，但 2007 年仅为 0.1011，表明尽管左右尾几乎相等，存在一个轻微的左倾偏态（图 7-3）。在其他 3 年中，随着偏态变大，左倾偏态更明显，表明左尾更短，分布的质量集中在图的左侧（图 7-3）。2007 年和 2008 年的峰态小于 3，呈低峰态分布；2009 年和 2010 年的峰态大于 3，呈尖峰态分布（图 7-3）。2007 年和 2009 年的变异系数都较小，表明西北太平洋柔鱼的空间变化较小；而 2008 年和 2010 年的变异系数较大，表明西北太平洋柔鱼的空间变化较大。

表 7-5 显示，Moran's I 为正值，表明西北太平洋柔鱼的空间分布呈现一定程度的聚类。2009 年的聚类特征并不像其他年份那样明显，其 Moran's I 仅为 0.2930，但是莫兰指

数的 z 得分较高且 p 值 <0.01，也显示出西北太平洋柔鱼有一定的聚集分布。

表 7-5　西北太平洋柔鱼的描述性统计量和全局 Moran's I

类别	指标	年份			
		2007	2008	2009	2010
描述性统计量	最大 CPUE	10.0000	10.6000	7.2000	15.0000
	平均 CPUE	4.3568	3.0276	2.2558	2.5953
	标准偏差	2.7786	2.8167	1.3376	2.5283
	偏态	0.1011	0.8875	1.0122	2.4283
	峰度	1.9500	2.6803	4.2574	9.7620
	变异系数	0.6378	0.9303	0.5930	0.9742
全局 Moran's I	指数	0.4556	0.9267	0.2930	0.5949
	z 得分	11.4085	12.2196	9.5569	27.2698
	p 值	0.0000	0.0000	0.0000	0.0000

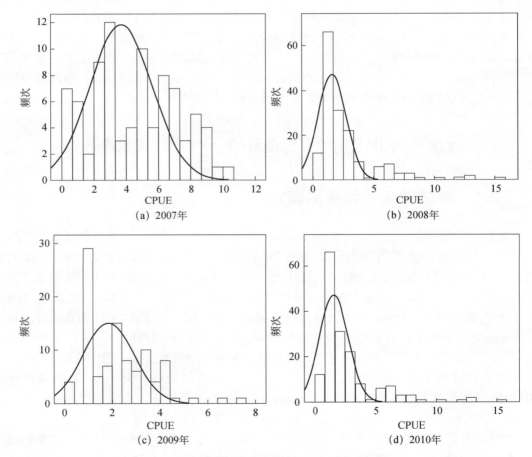

图 7-3　西北太平洋柔鱼的 CPUE 直方图和实际分布

7.2.2　西北太平洋柔鱼资源的热点和冷点

如图 7-4 所示，使用 Getis-Ord G_i^* 方法研究西北太平洋柔鱼的 CPUE 空间热点和冷点。在 ArcGIS 中进行 Getis-Ord G_i^* 的计算，每个 CPUE 点都返回 z 得分和 p 值。对 z 得分进行分类，并生成 2007～2010 年的热点和冷点图。图 7-4 中，基于多边形的 z 得分图使用克里金插值得到，并进行点渲染。在没有 CPUE 点的情况下，内插结果的 z 得分精度不高。然而，本节案例有足够数据点支持的热点和冷点，不受空间插值的影响。在所有冷热点中，2009 年的冷点面积最小，并且得到的数据点数量最少。因此，与其他年份相比，其可靠性相对较低。

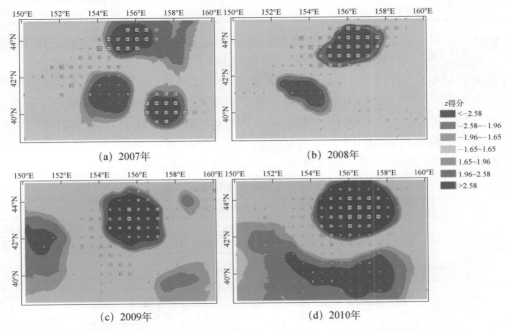

(a) 2007年　　(b) 2008年

(c) 2009年　　(d) 2010年

图 7-4　西北太平洋柔鱼具有统计学意义（p 值=0.01）的热点和冷点（2007 年）

根据 Getis-Ord G_i^* 指标分布图中基于多边形的 z 得分计算了四年的热点/冷点百分比，包括 7 种类型的统计数据（图 7-4）。由表 7-6 可知，2007 年和 2008 年热点分别占研究区的 8.2% 和 5.8%；2009 年和 2010 年热点面积分别上升到 10.2% 和 16.4%。2007 年、2008 年和 2009 年冷点面积分别占研究区面积的 5.6%、3.1% 和 2.9%；2010 年冷点面积占研究区总面积的 11.9%。该变化表明，"低 CPUE 值被类似的低 CPUE 值包围"（即冷点）的区域在 2010年大幅增加。2008 年研究区 p 值大于 0.01 的区域为 91.1%，2007 年、2009 年和 2010 年也分别达到了 86.2%、86.9% 和 71.7%，表明研究区大部分地区既不是热点，也不是冷点。表 7-6 同时显示，2007～2009 年中国大陆鱿钓渔船报告中的近一半柔鱼是在柔鱼渔场空间热点开展作业的，而这一比例在 2010 年达到了 68.8% 的峰值。针对（−1.65，1.65）之间的 z 得分，海区渔获率不显著区域的面积排名第二，主要原因是这些海区面积占主导地位。

表 7-6　不同热点类别的面积和渔获量（2007～2010 年）

z 得分	2007 年		2008 年		2009 年		2010 年	
	面积/%	渔获量/%	面积/%	渔获量/%	面积/%	渔获量/%	面积/%	渔获量/%
<−2.58 冷点	5.6	10.4	3.1	5.9	2.9	0.4	11.9	9.1
[−2.58, −1.96)	2.8	2.9	2.1	3.2	9.2	0.2	18.6	5.4
[−1.96, −1.65)	2.3	1.0	1.6	1.5	11	1.0	10.7	1.7
[−1.65, 1.65)	65.5	32.4	82.9	27.4	61.5	35.5	38.7	10.1
[1.65, 1.96)	5.4	2.9	1.7	6.2	1.9	2.7	1.3	1.8
[1.96, 2.58]	10.2	3.7	2.8	10.4	3.3	9.1	2.4	3.1
>2.58 热点	8.2	46.7	5.8	45.4	10.2	51.1	16.4	68.8

　　此外，寒带渔获率低得多，但并不是每年都是最低的。因此，本节还验证并详细分析了每个热点和冷点的位置和 CPUE 分布。表 7-7 显示了热点/冷点的边界，包括点数、最小值、最大值和平均 CPUE 以及标准差。西北太平洋柔鱼在 2007 年有 2 个热点和 1 个冷点，而在 2008～2010 年每年只有 1 个热点和 1 个冷点。2007 年的热点分别位于研究区的北部和南部，北部的热点包括 10 个数据点，平均 CPUE 为 7.9 t/d，占研究区域的 4.9%；南部区域的平均 CPUE 为 6.9 t/d，占研究区域的 3.3%。2007 年的冷点由 13 个数据点组成，占研究区域的 5.6%，其平均 CPUE（1.9 t/d）远低于热点。

表 7-7　空间热点和冷点的位置和 CPUE 的经典统计量（2007～2010 年）

类别	2007 年			2008 年		2009 年		2010 年	
	北热点	南热点	冷点	热点	冷点	热点	冷点	热点	冷点
南-纬度	43.2	39.4	40.0	42.7	40.3	41.5	41.1	41.9	38.6
北-纬度	44.9	41.0	42.1	44.6	41.8	44.4	42.9	45.0	41.2
西-经度	154.6	156.6	153.4	154.9	152.4	154.4	150.0	154.3	152.6
东-经度	156.6	158.3	155.7	157.6	154.7	157.2	151.8	158.4	158.4
面积/%	4.9	3.3	5.6	5.8	3.1	10.2	2.9	16.4	11.9
数量/%	10.0	11.0	13.0	20.0	10.0	30.0	4.0	46.0	29.0
最小 CPUE/（t/d）	6.0	3.0	0.3	2.8	0.1	0.9	0.4	1.0	0.2
最大 CPUE/（t/d）	10.0	9.5	3.7	10.6	1.2	7.2	1.5	15.0	2.5
平均 CPUE/（t/d）	7.9	6.9	1.9	7.3	0.4	3.3	1.0	5.2	1.1
标准差	1.3	2.0	1.2	2.1	0.3	1.5	0.5	3.3	0.5

　　2008 年的热点在空间上接近 2007 年北部的热点，但前者的面积略大（5.8%，表 7-6）。表 7-7 显示，2008 年的热点包括 20 个数据点，平均 CPUE 为 7.3 t/d；而冷点包括 10 个数据点，占据研究区域的 3.1%，平均 CPUE 仅为 0.4 t/d，是 2007～2010 年中最低的。2009 年的热点包括 30 个数据点，占研究区域的 10.2%，平均 CPUE 为 3.3 t/d，远低于 2007 年和 2008 年；同时 2009 年的冷点仅包括 4 个数据点，占研究区域的 2.9%，平均 CPUE 为 1.0 t/d，其值小于 2007 年和 2010 年，大于 2008 年。此外，2010 年的热点在空间上接近 2007 年、2008 年和 2009 年的北部热点，共包括 46 个数据点，平均 CPUE 为 5.2 t/d，其面积（占

16.4%）大于其他三年；2010 年的冷点包括 29 个数据点，占研究区域的 11.9%，面积远大于其他 3 年，平均 CPUE 为 1.1 t/d，小于 2007 年，但大于 2008 年和 2009 年。

7.2.3　热点和冷点的年变化

1. 热冷点边界的年变化

对 2007 年和 2008 年、2008 和 2009 年，以及 2009 和 2010 年之间进行了三次热点和冷点变化图的比较（图 7-5）。从比较图中仅识别出两个类别，即持续性热点和持续性冷点。本节未考虑与统计上不显著区域有关的其他类别比较，这些区域在空间和时间上通常不是中心渔场。这些类别包括区域冷热点的持续性不强，z 得分范围为 $-2.58\sim2.58$，区域之间的变化不具有统计意义，或热点/冷点和区域之间的变化在统计上并不显著。

图 7-5（a）中 2007 年和 2008 年的比较显示，1 个冷点状态不变，其中心位于（154°E，40.5°N）；1 个热点状态不变，其中心位于（156°E，44°N）。2008~2010 年，即 2009 年和 2008 年相比、2010 年和 2009 年相比，仅有 1 个状态不变的热点，其中心位于（155.8°E，43°N）。中心位于（156°E，43.5°N）的区域在 2007~2010 年呈现为持续的热点，是西北太平洋柔鱼研究区域的关键中心渔场。此外，图 7-5 中的"其他"（即区域之间的变化不明显的区域）这一类别占研究区域绝大部分。

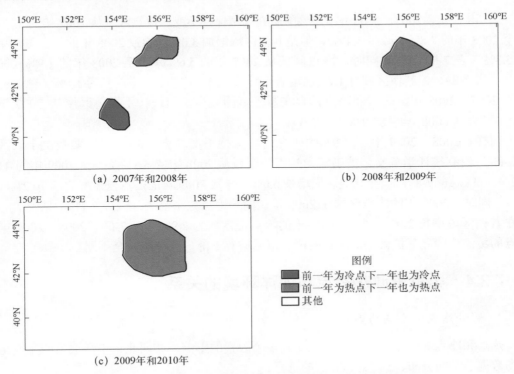

(a) 2007年和2008年　　　　　　　　　(b) 2008年和2009年

(c) 2009年和2010年

图 7-5　2007~2010 年西北太平洋柔鱼热点和冷点边界的年变化

图例

■ 前一年为冷点下一年也为冷点
■ 前一年为热点下一年也为热点
□ 其他

2. 热冷点区域面积的年变化

使用逐像元比较得出不同年份之间的变化矩阵，2007～2010 年每两个相邻年份之间的面积变化显示了西北太平洋柔鱼的热点和冷点的年度变化（表 7-8）。持续性热点或者冷点表明两个相邻年份之间是具有一致性的，由于所研究的总面积是恒定的，所以减少量等于增加量。

表 7-8   西北太平洋柔鱼热冷点年度面积变化（%）

z 得分	2007 年对比 2008 年			2008 年对比 2009 年			2009 年对比 2010 年		
	减少	保持不变	增加	减少	保持不变	增加	减少	保持不变	增加
<-2.58	3.7	1.9	1.2	3.1	0.0	2.9	2.9	0.0	11.9
$[-2.58, -1.96)$	2.5	0.3	1.8	2.1	0.0	9.2	6.8	2.4	16.2
$[-1.96, -1.65)$	2.2	0.1	1.5	1.4	0.2	10.8	8.1	2.9	7.8
$[-1.65, 1.65)$	4.0	61.5	21.4	30.5	52.4	9.1	30.6	30.9	7.8
$[1.65, 1.96)$	5.2	0.2	1.5	1.7	0.0	1.9	1.8	0.1	1.2
$[1.96, 2.58]$	9.2	1.0	1.8	2.7	0.1	3.2	2.9	0.4	2.0
>2.58	5.4	2.8	3.0	1.6	4.2	6.0	1.1	9.1	7.3
总计	32.2	67.8	32.2	43.1	56.9	43.1	54.2	45.8	54.2

表 7-8 显示，2007～2008 年 67.8%的研究区域保持不变。热点区域从 2007 年的 8.2%缩减至 2008 年的 2.8%（减少 5.4%），但是其他区域增加 3.0%，导致 2008 年的热点覆盖率达到 5.8%（表 7-6）。与此同时，冷点区域从 2007 年的 5.6%减少至 2008 年的 1.9%（减少 3.7%，表 7-8），但其他区域有 1.2%的增长，导致 2008 年的冷点覆盖率为 3.1%（表 7-6）。表明 2007～2008 年，热点和冷点都存在覆盖范围减少，但统计不显著区域从 2007 年的 65.5%扩大到 2008 年的 82.9%（表 7-6）。

同样，2008～2009 年，56.9%的研究区域保持不变（表 7-8），这主要是由于该区域（52.4%）没有统计学意义。被确定为热点的区域从 2008 年的 5.8%减少至 2009 年的 4.2%（减少 1.6%，表 7-8），但在其他区域增长 6.0%，导致 2009 年的热点覆盖率达到 10.2%（表 7-6）。同时，2008 年的冷点区域在 2009 年在同一地点完全消失（减少 3.1%，见表 7-8），但在其他区域增长 2.9%，导致 2009 年的冷点覆盖率为 2.9%（表 7-6）。2008～2009 年，热点的覆盖范围显著扩大，但冷点的覆盖范围略有下降，且位置完全不同。

7.2.4   柔鱼资源热冷点与海洋环境的关系

1. 影响热点和冷点的因子

热点和冷点的确定在一定程度上受到多个因素的影响，如西北太平洋柔鱼的月变化、渔场数据的空间分布、z 得分和 p 值的选择。

由于归一化 CPUE 是基于 2007～2010 年 7～11 月的 5 个月计算的，因此月变化对结果产生的影响是很显然的。通过 ArcGIS 的中心特征工具，可以计算 7～11 月渔场的质心

（Mitchel，2005）。这些质心的空间位置在同一年不同月份比较接近。结果表明，尽管柔鱼的空间分布每月都发生变化，但这种变化对结果的影响非常有限（Chen et al.，2012）。

商业捕捞数据的空间分布，包括 CPUE 和渔获量，基本都会影响热点和冷点的分析结果。事实上，统计显著的热点和冷点是同一研究区域的不同子区域之间进行比较的结果。显然，热点基本上是中心渔场，绝大多数渔获量来自这些地区（表 7-6）。此外，表 7-7 显示热点和冷点与不同的海域相关，这些区域具有独特的位置特征和 CPUE 统计特征。这些特征统计量表明，渔获量高的区域可能会产生热点，而渔获量低的区域则会产生冷点。总体而言，渔场资源的空间热点和冷点的变化是对中心渔场变化的反映（Feng et al.，2014）。

z 得分（p 值）的选择也会影响热点和冷点，因为它们是定义热点或冷点的基准。本节采用大于 2.58 或小于 −2.58 的 z 得分来定义热点和冷点，对应拒绝零假设的置信度 99%。此外，对应 95%置信水平（$p=0.05$）的 z 得分小于 −1.96 或大于 1.96 也可用于定义热点或冷点（Mitchel，2005）。与 0.01 的 p 值方案相比，0.05 的 p 值方案的热点和冷点面积显著增加。但是，0.05 的 p 值方案不能得到捕捞数据的充分支持和印证，导致空间模式分析的可靠性降低，因此本节使用 0.01 的 p 值方案而非 0.05。

年度变化分析显示，仅 2007～2010 年观察到持续性热点和持续性冷点，同时未确定从冷点到热点或从热点到冷点的区域变化（图 7-5）。这表示，该区域不太可能在热点和冷点之间实现转换状态。某一年内没有统计显著且没有足够捕捞点的区域，在下一年可能改变为热点，即渔场的具体位置可能发生变动，这可以通过表 7-8 中的热点得到印证，表明形成了新的中心渔场。前一年没有统计意义的区域中，有一部分也变成了冷点，表明可能受海洋环境的影响从而 CPUE 降低，即资源量减少。

2. 海洋环境对热点和冷点的影响

研究表明，远洋鱼类（例如柔鱼）具有迁徙行为，并且日夜垂直运动，这可能是由物种栖息的海洋环境变化引起的。多个海洋环境因子是导致中心渔场变化的主要因素，其中包括亲潮寒流、黑潮暖洋流、SST、chl-a 浓度和全球气候变化等（Ichii et al.，2011；Wang et al.，2010）。为了分析海洋环境对热点和冷点的影响，选择月平均 SST 和月平均 chl-a 浓度两个重要因素，并在 ArcGIS 中将其处理为等值线（图 7-6 和图 7-7）。

从图 7-6 中可以看出，4 年的月平均海温均在 8 月最高，9～11 月逐渐下降。2007 年北部热点主要由 8 月、9 月平均海温在 15℃ 左右的暖黑潮北侧高渔获量形成；而南部热点主要是 7 月的高捕鱼量，暖黑潮南侧平均海温在 15～18℃。2008 年的热点主要是 7 月、8 月、9 月的高渔获量，平均海温在 15℃ 左右，与黑潮暖流相关；而该年的冷点主要是由其他海温较高地区的 8 月、9 月低渔获量形成的。2009 年热点主要由 7 月、8 月、10 月介于暖黑潮和冷亲潮之间的高捕获量形成，平均海温在 15℃ 左右；但是，低 CPUE 的少数数据点形成的冷点不能归因于 SST。2010 年热点主要由除 10 月外的其他月份的高渔获量形成；在其他海温较高的区域，以月均低渔获量为主形成冷点。

从图 7-6 中还可以看出，2007～2010 年西北太平洋亲潮冷流较弱，仅影响了研究区域的小部分，而黑潮暖流在西北太平洋海域占主导地位，导致 2007 年大部分传统渔场的收获良好（Chen et al., 2012）。与 2007 年相比，2008 年的 CPUE 在（157°E，44°N）附近较高，而在（157°E，40°N）附近较低。2010 年黑潮暖流相对较弱，亲潮冷流相对较强，最佳捕捞季节的渔场随亲潮冷流移动。2010 年的热点和冷点地图显示，热点位于 42°N 以北，冷点位于 42°N 以南。由空间自相关识别的空间模式与研究区域的融合基础一致，揭示了柔鱼资源的聚类分布和中心渔场的位置。

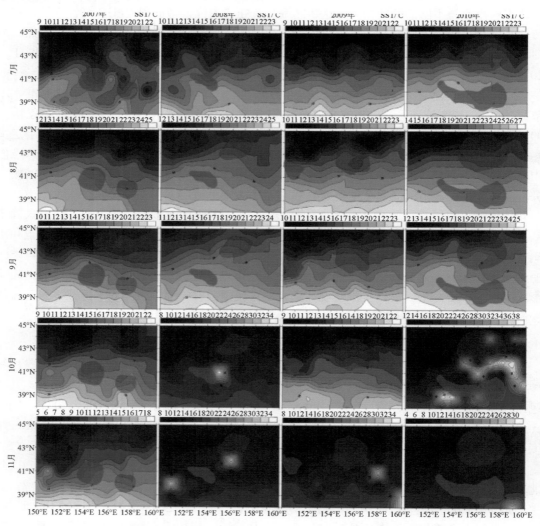

图 7-6　2007～2010 年西北太平洋月平均 SST 与热点（红色）和冷点（蓝色）的关系

除了 SST 之外，chl-a 的浓度是影响西北太平洋柔鱼空间模式的另一个重要因素。一般来说，过渡带会存在 chl-a 浓度锋，即 TZCF（Ichii et al., 2011）。TZCF 是低 chl-a 浓度的亚热带区域和高 chl-a 浓度的亚北极区域之间的边界。TZCF 中的 chl-a 浓度约为 0.2 mg/m³，且柔鱼通常在 TZCF 的北部海域觅食。图 7-7 显示月平均 chl-a 浓度及柔鱼的热点和冷点模式的叠加。

图 7-7 显示，7～8 月的 TZCF 呈北移趋势，9～11 月的 TZCF 呈南移趋势。这些发现基本上与其他研究结果一致（Ichii et al.，2011）。图 7-7 还表明，除 9 月和 11 月外，2007 年北部和南部热点的 chl-a 浓度都高于 0.3 mg/m³。相比之下，除了 2007 年 8 月和 10 月外，冷点的 chl-a 浓度都低于 0.3 mg/m³。2008 年除了 7 月，热点的 chl-a 浓度高于 0.3 mg/m³；除 8 月和 10 月（与 2007 年相同）外，冷点的 chl-a 浓度低于 0.3 mg/m³。2009 年的 chl-a 浓度在热点和冷点均高于 0.3 mg/m³。可能是因为该年度的冷点只是由低 CPUE 的少数数据点形成的，也不能归因于 chl-a 浓度的影响。除 10 月和 11 月之外，2010 年 chl-a 浓度在热点高于 0.3 mg/m³，在冷点低于 0.3 mg/m³。

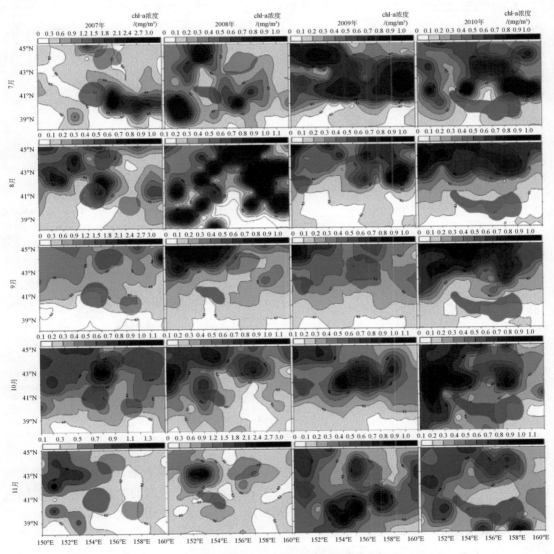

图 7-7　西北太平洋月平均 chl-a 浓度与热点和冷点的关系（2007～2010 年）

7.3 空间聚集特征分析

7.3.1 数据可视化与分析

本节采用原始数据点在不划分网格的条件下，以（150°E～160°E，38°N～45°N）为研究区域（图7-8），从空间视角研究西北太平洋柔鱼资源的热冷点分布及变动，该数据由中国远洋渔业协会鱿钓技术组提供，包括2007～2010年盛渔期的7～11月。

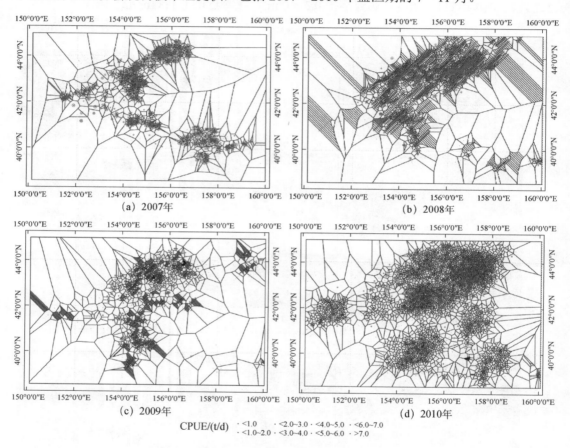

CPUE/(t/d)　· <1.0　· 2.0~3.0　· 4.0~5.0　· 6.0~7.0
　　　　　　· <1.0~2.0　· 3.0~4.0　· 5.0~6.0　· >7.0

图 7-8　研究区域、CPUE 数据及 Voronoi 图划分

为了更好地分析柔鱼资源的空间热冷点格局，本节采用原始数据，即图7-8中的点状实体来开展进一步分析。在该数据集中，每个数据点包括捕捞生产的船名、时间、空间位置、作业次数和渔获量等信息。首先，将数据点的值换算为 CPUE，代表每年的柔鱼资源丰度。该数据集中，2007年、2008年、2009年和2010年分别包含2212个、8228个、6964个和7918个数据点，对其进行经典统计学计算，见表7-9。经典统计显示，2007～2010年柔鱼CPUE的最小值较为相近，但是最大值差异较大，其中2007年和2008年均为18.00 t/d，2010年为15.00 t/d，而2009年为7.20 t/d，为4年中最低值。2007年平均产值为 5.03 t/d，表明 2007 年柔鱼产值为 4 年中最高值；2009 年平均产值为 4 年中最低值，表明 2009 年西北太平洋柔鱼产值较低。2007～2010 年的偏度均大于 0，表明频数分布均为正偏。2007 年的峰度小于 3，呈现平峰分布，表明高产值海域较多；2008～2010 年的峰度大于 3，呈现尖峰分布，表明低产值海域较多。此外，分位数和中位数也显示了同样的结论。

表 7-9　西北太平洋柔鱼资源经典统计学描述

统计量	2007 年	2008 年	2009 年	2010 年
样本数/个	2212	8228	6964	7918
最小 CPUE/（t/d）	0.10	0.20	0.15	0.20
最大 CPUE/（t/d）	18.00	18.00	7.20	15.00
平均 CPUE/（t/d）	5.03	3.83	1.57	2.12
标准差	2.73	2.39	0.98	1.50
偏度	0.98	1.29	1.31	2.00
峰度	1.39	5.37	5.26	6.88
1/4 分位数/（t/d）	3.00	2.00	0.80	1.00
中位数/（t/d）	5.00	3.00	1.20	2.00
3/4 分位数/（t/d）	7.00	5.00	2.00	3.00

此外，选取月平均海表温度（monthly mean SST）和月平均 chl-a 浓度（monthly mean chl-a concentration）分析海洋环境对柔鱼资源空间聚集特征的影响。根据前述章节，海洋环境源数据为遥感影像，由国际海洋水色协调工作组（IOCCG）提供；有年平均和月平均 SST 和 chl-a 等数据可供选择，最高空间分辨率为 4km。

7.3.2　基于 Voronoi 图的渔业资源空间表达

Voronoi 图是 TIN 的对偶形式，由一组连接两个邻点直线的垂直平分线构成的多边形组成（Longley et al.，2001）。在 Voronoi 图中，n 个在平面上不同的点，按照最邻近原则划分平面，每个点与它的最近邻区域相关联（Mitchel，2005）。通过 Voronoi 图构造，可以将点状实体覆盖的区域转化为面域，从而进行基于面域的渔业资源空间分析。

柔鱼原始数据是以点实体的方式存在的，然而渔业资源的分布在空间上却是连续的。从 GIS 方法学角度来看，这种连续的分布是以面实体的方式存在的，因此可以利用 Voronoi 图将点数据转换为面数据。利用 ArcGIS 中的 Voronoi 构图功能（Mitchel，2005）建立渔获量数据区，有助于准确获取柔鱼资源聚集特征的空间面状范围。

本节基于鱿钓船的西北太平洋柔鱼资源原始点位数据，通过 Voronoi 图界定每个点的空间影响范围。与其对偶形式 TIN 不同，Voronoi 图产生的并不是影响范围的凸包（冯永玖等，2014b），而是覆盖了整个研究区。通过影响范围的生成，在研究区内每个空间位置均有 CPUE 数据。在利用局部空间自相关进行空间热冷点评估中，其结果也同样会覆盖整个研究区，继而将得到对整个区域渔业资源的全面认知。

7.3.3 基于空间自相关的柔鱼资源聚集特征

1. 全局空间自相关与整体格局

本节根据前述方法测算了柔鱼样本数据的全局空间自相关统计量，包括 Moran's I 和 General G 及其相关的 z 得分和 p 值（表 7-10）。表 7-10 中 Moran's I 和 General G 均为正值，且所有 p 值均小于 0.001，表明西北太平洋柔鱼资源 2007~2010 年均呈现高产值聚集状态。从 Moran's I 值来看，聚集性从强到弱依次为 2010 年、2008 年、2007 年和 2009 年，z 得分指示的趋势与 Moran's I 值一致；而从 General G 值来看，聚集性从强到弱依次为 2009 年、2007 年、2010 年和 2008 年，z 得分指示 2008~2010 年为高产值聚集，而 2007 年 z 得分为负值，则表示低产值聚集。可以看到，两种全局自相关统计结果稍有差异，但都同样指示了西北太平洋柔鱼资源的聚集分布状态。

表 7-10　西北太平洋柔鱼资源全局空间自相关统计量（2007~2010 年）

指标	项目	2007 年	2008 年	2009 年	2010 年
全局 Moran's I 指数	指数	0.1619	0.1902	0.0506	0.2453
	z 得分	177.8163	208.571	101.4263	409.6437
	p 值	<0.001	<0.001	<0.001	<0.001
General G 指数	指数	0.1244	0.0474	0.1795	0.1127
	z 得分	−7.343	12.6604	5.471	44.8365
	p 值	<0.001	<0.001	<0.001	<0.001

2. 局部空间自相关与空间热冷点

可以利用前述方法对柔鱼样本数据进行计算，并通过 GIS 渲染产生可视化热冷点图，在 ArcGIS 中的实现过程如图 7-9 和图 7-10 所示。图 7-9 是利用 ArcGIS 的 Modelbuilder 建模器进行热冷点的统一处理，主要借助热点分析工具来实现，即 ArcToolbox—Spatial Statistics Tools—Mapping Clusters—Hot Spot Analysis（Getis-Ord G_i^*），也可以将建好的模型保存，如图 7-10 所示，以备后续反复使用，也可以进行批处理使用。

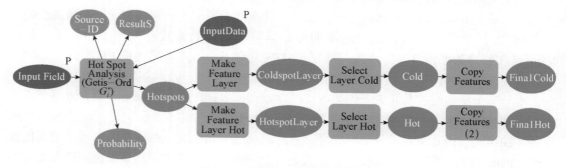

图 7-9　空间热冷点的处理方法

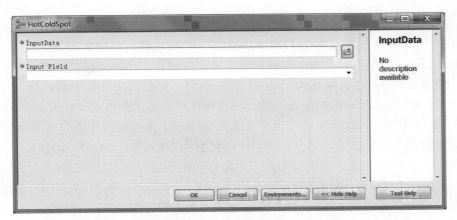

图 7-10　保存的 HotColdSpot 分析模型界面

对基于面状的 CPUE 数据进行局部空间自相关计算，从而探测西北太平洋柔鱼资源的热冷点区域，并以渲染的方式进行空间可视化（图 7-11）。同时，基于面状热冷点区域，进一步以椭圆方式标识柔鱼资源的热冷点区域，以更加直观的方式呈现热冷点的面积和方向性。

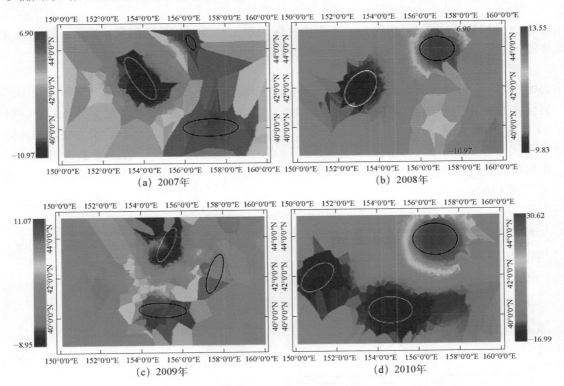

图 7-11　2007～2010 年西北太平洋柔鱼资源空间热冷点分布特征

图 7-11 表明，2007 年研究区内柔鱼资源有 2 个热点区域和 1 个冷点区域，其中一个面积较小的热点区域中心位置为（156.5°E，44.5°N），呈南北向分布态势，另一个热点区域中心位置为（157°E，40°N），其面积大于前一个热点，呈东西向分布态势；唯一的冷

点区域中心位置为（154°E，43°N），呈南北向分布态势。根据热冷点的渔业资源学意义，冷点的平均 CPUE 较小且分布密集，热点的 CPUE 较大且分布密集，且第一个热点的 CPUE 比第二个热点大。2008 年具有 1 个热点区域和 1 个冷点区域，其中热点中心位置为（157°E，44°N），其面积大于 2007 年的热点，呈东西向分布态势；冷点中心位置为（153°E，42°N），呈东西向分布态势。2009 年同样具有 2 个热点区域和 1 个冷点区域，但其格局与 2007 年和 2008 年的差异非常大，其中一个热点区域中心位置为（157.5°E，42°N），呈南北向分布态势，另一个热点中心位置为（155°E，40.5°N），呈东西向分布态势，两个热点的面积接近，但前一个热点柔鱼资源小于后一个；唯一的冷点区域中心位置为（155.5°E，43.5°N），呈南北向分布态势。2010 年具有 1 个热点区域和 2 个冷点区域，唯一的热点中心位置为（157°E，43.5°N），不具有显著的分布方向性；此外，一个冷点区域中心位置为（151°E，42°N），呈南北向分布态势，另一个冷点中心为（154.5°E，40.5°N），呈东西向分布态势，两个冷点覆盖的区域面积接近，其中后一个冷点的柔鱼资源小于前一个，即后一个区域作为冷点的特征更加显著。

3. 空间热冷点的变动

为了探测 2007～2010 年研究区内柔鱼资源的热冷点格局变动，将各年份椭圆状热冷点进行叠加显示［图 7-12（a）］，其中黑色椭圆表示热点，蓝色椭圆表示冷点；并综合 4 年热冷点计算结果，对研究区柔鱼资源的整体格局进行总体评估［图 7-12（b）］。

图 7-12（a）表明，156°E 以东以热点为主，而 156°E 以西以冷点为主，这说明 150°～156°E 范围内平均产值和资源低于 156°～160°E。图 7-12（b）表明，总体评估下研究区内存在 1 个强热点，中心轴接近 157°E，呈南北向分布态势；存在 1 个弱热点，以 40°N 为中心轴，呈东西向分布态势；存在 1 个强冷点，中心轴为北偏东45°方向，东西向和南北向分布范围大致相同。在这 3 个热冷点区域中，强热点覆盖的区域在 2007～2010 年每年均表现为热点，弱热点覆盖的区域在 4 年间表现为热点和冷点互相转化，而强冷点覆盖的区域在 4 年间均表现为冷点。

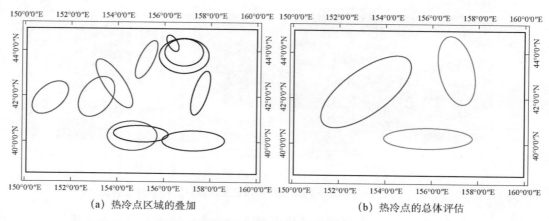

（a）热冷点区域的叠加　　　　　（b）热冷点的总体评估

图 7-12　西北太平洋柔鱼资源热冷点的变动（2007～2010 年）

（a）图中，黑色椭圆表示热点，蓝色椭圆表示冷点；（b）图中，红色椭圆表示强热点，
粉色椭圆表示弱热点，蓝色椭圆表示冷点

　　从柔鱼资源的空间热冷点分布格局可见，2007～2010 年热点和冷点分布不均，2008年热冷点中心位置接近 2007 年，但是 2007 年位于 40°N 的热点在 2008 并未聚集为热点；2009 年和 2010 年与前两年差异较大，特别是 2010 年出现了 2 个冷点和 1 个热点的情况。从热点分布的面积来看，其与平均单船产值数据有所联系。报告显示 2007 年和 2008年为高产年份，全年产值均超过 400 t/d，2007 年高于 2008 年；热冷点格局显示 2007 年的热点区域面积大于 2008 年，2009 年和 2010 年为低产年份，均不超过 220 t/d，热冷点格局恰好又验证了这一点，其热点区域明显小于 2007 年和 2008 年。

7.3.4　空间热冷点与海洋环境的关系

1. 空间热冷点与 SST 的关系

　　柔鱼群体本身有洄游和昼夜垂直游动等生活习性，驱使其形成这种生活习性的主要原因可能是其栖息环境的变化（陈新军等，2011）。由于现有商业捕捞数据的限制，难从垂直方向去探究柔鱼资源的空间变动模式，但是结合多时段的水平空间自相关性与海洋大环境变化，可以揭示柔鱼资源的分布格局及时间变动。本节选取影响柔鱼资源空间变动的两个重要因素：7～11 月平均 SST 和 7～11 月平均 chl-a 浓度，分析海洋环境对柔鱼资源及其空间热冷点的影响，在 ArcGIS 中处理后的 SST 等值线如图 7-13 所示。

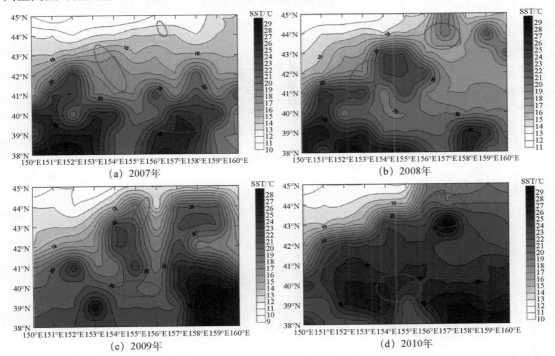

图 7-13　西北太平洋柔鱼资源热冷点区域与 7～11 月平均 SST 的关系（2007～2010 年）

红色椭圆表示热点区域，蓝色椭圆表示冷点区域

　　黑潮和亲潮是对柔鱼资源影响最为显著的海洋环境因素（陈新军等，2011；Wang et

al.，2010）。据文献记载，2007～2010 年均为非大弯曲年份，2007 年亲潮势力最弱、黑潮势力占主导地位，黑潮自 31°N 向北蜿蜒，形成的小分支影响了大部分作业渔区（冯永玖等，2014a）。图 7-13 显示，2007 年低温（低于 15℃）区域范围为 4 年中最大的，与已有文献稍有不一致；这可能是因为从 IOCCG 获取的温度遥感图像中存在无数据区域，当进行 7～11 月平均温度计算时会导致一定的误差。

文献记载 2007 年传统作业渔场大面积取得了丰收（冯永玖等，2014a），这与中国远洋渔业协会鱿钓技术组提供的产值数据一致；其中北部热点在 12～15℃ 形成，南部热点在 22～25℃ 形成，而冷点在 14～19℃ 形成。与 2007 年相比，2008 年在（157°E，44°N）附近取得了更大的产值，该热点在 15～19℃ 形成；但是在（157°E，40°N）附近产值则远小于 2007 年，该冷点在 18～22℃ 形成。Voronoi 图和热冷点格局显示，上述两个年份的热点区域面积较大，基本符合高产的推断。图 7-13 表明，2009 年热点区域面积与 2007 年相当，但是其强度小于 2007 年，且 2007 年 42°N 以北热点位于 44°N 左右，而 2009 年则在 42°N 附近，热点区域显著南移并在 19～24℃ 形成，而冷点在 13～21℃ 形成。2010 年热点区域偏于 42°N 以北海域，在 20～25℃ 形成；42°N 以南海域形成冷点，在 20～26℃ 形成。上述结果表明，热冷点形成的温度条件无显著差异，热点的温度范围较小，冷点的温度范围较大。

2. 空间热冷点与 chl-a 的关系

前述章节已强调过 chl-a 对柔鱼空间模式的重要影响，因此图 7-14 将各年空间热冷点图与 7～11 月平均 chl-a 浓度叠加显示。

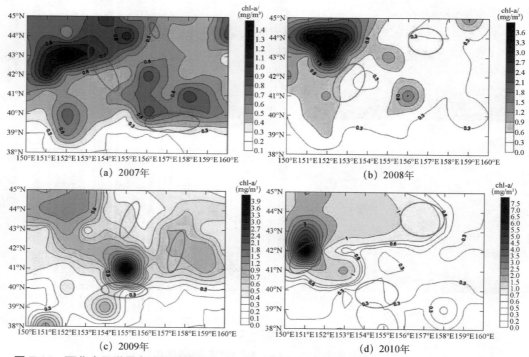

图 7-14　西北太平洋柔鱼资源热冷点区域与 7～11 月平均 chl-a 浓度的关系（2007～2010 年）

红色椭圆表示热点区域，蓝色椭圆表示冷点区域

单月平均 chl-a 遥感数据表示，总体上 7～8 月 TZCF 呈现向北移动趋势，而 9～11 月则逐步向南移动，对于具体的年份也有可能 7～9 月向北移动而 10～11 月向南移动。2007 年北部热点形成于 0.5 mg/m³ 左右，但热点面积较小，南部热点形成于 0.3～0.6 mg/m³；而冷点形成于 0.5～1.1 mg/m³。2008 年热点形成于 0.3 mg/m³ 左右，冷点形成于 0.3～0.9 mg/m³。2009 年热点形成于 0.3～0.9 mg/m³，冷点形成于 0.5～0.7 mg/m³。2010 年热点形成于 0.6～1.0 mg/m³，北部冷点形成的 chl-a 浓度>1.0 mg/m³，南部冷点形成在 0.2～0.3 mg/m³。本节表明，除了 1 个冷点区域在 chl-a 浓度>1.0 mg/m³ 的区域形成，所有热冷点区域的 chl-a 浓度均在 0.2～1.1 mg/m³，这与陈新军等（2011）的研究基本一致。

7.3.5　空间热冷点的综合讨论

从 SST 和 chl-a 浓度来看，热点和冷点均为中心渔场。从空间自相关和空间热点的理论来看，热点和冷点具有较强的聚集特性，作业渔船在热冷点区域的作业频次都较高；而非热冷点则不具有聚集特性。这同样表明热冷点均是中心渔场，热冷点分别是高产值和低产值的聚集区，这是热冷点的本质区别。渔船在热点区域的作业频次较高，且产值也较高；在冷点区域的作业频次也较高，但是产值较低；非热冷点区域存在两种可能，一种是作业频次较低，而单船单日的产值可能高也可能低；另一种是作业频次较高，但空间自相关性较低。

在方法上，国内学者通过 TIN 构建捕捞作业的有效范围（冯永玖等，2014a），并在点状空间自相关的基础上进行空间插值，生成面状空间自相关的可视化图形，该图形是不规则的。本节通过 Voronoi 图构建每个空间点数据的影响范围，进而以每个面状多边形为实体，通过局部空间自相关统计量直接计算并产生面状热冷点区域，同时提取规则椭圆状的热冷点区域。此外，与点状空间自相关的可视化结果相比，本节与国内相关研究结果均存在对热冷点区域评估过大的不足，但其优点是能充分了解捕捞作业邻近海域的热冷点归属，这是点状空间自相关无法评估的（冯永玖等，2014a）。

通过空间自相关获取的热冷点是一种相对热冷点，因为空间自相关指数是一种统计量，它是基于单个数据集产生的，描述的是单个数据集内部实体之间的依赖关系。可以对不同数据集的空间自相关统计量进行比较（Getis and Ord，1992；Mitchel，2005；Griffith，1988）。一般认为，在渔业资源中数据集 A 的热点面积大于数据集 B 的热点面积时，A 涵盖的产值比 B 高（冯永玖等，2014a）。但这种情况并非在各种条件下都成立，这是因为空间自相关描述的是依赖关系，在渔业资源研究中通过空间依赖关系推断产值的空间分布，因此它是相对的。本节 2010 年的热点区域较 2008 年略大，但其产值却低于 2008 年；当然 2010 年的冷点区域较 2008 年更大也是重要的影响因素。

实际上，通过空间插值方法（如普通克里金和指示克里金）也可以获取渔业资源的空间热冷点区域，并且与空间自相关不同的是，当用同样的产值间隔界定热冷点区域时，这种热冷点便是绝对的，不同的年份和月份之间可以进行基于产值的比较。这也是后续需要深入开展的研究工作。

7.4 秘鲁外海茎柔鱼空间聚类及其与环境的关系

7.4.1 商业捕捞和环境数据

本节以秘鲁外海茎柔鱼为例，研究的海域范围为（78°W～86°W，8°S～20°S）（图 7-15），主要探索厄尔尼诺事件对空间聚类的影响。CPUE 通常与丰度成正比，并且是空间分析中使用的主要信息，而捕捞努力量（effort）数据往往用于分析渔业捕捞（Bigelow et al.，2010；André et al.，2000）。因此此处同时使用 CPUE 和捕捞努力量来识别空间聚类，能够更好地认识和掌握秘鲁外海茎柔鱼的动态和规律（图 7-15）。图 7-15 所示包括 4 个数据集：①所有 10 年的 CPUE 数据，命名为 CPUE-ALL；②没有厄尔尼诺事件的 CPUE 数据，命名为 CPUE-WOEN；③所有 10 年的捕捞努力量数据，命名为 effort-ALL；④没有厄尔尼诺现象的钓鱼努力数据，命名为 effort-WOEN。另外，通过月均 SST 来评估海洋环境对秘鲁外海茎柔鱼的影响。月均 SST 环境数据基于 Aqua MODIS，空间分辨率为 4 km，由 NASA OceanColor Group 提供。SST 的重采样空间分辨率为 0.5°×0.5°，这样方便匹配 CPUE 和捕捞努力量数据。

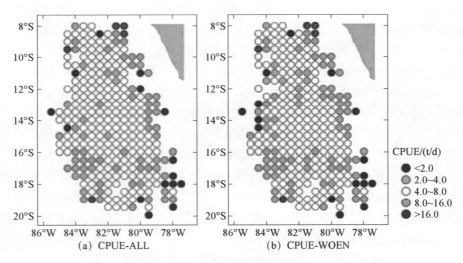

图 7-15　研究区域和渔业数据集

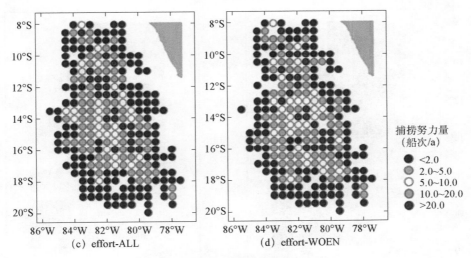

图 7-15　研究区域和渔业数据集（续）

7.4.2　基于两种不同聚类方法的秘鲁外海茎柔鱼聚类分析

1. K-means 聚类下的空间分区

使用 CrimeStat 软件中包含的 K-means 将 CPUE 和捕捞努力量空间聚类为 5 个类别（图 7-16）。CPUE-ALL 的整体空间模式类似于 effort-ALL，而 CPUE-WOEN 和 effort-WOEN 的空间模式也类似（图 7-16）。这表明厄尔尼诺事件造成的差异更多是由从 CPUE 到 effort 计算的数据变化造成的。对于 CPUE-ALL 和 effort-ALL［图 7-16（a）和图 7-16（c）］，在 14°S 附近有水平线，将聚类分成两部分，其中聚类 1~3 位于南部，聚类 4~5 位于北方。相比之下，基于 CPUE-WOEN 和 effort-WOEN［图 7-16（b）和图 7-16（d）］的空间聚类在 2006 年和 2009 年消除厄尔尼诺现象时更复杂且发生了显著变化。

为了更好地理解空间聚类及其与茎柔鱼分布的差异，统计了利用 K-means 识别的不同空间聚类的 CPUE、捕捞努力量、相应 SST 和渔获量比例（表 7-11）。具有相对高值 CPUE 的聚类/捕捞努力量和捕捞比例可认为是中心渔场。对于 CPUE-ALL，表 7-11 显示东南部的聚类簇 1 并且计数网格点为 51 的区域具有最小的平均值（5.50 t/d）；而东北部的聚类簇 5 并且计数网格点为 60 的区域，具有最大的平均值（7.19 t/d）。两个聚类都具有相对大的标准差，表明相应区域内 CPUE 的变化较大。与聚类簇 1 和聚类簇 5 相比，聚类簇 2~4 的平均 CPUE 为 6.79 t/d。聚类簇 2 的标准差最小（1.47），表示该聚类的变化小，而聚类簇 4 的标准差最大（5.20），表明空间变化大。在环境因素方面，聚类簇 1 的平均 SST 较低，为 23.85℃，而聚类簇 5 的平均 SST 为 25.21℃；西北地区的聚类簇 4 具有第二小的平均 CPUE（6.59 t/d），平均 SST 为 26.07℃。聚类簇 4 和聚类簇 5 都占总渔获量的 27.00%，而聚类簇 3 仅占 5.50%，表明聚类簇 3 不是优选的渔场。

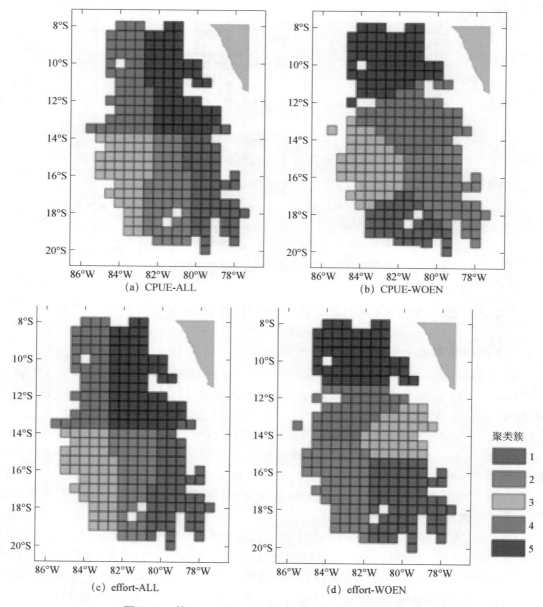

图 7-16　基于 K-means 方法的秘鲁外海茎柔鱼空间划分

在 CPUE-WOEN 方案中，最北部的聚类簇 5 网格计数为 59，平均 CPUE（7.62 t/d）和标准差（5.83）最大；而东南部的聚类簇 2 网格计数为 53，平均 CPUE（5.91 t/d）最小，标准差相对较小（2.84）。聚类簇 5 的平均 SST 为 25.66℃，占总渔获量的 27.70%；而聚类簇 2 的平均 SST 较低，为 23.82℃，但其渔获量占 29.60%。聚类簇 4 的捕获率最大（31.60%），其中平均 SST 为 25.32℃。尽管聚类簇 1 和聚类簇 3 的 CPUE 相对较大，但它们占总渔获量的比例非常小，分别为 3.40% 和 7.70%。

表 7-11　基于 K-means 空间聚类的 CPUE 和捕捞努力量描述性统计

方案	聚类簇	数量	CPUE/(t/d) 或者 effort/(船次/a)							SST/℃				渔获量占比/%
			最小值	最大值	平均值	标准差	倾斜度	峰度	中位数	最小值	最大值	平均值	标准差	
CPUE-ALL	1	51	0.00	13.13	5.50	3.19	0.01	2.47	5.73	19.54	26.10	23.85	1.13	19.50
	2	48	3.95	12.00	6.84	1.47	0.60	4.68	6.84	19.24	26.34	23.57	1.33	21.00
	3	45	0.20	17.00	6.95	3.47	1.04	3.84	5.93	19.83	26.62	24.03	1.21	5.50
	4	50	1.68	25.12	6.59	5.20	5.49	35.72	5.75	23.28	27.50	26.07	0.82	27.00
	5	60	1.00	23.75	7.19	4.10	1.68	6.80	6.09	21.87	27.20	25.21	0.98	27.00
CPUE-WOEN	1	35	0.00	17.00	7.30	2.89	0.72	6.26	7.25	19.24	24.86	22.77	1.18	3.40
	2	53	0.00	13.13	5.91	2.84	0.20	3.03	6.36	19.55	25.99	23.82	1.12	29.60
	3	47	0.20	15.30	6.29	3.24	0.62	3.60	5.81	20.32	26.73	24.27	1.13	7.70
	4	56	0.00	15.03	6.08	2.57	0.92	5.14	5.76	22.07	27.03	25.32	0.98	31.60
	5	59	1.64	25.12	7.62	5.83	3.45	18.15	6.36	21.87	27.50	25.66	1.11	27.70
effort-ALL	1	53	0.10	21.50	3.35	5.37	2.23	7.05	0.90	19.24	26.01	23.66	1.17	12.80
	2	43	0.10	60.50	10.33	12.44	1.97	7.53	6.50	19.82	26.34	23.95	1.32	27.60
	3	48	0.10	6.20	1.73	1.53	0.91	3.24	1.30	19.48	26.62	23.85	1.22	5.60
	4	44	0.10	54.90	7.38	12.05	2.73	10.71	2.40	23.28	27.50	26.08	0.83	21.00
	5	65	0.10	47.40	8.86	12.16	1.67	4.89	2.40	21.87	27.20	25.27	0.98	33.00
effort-WOEN	1	62	0.13	32.00	5.49	8.18	1.88	5.53	1.31	19.24	25.64	23.43	1.21	23.40
	2	56	0.13	7.75	2.15	1.98	0.99	3.23	0.56	19.48	26.30	23.71	1.26	8.00
	3	34	0.13	75.13	11.73	16.54	2.12	7.70	4.56	21.40	26.49	24.75	0.97	24.50
	4	41	0.75	11.00	5.04	1.88	0.75	4.57	4.82	23.28	27.18	25.72	0.86	18.30
	5	57	0.13	66.50	7.05	12.48	2.91	12.33	1.63	21.87	27.50	25.57	1.13	25.80

在 effort-ALL 方案中，中南部的聚类簇 2 的计网格数为 43，平均捕捞努力量（10.33 船次/a）和标准差（12.44）最大，表明此处的捕捞活动频繁但存在空间波动（表 7-11）。该聚类簇的平均 SST 为 23.95℃，占总渔获量的 27.60%。西南部的聚类簇 3 的网格计数为 48，平均 CPUE（1.73 t/d）和标准差（1.53）最小，表明捕捞活动没有其他区域活跃。尽管该聚类簇与聚类簇 2 一样具有适度的平均 SST，但它仅占总渔获量的 5.60%。在所有聚类簇中，东北部的聚类簇 5 的网格计数为 65 个点，渔获量最高，占 33.00%。

对于 effort-WOEN 方案，中东部的聚类簇 3 的网格计数为 34，平均捕捞努力量（11.73 船次/a）和标准差（16.54）最大，表明该区域捕捞活动频繁但存在空间波动。同时，该聚类簇的平均 SST 为 24.75℃，占总渔获量的比例很大（24.50%）。东南部的聚类簇 2 的网格计数为 56，平均捕捞努力量（2.15 船次/a）和标准差（1.98）最小，表明此处的捕捞活动与其他地区不同。该聚类簇的平均 SST 低至 23.71℃，仅占总渔获量的 8.00%。在所有聚类簇中，聚类簇 5 具有最高的平均 SST（25.57℃），并且占总渔获量的比例也最高（25.80%）。

2. 基于统计显著性热点的空间聚类

根据 ArcGIS 中的局部空间自相关统计 Getis-Ord G_i^*，将渔场聚类划分为五类（图 7-17）。在检测到的 5 个聚类中，仅讨论统计学上显著的热点（z 得分 >2）和冷点（z 得分 <-2）。与使用 K-means 得到的结果相比，在 CPUE 和捕捞努力量之间的聚类中观察到的差异比 ALL 和 WOEN 之间的差异更大。图 7-17（a）和图 7-17（b）显示，CPUE 的热点（红色）和冷点都在研究区的边缘附近，但是比较分散；相比之下，图 7-17（c）和图 7-17（d）显示在研究区域的中心确定了捕捞努力量的热点，但没有发现冷点。WOEN 存在较大的热点区域（图 7-17），表明 2006 年和 2009 年厄尔尼诺事件对渔场的行程产生了实质性影响。表 7-12 描述了关于 CPUE、捕捞努力量和 SST 的统计信息，从而提供了更为详细的分析。

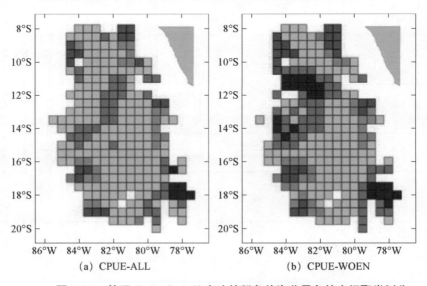

(a) CPUE-ALL　　　　　　　　(b) CPUE-WOEN

图 7-17　基于 Getis-Ord G_i^* 方法的秘鲁外海茎柔鱼的空间聚类划分

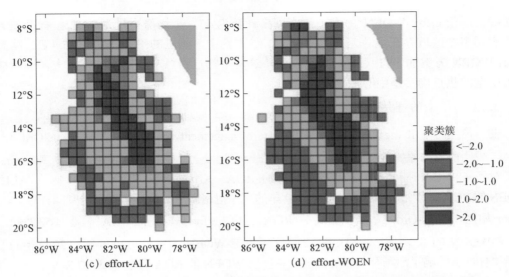

图 7-17 基于 Getis-Ord G_i^* 方法的秘鲁外海茎柔鱼的空间聚类划分（续）

表 7-12 显示，对于 CPUE-ALL 方案，热点网格计数为 17 且平均 CPUE（14.87 t/d）较大，而冷点仅网格计数 6 且平均 CPUE（1.31 t/d）小得多。热点具有较大的标准差（7.83），而冷点具有较小的标准差（1.16），表明整个区域的热点变化较大，冷点变化较小。热点的平均 SST（24.39℃）高于冷点（23.79℃）。由于热点和冷点区域内的渔获量只占总体渔获量的很小部分（分别为 1.10%和 0.10%），因此不能将其视为中心渔场。关于 CPUE-WOEN 方案，热点的网格计数为 26，平均 CPUE 较大（12.65 t/d）；冷点的网格计数为 23，CPUE 较小（3.32 t/d）。同时，热点的标准差很大（7.17），而冷点的标准差较小（2.05），也表明整个区域的热点变化较大，冷点变化很小。与 CPUE-ALL 方案相比，CPUE-WOEN 方案的热点和冷点具有更高的平均 SST，分别为 24.68℃和 25.09℃，并且渔获量比例略高，热点和冷点分别为 2.80%和 7.90%。

表 7-12 使用 Getis-Ord G_i^* 识别的空间聚类的 CPUE 和捕捞努力量的描述性统计

方案	聚类	数量	CPUE/（t/d）或者 effort/（船次/a）							SST/℃				渔获量占比/%
			最小值	最大值	平均值	标准差	倾斜度	丰度	中位数	最小值	最大值	平均值	标准差	
CPUE-ALL	热点	17	6.00	25.12	14.87	7.83	1.99	7.42	13.50	19.48	27.45	24.39	1.62	1.10
	冷点	6	0.00	2.78	1.31	1.16	0.08	1.52	1.45	20.74	25.22	23.79	0.90	0.10
CPUE-WOEN	热点	26	5.35	25.12	12.65	7.17	2.23	9.28	12.17	19.83	27.45	24.68	1.59	2.80
	冷点	23	0.00	9.00	3.32	2.05	0.48	3.93	3.62	21.44	27.29	25.09	1.45	7.90
effort-ALL	热点	38	4.30	60.50	23.20	13.19	1.06	3.66	19.90	21.24	27.33	25.36	1.09	51.80
effort-WOEN	热点	47	0.88	75.13	18.77	14.82	1.49	5.77	13.75	20.84	27.20	25.29	1.12	50.20

每个 effort-ALL 方案和 effort-WOEN 仅检测到一个热点，没有检测到捕捞努力量的冷点［图 7-11（c）和图 7-11（d）］。对于 effort-ALL 方案，热点网格计数为 38，平均努力量

为 23.2；对于 effort-WOEN 方案，热点网格计数为 47，平均努力量为 18.77。标准差大的热点表明整个区域存在显著差异。effort-ALL 方案中，热点的平均 SST（25.4℃）略高于 effort-WOEN 方案的 SST（25.3℃）。此外，这两个热点占总渔获量的一半以上，表明捕捞努力确定的热点确实是中心渔场。

3. 空间聚类的评估

表 7-13 显示，K-means 的 ROA（the rate of agreement，一致率）低于 Getis-Ord G_i^* 的 ROA，表明前者与原始数据不匹配，而后者在一定程度上匹配。具体而言，基于 K-means 的聚类对于 CPUE 和捕捞努力量具有非常低的 ROA。K-means 的 ROA 表明，因为 ALL 和 WOEN 的 ROA 差别很大，2006 年和 2009 年的厄尔尼诺现象影响了茎柔鱼的空间分布。与 K-means 相比，Getis-Ord G_i^* 产生更高的 ROA，其中 effort-ALL 的 ROA 最小（52.3%），而 CPUE-WOEN 的 ROA 最大（73.5%）。除了 CPUE-WOEN 方案外，2006 年和 2009 年的厄尔尼诺事件严重影响了渔场及其聚类特征，总体上 WOEN 的 ROA 高于 ALL 的 ROA。

表 7-13 原始数据和聚类方法识别的茎柔鱼聚类簇间的一致率（%）

方法	数据范围	CPUE/（t/d）		effort/（船次/a）	
		ALL	WOEN	ALL	WOEN
K-means	ALL	26.2		32.8	
	WOEN		23.2		40.0
Getis-Ord G_i^*	ALL	61.0		52.3	
	WOEN		73.5		63.4

表 7-13 显示，由于 CPUE-ALL、CPUE-WOEN 和 effort-ALL 方案的 AUC 都小于 0.7（图 7-18），基于 K-means 的空间聚类与原始数据之间的一致性较差。其中，effort-WOEN 的 AUC（0.73）略大，但仍然与原始数据不能很好地匹配。相比之下，Getis-Ord G_i^* 的 AUC 要大得多，表明一致性和准确性相对较好。图 7-17 还显示，2006 年和 2009 年的厄尔尼诺事件影响了渔场形成，并且 CPUE-WOEN 和 effort-WOEN 方案的 AUC 大于 CPUE-ALL 和 effort-ALL 方案。总体而言，K-means 的 AUC 较小，而 Getis-Ord G_i^* 的 AUC 较大，这与 ROA 的结果一致。

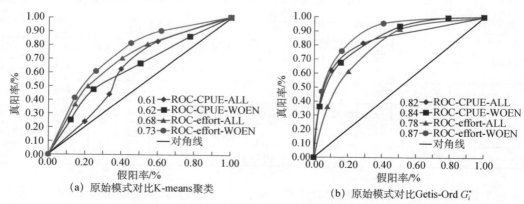

图 7-18 秘鲁外海茎柔鱼空间聚类簇与渔获量数据对比的 ROC 曲线

7.4.3　海洋环境对渔业聚类簇的影响

东南太平洋复杂的海洋环境导致秘鲁外海茎柔鱼的分布和丰度存在较大的变化，主要因素包括 SST、SSH、SSS、chl-a、海流和大规模气候变化，如厄尔尼诺和拉尼娜事件（Xu et al.，2012；Chen et al.，2007）。其中，0～50m 和上升流之间的 SST 对秘鲁外海茎柔鱼的影响最大（Xu et al.，2012）。在 2006 年和 2009 年的厄尔尼诺现象中，秘鲁沿海水域上升流的减弱导致水温升高，进而导致秘鲁外海茎柔鱼资源减少。厄尔尼诺现象对秘鲁外海茎柔鱼丰度的影响取决于厄尔尼诺事件的强度和特征。在没有厄尔尼诺影响的年份，表 7-12 中的统计指数表示有更多的热点和冷点区域，这表明厄尔尼诺现象可以降低秘鲁外海茎柔鱼的聚类水平。本节结果与国内外学者的研究一致，证明厄尔尼诺事件可能会减少适宜栖息地的面积，并导致渔获量大幅下降（Yu et al.，2016）。

图 7-19 所示为 CPUE/捕捞努力量与基于 K-means 的聚类对应的 SST 异常之间的关系。在横坐标左侧标记的总体平均 SST 为与 CPUE 相关的所有年份的平均 SST，而右侧的值则是捕捞努力量。对于每个聚类簇，2003 年和 2010 年的平均 SST 低于所有年份的平均 SST。其中，2007 年、2008 年、2012 年和 2013 年均高于所有年份的平均 SST，而 2004 年、2010 年和 2011 年则接近总体平均 SST。2003 年（12422t）和 2004 年（13764t）的渔获量较大，但随后 2006～2009 年由于水温升高（图 7-19），下降至 7958t、9268t、5928t 和 8624t。2010 年和 2011 年的平均 SST 低于过去 4 年的平均 SST，导致渔获量分别高达 13045t 和 15566t。然而，2012 年和 2013 年的平均 SST 与 2010 年和 2011 年相比有所增加，导致渔获量大幅下降，分别为 3576t 和 6085t。

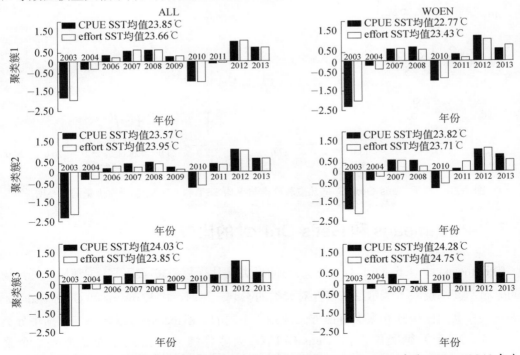

图 7-19　基于 K-means 的茎柔鱼聚类及其对应的 SST 异常（2003～2004 年和 2006～2013 年）

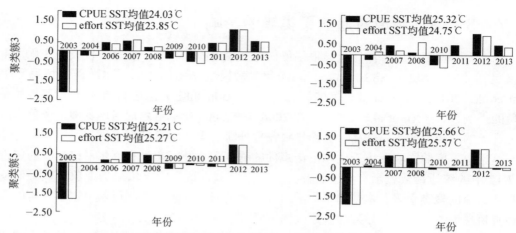

图 7-19　基于 K-means 的茎柔鱼聚类及其对应的 SST 异常（2003～2004 年和 2006～2013 年）（续）

图 7-20 表明，CPUE 和捕捞努力量之间的热点和冷点，与 SST 关系是类似的，其平均 SST 为 24.5℃。这里将关系分为两组：①平均 SST 低于 24.5℃，CPUE、捕捞努力量和渔获量可以是低值或高值；②平均 SST 高于 24.5℃，CPUE 和捕捞努力量随着平均 SST 的升高而下降。结果表明，厄尔尼诺现象对秘鲁外海茎柔鱼渔场的形成可能不利。虽然捕捞工作是在 14.1～26.8℃ 范围内的海域开展的（Paulino et al.，2016），但结果表明在 23.5～24.5℃ 的温度范围内，捕捞努力量的热点会更多。

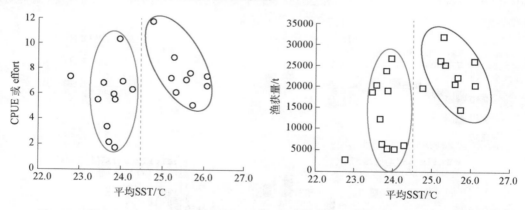

图 7-20　基于 Getis-Ord G_i^* 的热点和冷点与平均 SST 和 CPUE/捕捞努力量的关系图

7.4.4　K-means 和 Getis-Ord G_i^* 的比较

由 K-means 和 Getis-Ord G_i^* 识别的空间聚类簇具有两个共同特征：①都反映了渔场的空间分布；②都反映了厄尔尼诺事件对聚类的影响。然而，由 K-means 和 Getis-Ord G_i^* 识别的聚类在其空间模式和聚类特征方面是完全不同的。K-means 可以将捕捞数据集分类为许多（5～20 个）聚类簇，但 Getis-Ord G_i^* 只能将捕捞数据集分为 5 个或 7 个聚类

（Peeters et al.，2015；Getis and Ord，1992），只有统计上显著的热点/冷点可以认为是空间聚类。其中，5 分类基于 95%置信水平定义冷热点，7 分类基于 99%置信水平定义冷热点（Mitchel，2005；Getis and Ord，1992）。

K-means 注重聚类的大小、位置和稳定性，而 Getis-Ord G_i^* 注重探索高值和低值的聚类。由 K-means 生成的每个聚类簇是空间实体，因此如果预定义了 5 个聚类，则空间中的每个点能够正好对应五个实体中的一类。相反，Getis-Ord G_i^* 识别的每个聚类可能与跨区域分布的多个聚类簇相关。此外，由 K-means 识别的每个聚类具有与其他聚类不同的独特特征（例如，以高平均 CPUE 或低平均 CPUE 为特征），而由 Getis-Ord G_i^* 识别的是具有值较大或较小的冷点和热点。结果表明，由 Getis-Ord G_i^* 确定的 CPUE 热点可能与高渔获量无关 [图 7-17（a）和图 7-17（b）]，但与高捕捞努力量密切相关（冯永玖等，2014a）。

尽管由 K-means 识别的每个聚类具有不同的特征，但聚类簇中的彼此有时很难完全分开。在某些情况下，虽然某个聚类簇的质心在空间上与另一个聚类簇较远，但是很难区分每个空间聚类渔场的特征，特别是当有超过 5 个聚类时。因为 K-means 是一种非监督的分类方法（Openshaw et al.，1987），因此必须进行识别的聚类（渔场）特征区分。Getis-Ord G_i^* 可以识别具有统计学上显著的高值或低值聚类，该方法是广泛使用的局部空间自相关统计量（Peeters et al.，2015；Getis and Ord，1992）。Getis-Ord G_i^* 识别的热点和冷点在 CPUE、捕捞努力量和渔获量方面具有明确的物理意义（冯永玖等，2014a；Nishida and Chen，2004），直接反映了中心渔场的分布。

总体而言，这两种方法都适用于远洋渔业资源的空间聚类分析，确定其空间格局和聚类模式。如果目标是发现研究区域的每个子区域（群集）的空间分布，则优先选择 K-means；如果目标是为了指示中心渔场的统计热点，则优选 Getis-Ord G_i^*（冯永玖等，2014a）。但是，当使用 Getis-Ord G_i^* 识别中心渔场时，应同时使用渔获量数据来确定 CPUE 或捕捞努力量中哪一个数据更好。

7.5　小　　结

经典尺度下的渔业资源空间模式分析是渔业资源研究的关键内容，本章以 4 个研究案例来分析远洋渔业的分布模式与聚集特征。

在 7.1 节中，案例 1 对 2007～2010 年西北太平洋柔鱼开展研究，使用描述性统计和空间自相关进行了探索性空间数据分析，表明 CPUE 和渔获量比例通常都很高的热点就是中心渔场，热点和冷点都受到海洋环境因子的影响。

在 7.2 节中，案例 2 同样以 2007～2010 年西北太平洋柔鱼资源数据为研究对象，使用描述性统计和空间聚类分析中的 K-means 算法，对柔鱼资源空间分布及其变动进行了研究。结果表明，西北太平洋柔鱼资源呈现较强的聚集分布特征，但不同空间位置差异较大。利用 ArcGIS 进行了柔鱼资源热冷点空间分布的制图，结果显示柔鱼渔业资源的绝对热点分布在（156°E，40.00°N～43.08°N），绝对冷点都分布在（154°E～

40.00°N，157°E～40°N）。

在 7.3 节中，案例 3 利用 Voronoi 图、全局和局部空间自相关方法，研究 2007～2010 年西北太平洋柔鱼渔业资源的全局空间模式、局部空间热冷点格局及其变动，以空间可视化方式进行显示，同时结合月平均 SST 和 chl-a 浓度，分析了空间热冷点变动的海洋环境因素。

在 7.4 节中，案例 4 通过 K-means 和局部 Getis-Ord G_i^* 探索了 2003～2004 年和 2006～2013 年的秘鲁外海茎柔鱼的空间聚类。通过 K-means 识别的聚类与使用 Getis-Ord G_i^* 识别的聚类在空间模式和聚类特征方面完全不同，但两者都表明 2006 年和 2009 年的厄尔尼诺事件对发现渔业资源的聚类造成了显著的空间影响。若为了发现研究区域中每个子区域的空间分布，首选 K-means 方法；若为了识别统计学上显著的热点，首选 Getis-Ord G_i^* 方法。

综上，本章所用方法都能够有效探测远洋渔业资源中潜在的空间分布模式，识别出区域存在的强热点区域、弱热点区域和强冷点区域。以上所有案例的结果均是基于 0.5°×0.5° 空间尺度开展的，需要进一步研究空间聚类在不同空间尺度上的敏感性。

参考文献

陈新军, 田思泉, 陈勇. 2011. 北太平洋柔鱼渔业生物学. 北京: 科学出版社.

杜云艳, 周成虎, 邵全琴. 2002. 东海区海洋渔业资源环境的空间聚类分析[J]. 高技术通讯, 12(1): 91-95.

冯永玖, 陈新军, 杨铭霞, 等. 2014a. 基于 ESDA 的西北太平洋柔鱼资源空间热点区域及其变动研究. 生态学报, 34(7): 1841-1850.

冯永玖, 杨铭霞, 陈新军. 2014b. 基于 Voronoi 图与空间自相关的西北太平洋柔鱼资源空间聚集特征分析. 海洋学报, 36(12): 74-84.

王文宇. 2005. GIS 支持下的西北太平洋柔鱼资源与海洋环境关系研究. 北京: 中国科学院研究生院.

André E P, Walker T I, Taylor B L, et al. 2000. Standardization of catch and effort data in a spatially-structured shark fishery. Fisheries Research, 45(2): 129-145.

Bigelow K A, Hampton J, Miyabe N. 2010. Application of a habitat-based model to estimate effective longline fishing effort and relative abundance of Pacific bigeye tuna (*Thunnus obesus*). Fish Oceanogr, 11(3): 143-155.

Chen X, Cao J, Chen Y, et al. 2012. Effect of the *Kuroshio* on the Spatial Distribution of the Red Flying Squid *Ommastrephes Bartramii* in the Northwest Pacific Ocean. Bulletin of Marine Science, 88(1): 63-71.

Chen X, Zhao X, Chen Y. 2007. Influence of El Niño/La Niña on the western winter–spring cohort of neon flying squid (*Ommastrephes bartramii*) in the northwestern Pacific Ocean. ICES Journal of Marine Science, 64(6): 1152-1160.

Feng Y, Chen X, Yang M. 2014. Analyzing spatial aggregation of *Ommastrephes bartramii* in the Northwest Pacific Ocean based on Voronoi diagram and spatial autocorrelation. Acta Oceanologica Sinica, 36(12): 74-84.

Getis A, Ord J K. 1992. The analysis of spatial association by use of distance statistics. Geographical Analysis, 24(3): 189-206.

Griffith D A. 1988. Spatial Autocorrelation: A Primer. Washington DC: Association of American Geographers .

Ichii T, Mahapatra K, Sakai M, et al. 2011. Changes in abundance of the neon flying squid Ommastrephes bartramii in relation to climate change in the central North Pacific Ocean. Marine Ecology Progress, 441: 151-164.

Levine N. 2017. CrimeStat: A Spatial Statistics Program for the Analysis of Crime Incident Locations. Houston: the National Institute of Justice, Washington, DC.

Longley P, Goodchild M, Maguire D, et al. 2001. Geographic information systems and science .New York: Wiley.

Mitchel A E. 2005. The ESRI Guide to GIS analysis, Volume 2: Spartial measurements and statistics. Red Lands：ESRI Guide to Gis Analysis.

Nishida T, Chen D G. 2004. Incorporating spatial autocorrelation into the general linear model with an application to the yellowfin tuna (*Thunnus albacares*) longline CPUE data. Fisheries Research, 70(2-3): 265-274.

Openshaw S, Charlton M, Wymer C, et al.1987. A mark 1 geographical analysis machine for the automated analysis of point data sets. International Journal of Geographical Information Systems, 1(4): 335-358.

Paulino C, Segura M, German C. 2016. Spatial variability of jumbo flying squid (Dosidicus gigas) fishery related to remotely sensed SST and chlorophyll-a concentration (2004-2012). Fisheries Research, 173: 122-127.

Peeters A, Zude M, Käthner J, et al. 2015. Getis–Ord's hot-and cold-spot statistics as a basis for multivariate spatial clustering of orchard tree data. Computers and Electronics in Agriculture, 111(C): 140-150.

Rivoirard J, Simmonds J, Foote K G. 2000. Geostatistics for Estimating Fish Abundance. New York: Wiley Blackwell.

Wang W, Zhou C, Shao Q, et al. 2010. Remote sensing of sea surface temperature and chlorophyll-a: implications for squid fisheries in the north-west Pacific Ocean. International Journal of Remote Sensing, 31(17-18): 4515-4530.

Xu B, Chen X J, Tian S Q, et al. 2012. Effects of El Nino/La Nina on distribution of fishing ground of Dosidicus gigas off Peru waters. Journal of Fisheries of China, 36(5): 696.

Yu W, Chen X, Yi Q, et al. 2016. Spatio-temporal distributions and habitat hotspots of the winter–spring cohort of neon flying squid *Ommastrephes bartramii* in relation to oceanographic conditions in the Northwest Pacific Ocean. Fisheries Research, 175: 103-115.

第 8 章 经典尺度下 CPUE-环境因子关系的空间回归分析

8.1 基于地理加权回归分析柔鱼 CPUE-环境关系

西北太平洋柔鱼广泛分布在全球亚热带和温带水域（Ichii et al.，2004；Yatsu et al.，2000），支撑着日本、韩国和中国的商业远洋渔业（Feng et al.，2017a；Yu et al.，2015a；Yan et al.，2009；Bower and Ichii，2005；Chen and Chiu，2003）。柔鱼是短生命周期种类，通常存活一年左右（Fan et al.，2009；Rodhouse，2001），并在亚热带水域的产卵场和亚北极边界及其过渡海域的觅食地之间进行季节性迁徙（Nishikawa et al.，2015；Yatsu et al.，1997）。柔鱼渔场非常不稳定，随海洋环境的变化发生动态且迅速的变化（Rodhouse，2001），导致其空间分布具有大量季节性甚至月度变化（Alabia et al.，2015）。了解柔鱼的时空分布及其与海洋条件的关系，对于了解渔场的生态动态、实现柔鱼资源的可持续开发和综合管理至关重要。

空间分布是渔场的重要特征，也是捕捞船队和研究人员都非常感兴趣的特征（Chen et al.，2016；Feng et al.，2016；Yang et al.，2013；Rodhouse，2001）。GIS 及其空间分析工具日新月异，促进了对海洋物种的时空分析（Meaden and Aguilar-Manjarrez，2013；Wang et al.，2010；Bower and Ichii，2005）。过去有很多经典的研究，如 Hayase（1995）研究了北太平洋柔鱼的空间分布，并确定了其产卵场的特定边界；Ishida 等（1999）研究了1992～1998 年夏季西北太平洋柔鱼分布的海洋结构；Cao 等（2009）研究了冬季和春季海洋环境变化对西北太平洋柔鱼丰度和分布的影响；Chen 等（2012）研究了 CPUE 的月度纬度质心，并分析了黑潮潮流对柔鱼空间分布的影响；Feng 等（2017a）根据中国大陆鱿钓渔业收集的商业捕捞数据，确定了西北太平洋柔鱼空间分布的热点和冷点，并揭示了其2007～2010 年的空间聚类和结构。这些研究表明，黑潮强度的变化会导致环境条件的变化，可利用这一关系来预测柔鱼未来的觅食地。

拉尼娜事件改变了产卵场的海洋条件，造成柔鱼洄游减少；而厄尔尼诺事件对海洋环境的改变有利于柔鱼的聚集性生长（Feng et al.，2017a；Chen et al.，2007）。通过 HSI 可以确定西北太平洋柔鱼的最佳栖息地和潜在渔场（Feng et al.，2014a）。HSI 模型根据鱿钓渔业数据、遥感海洋环境数据等建立，其中海洋环境数据包括 SST、chl-a 浓度、SSS 和 SSH。为了建立 CPUE 和海洋环境因子的关系，常使用 GLM 和 GAM（Nishikawa et al.，

2014；Yu et al.，2013；Chen et al.，2008；Bower and Ichii，2005）。与 GLM 相比，GAM 能更合理地解释海洋学环境的非线性响应（Grüss et al.，2014；Drexler and Ainsworth，2013；Tian et al.，2010）。通过将空间位置（如经度和纬度）作为自变量，GAM 能有效考虑空间平稳性及其对 CPUE 的影响，因此其也常应用在渔业资源研究中，成为经典方法。然而，CPUE 和海洋环境因子之间的关系在空间上是变化的，在景观生态学、地理学和地理信息中，这一特征通常被描述为非空间平稳性（Tseng et al.，2013；Windle et al.，2009）。GLM 和 GAM 无法充分解决空间非平稳性问题，而 GWR 作为一种局部空间分析建模方法，可以通过空间变系数来量化空间非平稳性（Fotheringham et al.，2003，1998）。

本节案例首先研究 CPUE 的月度时空分布，并利用 GAM 和 GWR 对 2004～2013 年西北太平洋柔鱼进行了海洋环境关系研究，研究目标包括三个重要科学问题：①根据商业捕捞数据和环境遥感数据分析月度分布，以及海洋环境因子对月度分布的影响；②利用 GAM 和 GWR 研究 CPUE 与环境之间的关系，从而识别柔鱼喜好的海洋环境，包括 SST、chl-a、SSS、SSH；③使用建立和校准后的 GAM 和 GWR 模型预测柔鱼的空间模式，并比较两种模型的预测准确性和适用性。

8.1.1 商业捕捞与环境数据

1. 渔业数据

本节案例的研究区是 148°E～161°E 和 38°N～45°N 范围内的传统西北太平洋渔场，时间是 2004～2013 年 7～11 月。渔业捕捞记录包括捕捞日期（年、月和日）、捕捞位置（经度和纬度）、每天作业的渔船数量、每日渔获量。2004～2007 年，只有 4 家远洋渔业公司参与了该区域的柔鱼捕捞活动，但渔船数量未明确报告；2009 年有 8 家渔业公司共 65 艘渔船参与了柔鱼捕捞活动；从 2010 年起，约有 15 家渔业公司参与柔鱼捕捞活动，2010 年捕捞渔船数量达到峰值 273 艘，但在 2011～2013 年有所下降。一些渔船报告了每天捕捞的具体位置和捕捞时间，而其他渔船仅报告了较大空间网格中的每日总渔获量。这些渔业数据按月汇总，并利用 0.5°×0.5°进行空间网格化。

2. 环境数据

海洋环境数据基于遥感数据集提取，包括 Aqua MODIS SST、SeaWiFS chl-a、Aquarius SSS 和 Aquarius SSH。这些环境数据所覆盖的空间区域和时间间隔与柔鱼渔业捕捞数据完全匹配。月度 SST 和月度 chl-a 数据来自 NASA OceanColor，空间分辨率为 4km；月度 SSS 数据由哥伦比亚大学提供，空间分辨率为 1°×1/3°；月度 SSH 数据由 NOAA OceanWatch 提供，空间分辨率为 0.25°×0.25°。为了与 CPUE 数据的空间尺度相匹配，将海洋环境数据重新采样为 0.5°×0.5°网格。SST、chl-a 和 SSH 的重采样可以通过升尺度实现，而 SSS 从 1°×0.33°到 0.5°×0.5°的重采样是将经纬度从粗尺度（1°）降尺度到更细尺度（0.5°），但必须指出的是降尺度不会提高 SSS 数据的精度和质量。

3. 评估方法

模型优劣的评估是建模和渔业空间分析的关键环节。为了比较 GAM 与 GWR，选择校正后的 R^2、AIC、平均残差、残差平方和（RSS）以及残差的 Moran's I 来进行评估。校正后的 R^2 值接近 1 表示模型拟合优秀；AIC 值较小则表示与实际情况更接近且模型更为真实（Windle et al.，2009；Posada and Buckley，2004）；平均残差和 RSS 值越小也表明模型拟合越好。实际上，优秀的模型产生的残差应服从随机分布（Windle et al.，2009），因此使用全局 Moran's I（Oden and Sokal，1978）来分析模型残差的分布，进而比较 GAM 和 GWR 模型的空间拟合。其中，如果 Moran's I >0 且 $p<0.05$，表示残差呈现聚集分布；如果 Moran's I <0 且 $p<0.05$，表示残差呈现离散分布；如果 Moran's I 接近或等于 0 且 $p>0.05$，表示自相关较弱或无自相关，残差呈现随机分布（Mitchel，2005）。以上说明良好的模型，其残差的 Moran's I 值应该接近 0。

使用局部空间自相关统计量 Anselin Local Moran's I（Anselin，1988，1995）可以检测 GAM 和 GWR 两个模型预测的 CPUE 局部空间模式。在该模型中，具有统计意义的聚类由高-高（HH）和低-低（LL）两类组成，而离群值分为两种：CPUE 高值被 CPUE 低值包围（HL）和 CPUE 低值被 CPUE 高值包围（LH）。统计显著的高-高 CPUE（HH）聚类一般称为热点，低-低 CPUE（LL）聚类一般称为冷点。根据 Anselin Local Moran's I，计算实际 CPUE 数据的 HH 以及预测 CPUE 数据的 HH、LL、HL、LH 和统计显著区域等多类型。同时，应用逐像元（本节案例中指渔业网格）方法来比较不同的模型。每个像元或网格具有四种可能的结果：第一种结果为命中（Hit）比例，即实际和预测都是 HH（或 LL）；第二种结果为漏检（miss），即实际是 HH（或 LL）但预测为另一种状态；第三种结果为虚警（false），实际不是 HH 或 LL 但模型预测为 HH 或 LL；第四种结果为正确拒绝（correct rejection），即实际和预测都不是 HH 或 LL。这四个状态对应准确度和误差的四个指标（Pontius and Millones，2011）。实际上，以上方法来自遥感图像处理和土地利用模拟的评估方法，在地理信息领域应用非常广泛。在此，可以提出另外两个指标，即 HitOT 和总体准确度（overall accuracy）来代表模型的准确性，其中 HitOT 表示考虑了总网格数量的命中百分比。六项指标计算如下：

$$
\begin{cases}
\text{HitOT} = \dfrac{\text{HH（或 LL）命中数量}}{\text{所有点}} \\[2mm]
\text{Correct rejection} = \dfrac{\text{正确识别的非 HH（或 LL）}}{\text{像元/总数}} \\[2mm]
\text{Overall accuracy} = \text{HitOT of HH} + \text{HitOT of LL} + \text{Correct rejection} \\[2mm]
\text{Hit} = \dfrac{\text{HH（或 LL）命中数量}}{\text{真实 HH（或 LL）}} \\[2mm]
\text{Miss} = \dfrac{\text{HH（或 LL）漏报}}{\text{真实 HH（或 LL）}} \\[2mm]
\text{False} = \dfrac{\text{HH（或 LL）误报}}{\text{预测 HH（或 LL）}}
\end{cases}
\tag{8-1}
$$

8.1.2 柔鱼资源和环境的月分布

1. 柔鱼 CPUE 的月分布

图 8-1 显示，在 7~11 月的 5 个月中，渔场广泛分布在（148°E~161°E，38°N~45°N）范围内。如表 8-1 所示，平均名义 CPUE 从 7 月的 1.48 升高到 8 月的 2.61，7~10 月的名义 CPUE 同样呈现上升态势，然后 10~11 月开始降低。具体来看，CPUE 最高值从 7 月的 8.1 升高到 8 月的 11.8，分布在（155.5°E~157.5°E，40.5°N~45°N）区域内。除 10 月外，所有月份的变异系数均小于 1，表明这些月份柔鱼 CPUE 的差异性较低。这 5 个月的偏度值均为正值，表明柔鱼 CPUE 呈左倾分布，其中 10 月的偏度值异常大。所有 Moran's I 值都很小，但这并不一定表示这 5 个月的渔业资源都呈现随机分布，因为 z 得分高表明在局部范围存在聚集状态。其中，8~10 月柔鱼渔场的质心在（154.9°E~155.2°E，42.3°N~42.9°N）范围内，空间上接近，而其余 2 个月的质心位于较远的位置，具体见图 8-1 和表 8-1。

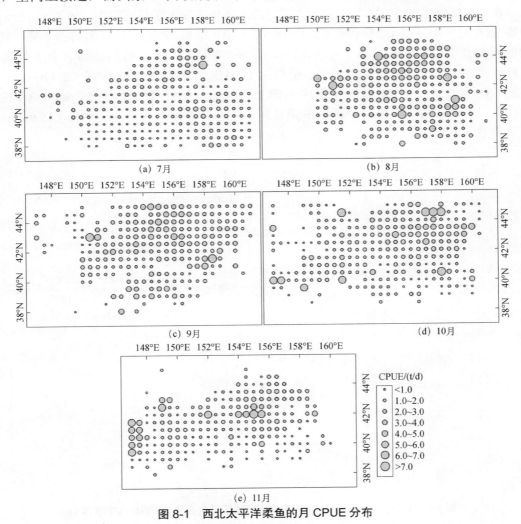

图 8-1 西北太平洋柔鱼的月 CPUE 分布

表 8-1 西北太平洋柔鱼中国鱿钓渔场月名义 CPUE（2004～2013 年 7～11 月）

统计项	7月	8月	9月	10月	11月
最小值	0.22	0.14	0.20	0.26	0.10
平均值	1.48	2.61	2.58	2.20	1.85
最大值数值	8.10	11.80	10.90	8.50	8.30
最大值位置	157.5°E, 40.5°N	155.5°E, 45.0°N	156.5°E, 42.5°N	156.5°E, 43.0°N	156.5°E, 42.5°N
变异系数	0.57	0.57	0.52	1.31	0.69
偏度	3.77	2.93	2.69	10.15	1.97
Moran's I 数值	0.04	0.05	0.03	0.03	0.02
Moran's I z 得分	11.76	9.14	8.32	5.19	4.20

2. 渔场的每月环境变化

在主要捕捞季节 7～11 月，西北太平洋的海洋环境发生了显著变化，如图 8-2 所示。平均 SST 从 7 月的 17.4℃升高到 8 月的 19.6℃，稳定增加，然后 8～11 月持续下降，其平均值为 13.7℃。平均 chl-a 从 7 月的 0.3364 mg/m³ 降至 8 月的 0.3112 mg/m³，从 8 月到 10 月持续增加，又从 10 月的 0.4798 mg/m³ 降至 11 月的 0.4208 mg/m³，如图 8-2（b）所示。平均 SSS 从 7 月的 34.24 psu 下降到 9 月的 33.34 psu，而 9～11 月（33.58 psu）则呈现增加态势。平均 SSH 从 7 月的 18.89 cm 降低到 9 月的 7.52 cm，然后 9～11 月（15.96 cm）则呈现增加态势。

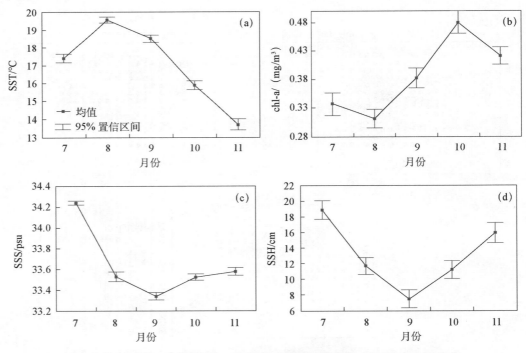

图 8-2 西北太平洋柔鱼渔场卫星海洋环境因子的变化（2004～2013 年）

8.1.3　CPUE-环境关系建模结果

在本节案例中，每个环境因子在 GAM 中都具有统计学意义（$p<0.05$），说明所有环境因子在解释 CPUE 与环境的关系中都很重要（表 8-2）。在该 GAM 模型中，解释变量的总解释性残偏差为 35.9%，在渔业资源分析模型中这个解释性残偏差量是较好的。在所有因子中，经度能够解释最大残偏差（297.45），占 14.4%；其次是 SSS（192.43），占 10.9%；然后是月份（86.31），占 4.2%。其他因素（如 SSH、年份和 SST）解释的 GAM 模型残偏差不显著，而 chl-a 和纬度对模型的贡献很小，且对应最小的偏差，分别为 0.4% 和 0.3%。以上表明，chl-a 和纬度对柔鱼 CPUE 的影响很小。总体而言，柔鱼分布在经度上显著变化，并且对 SSS 和月份（时间）较为敏感，因此影响柔鱼 CPUE 的 3 个最重要的变量依次是经度、SSS 和月份。

表 8-2　西北太平洋柔鱼 CPUE-环境关系的 GAM 参数估计

变量	Null	+SST	+chl-a	+SSS	+SSH	+Year	+Month	+Lon	+Lat
残差	2055.37	2018.35	2010.78	1818.35	1757.61	1708.94	1622.63	1325.18	1318.46
因子误差		37.02	7.57	192.43	60.74	48.67	86.31	297.45	6.72
解释总偏差的百分比/%		1.8	2.2	13.1	14.5	16.9	21.1	35.5	35.8
AIC		7954.73	7947.66	7605.10	7496.02	7408.34	7254.91	6564.47	6535.84
调整后的 R^2		0.017	0.019	0.045	0.107	0.123	0.195	0.346	0.351
p		<0.05	<0.01	<0.01	<0.01	<0.01	<0.01	<0.01	<0.01

随着 SST 从 5.1℃升高到 22.6℃，CPUE 不断增加；而在高于 22.6℃之后，随着 SST 的增加，CPUE 减少 [图 8-3（a）]；SST 在 18.1~22.6℃时，柔鱼资源最为丰富。GAM 模型表明，随着 chl-a 的增加，CPUE 先减少后增加 [图 8-3（b）]。当 SSS 从 31.93psu 升至 33.38 psu 时 CPUE 增加，然后随着 SSS 的增加 CPUE 降低 [图 8-3（c）]。但是，随着 SSH 的增加 CPUE 持续下降 [图 8-3（d）]。在空间范围上，CPUE 高值分布在（152.5°E~158°E，42°N~44°N）的水域中 [图 8-3（e）和图 8-3（f）]。中国鱿鱼捕捞渔场的 CPUE 分布存在明显的年际变化，2007 年和 2011 年的 CPUE 较高，而 2008 年和 2012 年的 CPUE 较低 [图 8-3（g）]。其中，8~10 月的 CPUE 逐月增加，7 月和 11 月的 CPUE 相对较小 [图 8-3（h）]。总体而言，本研究区中大多数柔鱼主要生活在水温度为 7.6~24.6℃，chl-a 低于 1.0 mg/m³，SSS 为 32.67~34.61 psu，SSH 为-12.8 ~28.4 cm 的水域。

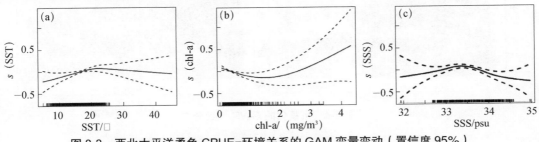

图 8-3　西北太平洋柔鱼 CPUE-环境关系的 GAM 变量变动（置信度 95%）

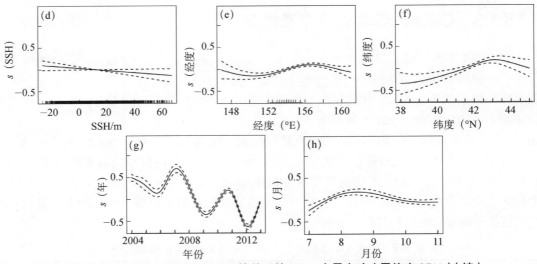

图 8-3　西北太平洋柔鱼 CPUE-环境关系的 GAM 变量变动（置信度 95%）（续）

表 8-3 显示，GWR 系数存在显著的空间差异，表明西北太平洋柔鱼 CPUE-环境关系存在空间非平稳性，即随着空间的变化而变化。与 SST 和 SSH 相比，chl-a 和 SSS 系数的变动范围大于 20，表明这两个因子的空间变异性更强。对于 SST，正系数多于负系数，而 SSS 和 SSH 的负系数多于正系数。chl-a 的正负系数的数量大致相同。图 8-4 将 GWR 系数空间可视化，直观显示了 GWR 系数在研究区域中的分布变化。

表 8-3　GWR 系数统计在空间变动的描述性统计

项目	截距	SST	chl-a	SSS	SSH
最小值	−15.864	−0.391	−9.781	−19.463	−0.793
3/4 分位数	−0.885	−0.002	−0.839	−0.974	−0.029
中位数	0.150	0.037	0.009	−0.161	−0.010
1/4 分位数	0.953	0.080	0.729	0.389	0.006
最大值	10.320	0.748	9.664	10.691	0.559
% −	45.500	26.200	49.300	56.500	69.800
% +	54.500	73.800	50.700	43.500	30.200

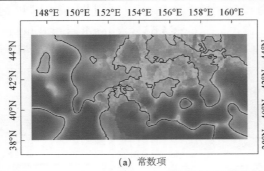

（a）常数项

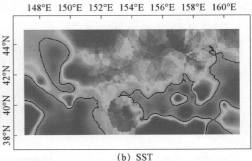

（b）SST

图 8-4　可视化的 GWR 系数分布

黑线表示 0 参数值

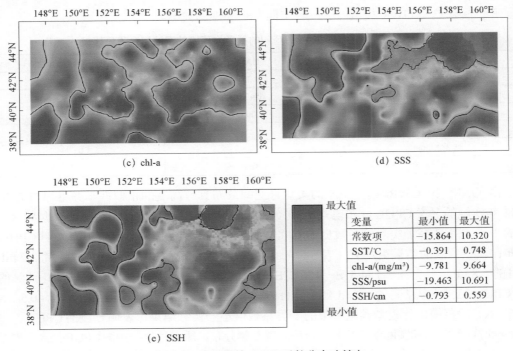

变量	最小值	最大值
常数项	−15.864	10.320
SST/℃	−0.391	0.748
chl-a/(mg/m³)	−9.781	9.664
SSS/psu	−19.463	10.691
SSH/cm	−0.793	0.559

图 8-4　可视化的 GWR 系数分布（续）

黑线表示 0 参数值

8.1.4　GAM 与 GWR 在柔鱼 CPUE 预测中的比较

西北太平洋的海洋环境影响柔鱼的摄食和生长，从而影响其分布和迁徙模式（Yu et al.，2015b）。许多特定的环境因子会影响柔鱼的产卵、生长和渔场形成。因此，海洋环境因子与柔鱼 CPUE 之间的关系很复杂，且通常在空间上变化，见表 8-3 和图 8-4。SST、chl-a、SSS 和 SSH 等是典型海洋环境因子，通常用于针对柔鱼的空间模式及其与海洋环境的关系来建立适当的模型（Feng et al.，2017a；Yu et al.，2016b；Nishikawa et al.，2015）。本节案例表明，研究区内约 75.5%的柔鱼主要生活在 SST 介于 7.6～24.6℃，chl-a 小于 1.0 mg/m³，SSS 在 32.67～34.61psu，SSH 在−12.8～28.4cm，或者说主要渔获量是在上述环境中产生的。案例实验证明这 4 个因子在 2004～2013 年对柔鱼渔获量和分布产生了重要的影响，能够有效解释柔鱼产量、CPUE 及其海洋环境的时空变化。

一般认为，柔鱼的分布和其栖息地是动态变化的，可以通过 GAM 和 GWR 方法进行建模来推断。为了评估和比较 GAM 和 GWR 的模型性能，选择了 5 个标准来进行详细的比较（表 8-4）。5 个标准显示 GWR 能够更好地解释柔鱼 CPUE 在空间上是如何变化的。GWR 模型产生更高的拟合优度 R^2 且 AIC 值更低，表明与 GAM 模型相比其具有更好的拟合性能。两种模型的残差平均值接近零，而 GWR 的残差平方和小于 178.79，证实了其优越性能。Moran's I 及其 p 值显示两个模型的残差都呈现随机分布，但 GWR 的残差因其 p 值较高而合理。尽管海洋环境因子的位置没有显性地包含在 GWR 中，但此方法已充分考虑了其位置，这是 GWR 模型能够解释空间非平稳性的关键。

表 8-4　GAM 和 GWR 模型预测的柔鱼与环境关系的拟合优度比较

模型评估项	GAM	GWR
调整后的 R^2	0.351	0.379
AIC	6547.01	5197.99
残差平均值	−0.000086	0.000009
残差平方和	1323.19	1144.40
残差 Moran's I	0.0098	−0.0044
残差 p 值	0.06	0.32

由 GAM 和 GWR 模型预测的柔鱼月空间分布具有高度的相似性，并且也与2004~2013 年实际的名义 CPUE 分布模式相似（图 8-1 和图 8-5）。月度 CPUE 统计数据显示，预测的平均 CPUE 高于实际捕捞数据的 CPUE，且预测的 CPUE 最大值较小，表明 CPUE 的分布比模型预测的结果更均匀（表 8-5）。GAM 预测的最高 CPUE 范围为 7 月的 3.2 t/d 到 8 月的 5.8 t/d，分布在（154.5°E~156.5°E，40.5°N~43.5°N）的范围内；GWR 预测的最高 CPUE 范围为从 7 月的 5.5 t/d 到 8 月的 9.7 t/d，分布在（153.5°E~158.5°E，40.5°N~44.5°N）的范围内。模型预测结果的变异系数值小于实际结果，表明预测的 CPUE 方差较低。同时，预测的和实际的 CPUE 分布都呈现左倾分布。所有月份的预测 CPUE 都高度聚集，Moran's I 指数及其 z 得分值同时证明了这一点。GAM 预测的质心在（153.3°E~155.7°E，41.2°N~42.6°N）范围内，而 GWR 预测的质心则在（153.1°E~155.8°E，41.3°N~42.3°N）范围内（表 8-5），两种模型得到的质心非常相似。总体而言，由 GWR 模型预测的 CPUE 分布结果与实际值更接近。

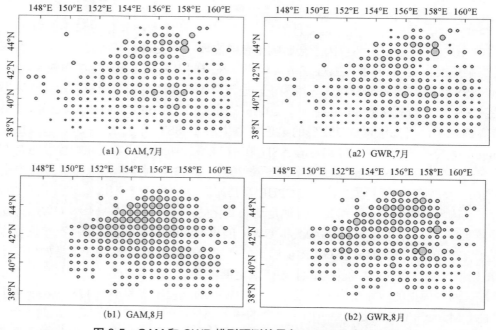

图 8-5　GAM 和 GWR 模型预测的柔鱼 CPUE 分布对比图

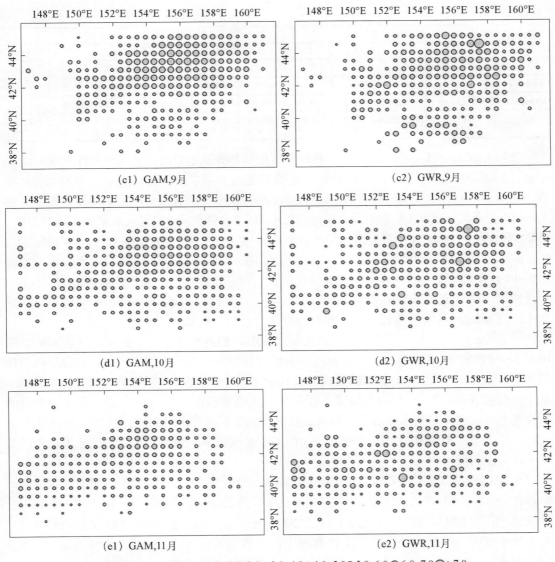

CPUE/(t/d) • <1.0 ○ 1.0~2.0 ○ 2.0~3.0 ○ 3.0~4.0 ○ 4.0~5.0 ○ 5.0~6.0 ○ 6.0~7.0 ○ >7.0

图 8-5　GAM 和 GWR 模型预测的柔鱼 CPUE 分布对比图（续）

表 8-5　GAM 和 GWR 模型预测的西北太平洋柔鱼 CPUE 统计（7~11 月）

项目	GAM					GWR				
	7	8	9	10	11	7	8	9	10	11
最小值 t/d	0.42	1.15	0.94	0.79	0.77	0.42	0.21	0.35	0.57	0.45
平均值 t/d	1.58	2.95	2.73	2.09	1.68	1.70	2.61	2.65	2.09	1.81
最大值数值 t/d	3.20	5.80	5.40	4.30	3.80	5.50	9.70	7.30	6.30	6.50
最大值位置	156.0°E, 40.5°N	155.5°E, 43.5°N	156.5°E, 43.5°N	156.0°E, 43.0°N	154.5°E, 43.5°N	158.0°E, 43.5°N	158.5°E, 42.5°N	157.5°E, 44.5°N	157.5°E, 44.5°N	153.5°E, 40.5°N
变异系数	0.36	0.40	0.39	0.41	0.39	0.59	0.64	0.39	0.56	0.49

续表

项目	GAM					GWR				
	7	8	9	10	11	7	8	9	10	11
偏度	0.13	0.41	0.57	0.62	1.27	2.81	5.30	0.81	4.69	1.64
Moran's I 数值	0.46	0.72	0.59	0.76	0.52	0.22	0.21	0.26	0.29	0.05
Moran's I z 得分	35.85	25.00	42.35	27.29	32.36	17.81	8.24	18.82	11.44	3.22
中心位置	155.7°E, 41.2°N	155.5°E, 41.8°N	155.2°E, 42.6°N	154.5°E, 42.2°N	153.3°E, 41.6°N	155.8°E, 41.3°N	155.5°E, 41.9°N	155.3°E, 42.3°N	154.5°E, 42.2°N	153.1°E, 41.5°N

使用 ArcGIS 的 Local Moran's I 工具计算实际的和预测的 CPUE 的热点和冷点（Anselin et al.，2006；Anselin，1995）。创建这两者的月度叠加图以方便比较实际的和预测的热冷点，如图 8-6 所示。目视判别显示，GAM 和 GWR 模型在所有月份产生的热冷点模式总体上相似，但在局部尺度上检测到显著差异（表 8-6）。7 月热点位于研究区东北部，以 155°E～160°E 和 39°N～40.5°N 为界；冷点位于西南部，以 149.5°E～152°E 和 38°N～41°N 为边界。8 月下旬，热点向西移动约 2°，所有热点均在 41.5°N 以北，而 8 月的冷点则向南移动至 40°N 附近。9 月的热点与 8 月的热点位置相似，而冷点又回到 7 月的西南部。与前 3 个月相比，10 月的冷点面积有所减少。与前 4 个月相比，11 月的热点也明显减少，而计算所得的 Moran's I 和 z 值较小，表征其渔场聚类较少（表 8-1）。

对于 GAM，7～8 月热点的总体精度超过 60%，但其余 3 个月不到 60%（表 8-6）。除 10 月外，GWR 的整体准确度超过 60%，表明该模型性能稳定。对于 7 月，GAM 的总体精度大于 GWR，而 8 月的总体精度相似。其余 3 个月中，GWR 模型的精度比 GAM 高。对于这两种模型，7～8 月的高精度主要是由于正确地预测了热点和冷点，而 9～10 月的准确性主要是由于对热点和统计不显著的渔区实现了正确预测。对 11 月 GWR 的准确预测主要是由于统计不显著的渔区（42.3%）；在 GAM 模型中，热点、冷点、统计不显著的渔区 3 种类型的贡献相近。

本节案例利用 GAM 和 GWR 模型分析了 2004～2013 年 7～11 月的柔鱼分布。结果表明，实际的平均名义 CPUE 从 7 月的 1.48 t/d 增加到 8 月的 2.61 t/d，总体上 7～10 月增加，10～11 月减少。最高 CPUE 值从 7 月的 8.1 t/d 增加到 8 月的 11.8 t/d，分布在（155.5°E～157.5°E，40.5°N～45°N）区域内。在本节案例数据中，大多数柔鱼（约 75.5%）生境的 SST 介于 7.6～24.6℃，chl-a 小于 1.0 mg/m³，SSS 介于 32.67～34.61 psu，SSH 介于 −12.8～28.4 cm。

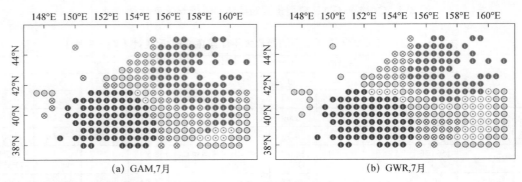

图 8-6　GAM 和 GWR 模型预测的柔鱼 CPUE 热点对比

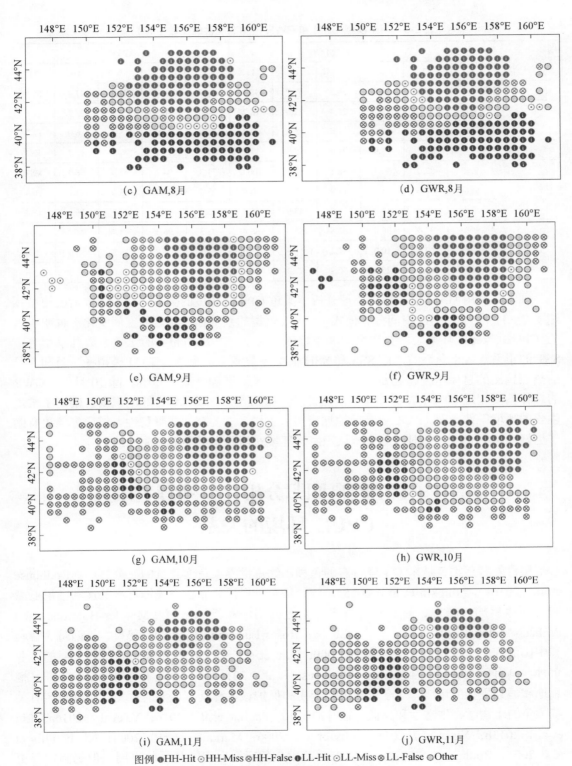

图例 ●HH-Hit ◉HH-Miss ⊗HH-False ◐LL-Hit ◎LL-Miss ⊗LL-False ○Other

图 8-6 GAM 和 GWR 模型预测的柔鱼 CPUE 热点对比（续）

表 8-6　两个模型 GAM 和 GWR 预测准确性的比较（%）

项目		GAM					GWR				
		7	8	9	10	11	7	8	9	10	11
总体精度		78.3	79.0	58.8	43.7	38.7	71.7	79.0	71.3	47.4	66.8
HitOT	HH	31.0	32.2	25.3	22.6	13.2	24.0	30.9	27.9	23.7	11.8
	LL	29.1	30.9	11.6	5.3	12.3	27.9	33.0	15.5	6.0	12.7
正确拒绝		18.2	15.9	21.9	15.8	13.2	19.8	15.1	27.9	17.7	42.3
HH-热点	命中	92.0	98.7	88.1	92.3	100.0	71.3	94.7	97.0	96.9	89.7
	漏检	8.0	1.3	11.9	7.7	0.0	28.7	5.3	3.0	3.1	10.3
	虚警	30.4	14.8	33.7	43.9	65.9	25.3	13.3	25.3	36.4	57.4
LL-冷点	命中	97.4	90.0	62.8	82.4	96.4	93.5	96.3	83.7	94.1	100.0
	漏检	2.6	10.0	37.2	17.6	3.6	6.5	3.8	16.3	5.9	0.0
	虚警	13.8	27.3	60.9	87.2	74.3	23.4	28.7	50.0	86.3	55.6

同时，利用 GAM 和 GWR 模型分析了柔鱼 CPUE-环境的关系，使用校准后的模型预测了 7～11 月的 CPUE 空间分布模式。GWR 模型的系数存在显著的空间变化，说明柔鱼的 CPUE 与海洋环境之间存在空间非平稳性。对于 GWR，chl-a 的正负系数几乎相等，SST 的正系数多于负系数，而 SSS 和 SSH 的负系数多于正系数。GAM 模型在 7 月和 8 月的热点预测的总体精度超过 60%，但 9～11 月的预测准确率低于 60%。除 10 月外，GWR 的总体精度超过 60%，表明该模型性能良好。相比之下，GAM 更好地识别、确定了柔鱼生长的环境条件，而 GWR 更有效地捕获柔鱼生境动态的空间非平稳性。该研究结果有助于更好地掌握 CPUE 的时空分布，认识海洋环境对西北太平洋柔鱼渔场的影响。

8.2 基于空间自回归分析秘鲁外海茎柔鱼 CPUE-环境的关系

秘鲁外海茎柔鱼是东太平洋特有的鱼种，约占世界柔鱼渔获量的三分之一（Rodhouse et al.，2016；Arkhipkin et al.，2015）。该经济鱼种广泛分布在中美洲近海的加利福尼亚湾和哥斯达黎加、秘鲁、智利和厄瓜多尔附近的沿海和近海水域（Morales-Bojórquez and Pacheco-Bedoya，2016；Liu et al.，2013a；Rosas-Luis et al.，2008）。秘鲁、墨西哥、智利和中国的渔船全球年渔获量约为 787 000t（Liu et al.，2013b）。茎柔鱼是一种重要的商业鱼种，具有巨大的经济社会效益（Rodhouse et al.，2016）。了解茎柔鱼的生物学特征、栖息地和适宜生存的环境，对于更合理地捕捞和保护该鱼种具有重要的意义。已有较多有关茎柔鱼的生物学、生态学和种群评估等的研究（Paulino et al.，2016；Yu et al.，2016a；Liu et al.，2013b；Xu et al.，2011；Gilly et al.，2006；Markaida et al.，2004；Nigmatullin et al.，2001；Rodhouse，2001）。尽管有关茎柔鱼的研究取得了长足的进展，但仍然需要更好地了解环境对茎柔鱼种群分布的影响（Morales-Bojórquez and Pacheco-Bedoya，2016；

Rodhouse et al., 2016), 从而支撑茎柔鱼渔业发展。

柔鱼类物种的空间格局受到生物过程和海洋环境的显著影响, 尤其是西北太平洋柔鱼和秘鲁外海茎柔鱼 (Yu et al., 2016b; Chen et al., 2011; Fan et al., 2009)。海洋环境反过来又决定了潜在渔场的形成与分布。大气和海洋的长期变化也会影响物种的生理、生长、繁殖和分布 (Sumaila et al., 2011)。得益于卫星遥感和地理信息技术的发展, 可以从卫星获取大量的海表环境数据, 且这些数据具有明确的空间属性, 如前所述包括SST、chl-a、SSS、SSH和SLA (Tseng et al., 2013; Sumaila et al., 2011)。因为经济鱼种的分布和迁移模式受到以上海洋环境因素的显著影响 (Tseng et al., 2013; Wang et al., 2010), 对地观测数据通常可用于描述物种分布和海面环境的关系 (Yu et al., 2016a; Feng et al., 2014c; Tseng et al., 2013)。此外, 其他海洋环境过程 (例如ENSO) 也会影响生物空间变动过程 (Rodhouse et al., 2016; Yu et al., 2016b; Ichii et al., 2002), 其中沿海上升流被普遍认为是决定秘鲁外海茎柔鱼丰度的关键因素 (Waluda et al., 2006)。

海洋遥感数据被广泛用于校准鱼类分布和栖息地预测模型 (Valavanis et al., 2008, 2004)。在对CPUE-环境因素的关系进行建模时, 通常用空间坐标来表征这种关系的空间特征 (Tseng et al., 2013; Murase et al., 2009; Tian et al., 2009; Windle et al., 2009)。通过空间分析和地统计来表征空间属性和模式, 能够提高CPUE-环境关系模型的预测能力 (Valavanis et al., 2008)。但是, 必须指出的是, 这种关系受到空间分析尺度的影响; 在选择空间尺度时, 有效空间尺度应在最佳观测尺度和最粗允许尺度内进行 (Feng et al., 2016)。

如前所述, GAM是研究CPUE-环境关系的常用方法 (Martínez-Rincón et al., 2012; Wang et al., 2012; Walsh et al., 2005), 它是一种使用平滑函数代替线性和其他参数项的GLM (Wood, 2006)。渔业资源和渔场学研究认为GAM优于人工神经网络和GLM等其他模型 (Valavanis et al., 2008; Venables and Dichmont, 2004)。为了掌握渔场的时空变化, 通常将位置和捕捞日期作为解释变量来构建GAM模型 (Gasper et al., 2013; Tseng et al., 2013; Murase et al., 2009), 这在其他类型的模型中是比较少见的。渔业GAM建模中包含纬度和经度, 用来表征CPUE-环境关系的位置特性。此外, CPUE和环境因子等空间实体及其邻域之间的空间关系是隐含存在的, 即空间实体不仅要注重其位置特征, 也要注重其空间关系 (Longley et al., 2015)。SAR模型由因变量 (例如CPUE) 的空间滞后模型和空间误差模型构成, 其空间关系可以在建模中得以充分表示 (Longley et al., 2015; Lichstein et al., 2002; Anselin, 1980)。早期的一些研究已经开始使用空间自相关统计方法来开展渔业资源的空间分布研究, 但这些研究仅限于探测渔业资源的空间格局和空间热点 (Feng et al., 2017a, 2014a, 2014b), 并没有使用这些方法来探测CPUE-环境的关系。

本节案例通过GAM和SAR模型来研究2009~2013年10~12月的秘鲁外海茎柔鱼的时空分布及其CPUE-环境的关系。选择10~12月是因为该时间段是秘鲁外海茎柔鱼的捕捞旺季 (Xu et al., 2011)。本节案例将回答以下几个问题: ①茎柔鱼名义CPUE和海洋遥感因子的年度和月度分布; ②使用GAM和SAR模型来研究CPUE-环境的关系; ③评估海洋环境因子对茎柔鱼的生物过程和空间分布的影响；④使用 GAM 和 SAR 模型来预测茎柔鱼的空间分布模式。

8.2.1　商业捕捞与环境数据

1. 商业捕捞数据

自 1995 年以来，中国远洋渔业协会鱿钓技术组定期收集北太平洋和东南太平洋的渔场数据，支撑关于柔鱼的资源评估和空间分析。每个捕捞记录数据包括捕捞日期、每日捕捞量、捕捞地点和渔船等。本节案例使用 2009～2013 年的捕捞记录，区域范围为 78°W～86°W 和 8°S～20°S，时间方面则重点关注 10～12 月的最佳捕捞季节（Xu et al.，2011），空间尺度方面使用 0.5°×0.5°渔业网格（Feng et al.，2014c）。需要说明的是，由于中国鱿钓船队的特征和作业行为较为一致，因此没有对捕捞努力量进行标准化。

2. 秘鲁外海茎柔鱼 CPUE 与环境变量的年度分布

首先，分析 CPUE 分布的年际变化，如图 8-7 所示。2009 年的捕捞区域集中在（81°W～84°W，10.5°S～13.5°S），而 2013 年的捕捞地点则广泛分布在 12.5°S～20°S。2010～2012 年，捕捞区域分布在（78°W～86°W，8°S～20°S）。年平均 CPUE 具有一定的变化，从 2009 年的 2.72 t/d 变化到 2011 年的 4.05 t/d。其中，2011 年和 2013 年的变异系数小于 1，表明 CPUE 方差差异较低；而 2010 年和 2012 年的变异系数大于 1，表明方差差异很大。这 5 年中的渔业资源分布的偏度始终为正，表明 CPUE 呈左倾分布。在这 5 年中，Moran's I 值始终大于 0，表明其存在空间聚集模式。2009 年 CPUE 最高仅为 6.62 t/d，而其他年份的 CPUE 则大于 11 t/d，如表 8-7 所示。5 年中 CPUE 最高值位于（79.0°W～83°W，11°S～17.5°S）范围内，而柔鱼渔场的年度质心分布在（79.5°W～82.7°W，11.9°S～17.1°S）范围内（图 8-7 和表 8-7）。

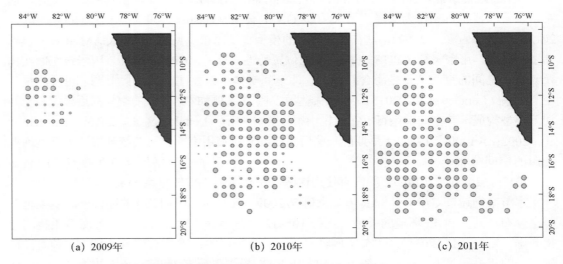

(a) 2009年　　　　(b) 2010年　　　　(c) 2011年

图 8-7　秘鲁外海茎柔鱼名义年平均 CPUE 分布（2009～2013 年 10～12 月）

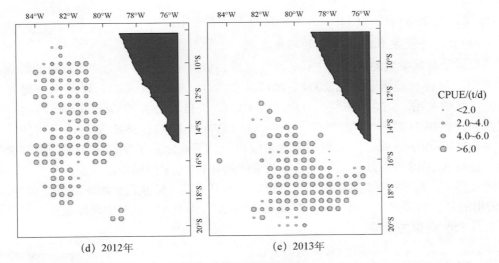

(d) 2012年　　　　　　　　(e) 2013年

图 8-7　秘鲁外海茎柔鱼名义年平均 CPUE 分布（2009～2013 年 10～12 月）（续）

表 8-7　秘鲁外海茎柔鱼名义年平均 CPUE 统计量（2009～2013 年 10～12 月）

项目		2009 年	2010 年	2011 年	2012 年	2013 年
最小值 t/d		1.72	0.70	0.60	2.10	0.66
平均值 t/d		2.72	3.07	4.05	3.65	3.72
最大值	数值 t/d	6.62	12.46	12.00	12.85	11.75
	位置	82.5°W,11.0°S	81.0°W,13.0°S	83.0°W,17.5°S	79.5°W,15.0°S	79.0°W,16.5°S
变异系数		0.98	1.35	0.83	1.12	0.89
偏度		0.65	2.91	0.49	1.77	0.82
Moran's I	数值	0.65	0.07	0.11	0.28	0.07
	z 得分	10.24	3.23	5.49	8.02	5.32

3. 茎柔鱼 CPUE 与环境变量的月度分布

10～12 月，研究区域内每月捕捞地点广泛分布在（78°W～86°W，8°S～20°S），如图 8-8 所示。平均名义 CPUE 从 10 月的 2.87 t/d 增加到 12 月的 4.04 t/d，最高 CPUE 在 10 月较低（8.02 t/d），而 11 月较高（12.42 t/d），见表 8-7。其中，10 月和 12 月的变异系数值小于 1，表明茎柔鱼 CPUE 的方差较低；而 11 月的变异系数大于 1，表明其方差较高。这 3 个月的偏度值均为正值，表明茎柔鱼的 CPUE 呈左倾偏态分布。这 5 年内，Moran's I 值＞0 且 z 得分很高，表明茎柔鱼存在空间聚集模式。在研究的 3 个月内，每月最高 CPUE 分布在（81.0°W～83.0°W，13.0°S～15.0°S）范围内，而茎柔鱼渔场的月均质心分布在（81.0°W～81.2°W，14.3°S～15.4°S）范围内，见图 8-8 和表 8-8。其中，在 10～12 月的主要捕捞季节期间，秘鲁外海海洋环境具有明显的月变化，见图 8-9。

10～11 月 SST 显著下降，平均值从 19.5℃下降到 18.7℃，11～12 月 SST 上升到 21.9℃；在这 3 个月中，平均 SSS 从 35.15 psu 变化至 35.29 psu；SSH 10～11 月减少，从

26.9 cm 微降至 26.8 cm，而 11～12 月 SSH 没有显著变化。

4. 秘鲁外海茎柔鱼渔场对应的环境数据

环境因子对茎柔鱼的产卵、生长、渔场形成、资源密度和种群会产生重要的影响。本节案例中，海洋环境因子包括 2009～2013 年的 SST、SSS 和 SSH，以此来研究茎柔鱼 CPUE-环境的关系。SST 数据空间分辨率为 4 km，来自 NASA 的 OceanColor 网站；SSS 数据空间分辨率为 $1° \times 1/3°$，来自 NOAA OceanWatch 网站；SSH 数据的空间分辨率为 $0.25° \times 0.25°$。由于这些海洋数据是全球范围内的，因此涵盖了案例中茎柔鱼的时空分布范围。使用 ArcGIS 中双线性插值方法重新采样到 $0.5° \times 0.5°$ 网格中，从而匹配 CPUE 数据的空间分辨率。对 SST 和 SSH 进行重采样是一种升尺度（即从高分辨率到低分辨率），对 SSS 采用的是一种降尺度，从 $1° \times 1/3°$ 到 $0.5° \times 0.5°$，涉及 $1°～0.5°$ 的尺度变换，但是这并没有提升 SSS 数据的质量。

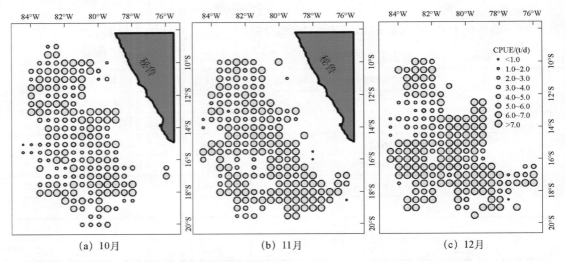

(a) 10月　　　　　　　(b) 11月　　　　　　　(c) 12月

图 8-8　秘鲁外海茎柔鱼名义月均 CPUE 分布（2009～2013 年 10～12 月）

表 8-8　秘鲁外海茎柔鱼名义月均 CPUE 统计量（2009～2013 年 10～12 月）

项目		10月	11月	12月
最小值 t/d		0.70	0.22	1.00
平均值 t/d		2.87	3.71	4.04
最大值	数值 t/d	8.02	12.42	11.60
	位置	82.0°W,13.0°S	81.0°W,13.0°S	83.0°W,15.0°S
变异系数		0.92	1.08	0.85
偏度		0.74	1.56	0.49
Moran's I	数值	0.05	0.08	0.19
	z 得分	2.29	6.48	8.34
中心位置		81.2°W,14.3°S	81.0°W,15.1°S	81.1°W,15.4°S

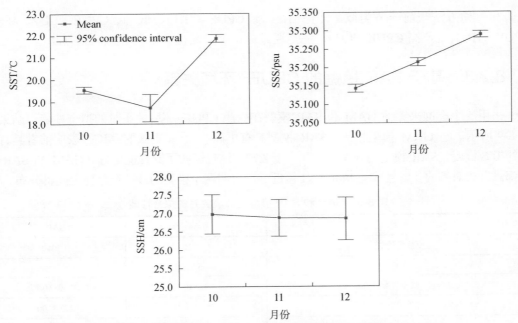

图 8-9 秘鲁外海茎柔鱼渔场的 SST、SSS 和 SSH 变动（2009～2013 年）

8.2.2 SAR 建模及其评价方法

1. GAM 和 SAR 模型

利用 GAM 和 SAR 模型研究了海洋环境因子（包括 SST、SSS 和 SSH）和时空因素（捕捞地点和时间）对秘鲁外海茎柔鱼时空分布的影响。如前所述，GAM 是一种采用平滑函数的线性回归模型的推广方法（Wood，2006；Hastie and Tibshirani，1990），可以用来阐述和挖掘 CPUE 与多个独立变量的非线性关系（Tseng et al.，2013；Windle et al.，2009；Hastie and Tibshirani，1990）。

2. 模型结果评估方法

模型的评估是关键环节，在此选择一些指标来评估和对比两个模型，包括校正后的 R^2、AIC、平均残差、RSS 和残差的 Moran's I。校正后的 R^2 接近 1 表示模型性能良好，而越小的 AIC 值表示模型预测的结果越接近真实值（Windle et al.，2009；Posada and Buckley，2004）。类似地，平均残差和残差平方和较小表示拟合度良好，而残差的全局 Moran's I 接近 0（Oden and Sokal，1978）且 $p>0.05$ 则表明模型性能良好。

良好的模型的残差在研究区域内一般随机分布（Windle et al.，2009），使用 Global Moran's I 通过分析模型残差来检验 GAM 和 SAR 模型的拟合性能，其中 Global Moran's I 的值域为 [−1，1]。Moran's I>0 且 $p<0.05$，表示残差呈现空间聚类；Moran's I<0 且 $p<0.05$，表示残差在空间上随机分布；Moran's I 接近或等于 0 且 $p>0.05$ 表示残差随机分布。与前一节类似，理想的模型产生的残差 Moran's I 应该等于或接近 0。其余的模型检验和评估方法与前一节类似，即评估高-高 CPUE（HH）、低-低 CPUE（LL）、高-低 CPUE（HL）、低-高 CPUE（LH），还是通过命中率、漏检和虚警等方法来判断。

8.2.3　基于 SAR 挖掘的 CPUE-环境关系

采用 5 个标准来评估 GAM 和 SAR 模型在探测 CPUE-环境关系时的拟合性能，结果如表 8-9 所示。与 GAM 模型相比，SAR 模型具有更高的 R^2 和更低的 AIC，表明前者具有更好的拟合优度。SAR 模型的残差平方和小于 2.79，这也证实了其性能更好。GAM 和 SAR 模型都具有相对高的 p 值且残差 Moran's I 接近零，表明两个模型的残差在总体上随机分布。

表 8-9　GAM 和 SAR 模型与环境关系的拟合性能

模型	GAM	SAR
调整后的 R^2	0.1720	0.2040
AIC	1465.2200	1427.2900
残差总和	2.02×10^{-8}	4.59×10^{-8}
残差平方和	258.1000	255.3100
残差 Moran's I	0.0019	-0.0009
残差 p 值	0.6730	0.8698

如表 8-10 所示，GAM 模型中所有协变量的解释总偏差为 31.200%，其中月份变量能解释的残偏差最高，为 35.310、占 11.010%；经度能解释第二大残偏差，为 18.070、占 5.64%；年份能解释第三大残偏差，为 14.430、占 4.50%；纬度能解释最低的残偏差，为 5.700、仅占 1.78%。结果表明，通过 GAM 模型推断的茎柔鱼 CPUE 受月份、经度和年度的影响比较显著，而纬度对 CPUE 的影响较弱。图 8-10 显示，按其重要性降序排列，CPUE 与 SST、SSS 和 SSH 的环境变量密切相关，同时和时间变量与空间变量密切相关。除了 10～11 月在 15°S 以北发现 CPUE 最高，其他月份在 15°S 以北很少发现 CPUE 高值。在时间（包括年份和月份）方面，2011 年 12 月出现了 CPUE 高值，证实表 8-7 和表 8-8 中呈现的结果。

表 8-10　茎柔鱼渔场 GAM 模型的解释变量偏差、百分比、AIC 和拟合优度

模型项	空值	+月	+经度	+年	+SST	+SSS	+SSH	+Latitude
残差	320.620	285.310	267.240	252.810	240.720	232.240	226.300	220.600
解释变量误差		35.310	18.070	14.430	12.090	8.480	5.940	5.700
解释总偏差的百分比/%		11.010	16.650	21.150	24.920	27.500	29.420	31.200
AIC	1605.330	1555.870	1530.560	1510.350	1493.420	1481.540	1473.250	1465.220
校正后的 R^2		0.061	0.092	0.117	0.137	0.152	0.162	0.172
p 值		<0.010	<0.010	<0.010	<0.010	<0.050	<0.050	<0.100*

注：*表示需注意的数值。

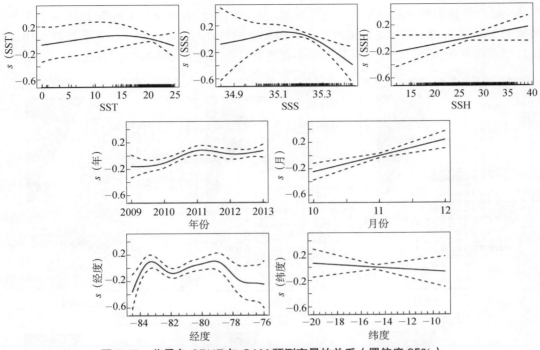

图 8-10　茎柔鱼 CPUE 与 GAM 预测变量的关系（置信度 95%）

根据式（4-19），通过空间自相关将空间位置结合到模型中，将经度和纬度包括在 SAR 模型中作为解释变量，见表 8-11。除了 p 值为 0.1258 的经度变量之外，SAR 模型中的所有解释变量均具有统计学意义（p 值<0.05），与 GAM 模型的结果类似。系数之间的差异表明，变量对 CPUE 有不同的影响。CPUE 与 W_ln（CPUE）、年份呈强正相关，与 SST、SSH、月份和经度呈弱正相关，与 SSS 和纬度呈负相关，表明 CPUE 受 SSS、年份、W_ln（CPUE）和纬度的影响比较显著。

表 8-11　利用 SAR 对茎柔鱼 CPUE-海洋环境关系进行建模

变量	W_ln(CPUE)	常数项	SST	SSS	SSH	年份	月份	经度	纬度
系数	0.4585	−264.8100	0.0494	−1.3412	0.1204	1.0637	0.1477	0.0011	−0.1963
标准差	0.0885	242.3161	0.0377	2.7205	0.0430	0.2735	0.1199	0.1050	0.1051
z 得分	5.1832	−2.0928	2.3120	2.2493	2.7991	3.8900	2.2324	0.0101	−1.9668
p 值	0.0000	0.0385	0.0195	0.0220	0.0051	0.0001	0.0178	0.1258	0.0491

8.2.4　利用 GAM 和 SAR 预测茎柔鱼月分布

使用 GAM 和 SAR 模型预测 10～12 月茎柔鱼的月度空间分布，如图 8-11 所示。结果与 2009～2013 年实际的平均值（图 8-8）进行对比。总体而言，两个模型预测的平均 CPUE（表 8-11）大于实际值（表 8-8），而 SAR 预测的 CPUE 在所有 3 个月中都高于 GAM 的预测值。除了 12 月的 GAM 结果以外，所有月份的经典统计的偏度均为正值，说明 GAM 和 SAR 模型预测的 CPUE 呈左倾分布。预测结果的 Moran's I 值远大于实际 CPUE

的 Moran's，说明前者的空间模式更加聚集。两种模型预测的最高 CPUE 远远高于 3 个月的实际值（表 8-12 和表 8-8）。CPUE 最高预测值的位置与实际位置有一定的偏移。如果使用经度和纬度来刻画，CPUE 预测的质心在所有月份都与实际质心非常接近。

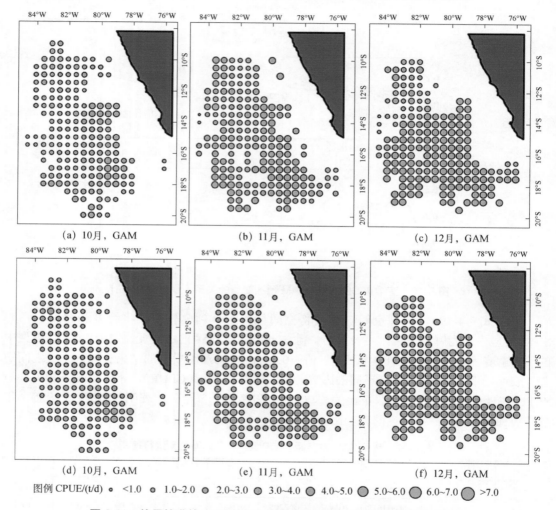

图 8-11　使用校准的 GAM 和 SAR 模型预测秘鲁外海茎柔鱼的空间分布

表 8-12　使用 GAM 和 SAR 模型预测的秘鲁外海茎柔鱼月 CPUE 分布统计

项目	GAM			SAR		
	10	11	12	10	11	12
最小值/（t/d）	3.32	1.69	2.79	2.16	2.22	3.23
平均值/（t/d）	5.09	6.29	7.30	5.22	6.34	7.37
最大值数值/（t/d）	7.40	11.47	10.68	18.92	17.62	15.07
最大值位置	79.5°W，18.0°S	80.0°W，10.0°S	83.5°W，18.5°S	79.5°W，17.5°S	78.0°W，18.5°S	81.0°W，16.0°S
变异系数	0.16	0.18	0.21	0.42	0.48	0.15
偏度	0.35	0.22	-0.32	7.92	9.80	2.64

续表

项目	GAM			SAR		
	10	11	12	10	11	12
Moran's I 指数	0.66	0.36	0.68	0.29	0.20	0.52
Moran's I 的 z 得分	16.36	14.38	16.57	9.56	12.62	13.19
中心位置	81.2°W, 14.8°S	81.0°W, 15.3°S	80.9°W, 15.6°S	81.2°W, 14.9°S	80.9°W, 15.5°S	81.1°W, 15.5°S

根据两个模型的预测结果计算秘鲁外海茎柔鱼的 CPUE 的热点和冷点。图 8-12 对比了实际 CPUE 的热点和冷点与预测的 CPUE 的热点和冷点，并分成了 7 个类别，如表 8-13 所示。目视判别显示：10 月，GAM 和 SAR 模型的茎柔鱼空间模式之间存在明显差异，而 11 月和 12 月的模式类似。从 GAM 建模结果来看，10 月在 83°W 以东存在大面积热点，而在 83°W 以西存在大面积冷点。从 SAR 建模结果来看，整个研究区域的东南部有一小部分热点，但没有冷点。对于 11 月和 12 月，两个模型的结果都表明，81°W 以东和 15°S 以南均为热点，83°W 以西和 15°S 以北均为冷点。

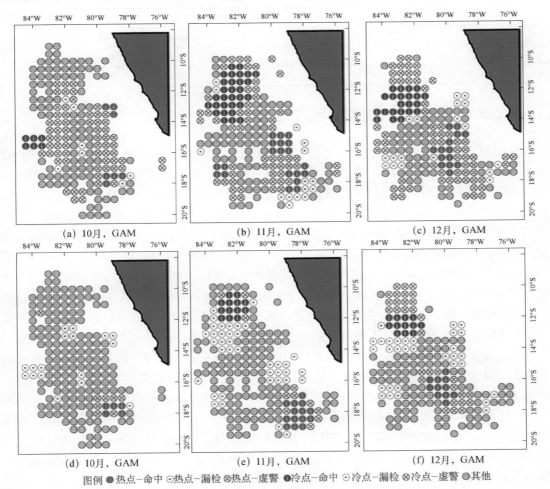

(a) 10月，GAM　　　　(b) 11月，GAM　　　　(c) 12月，GAM

(d) 10月，GAM　　　　(e) 11月，GAM　　　　(f) 12月，GAM

图例 ● 热点−命中　◉ 热点−漏检　⊗ 热点−虚警　● 冷点−命中　◉ 冷点−漏检　⊗ 冷点−虚警　● 其他

图 8-12　GAM 和 SAR 模型的 CPUE 热点分布

在所有月份中，SAR 预测热点的总体精度优于 GAM，这应该是由于 SAR 能正确预测研究区域内的非热点和非冷点，见表 8-13。与 GAM 模型相比，SAR 模型捕获含有热点或冷点的区域的能力不强，即 HitOT 不高（表 8-13）。在所有 3 个月中，与 GAM 相比，SAR 模型漏检了很多热点和冷点，但产生的虚警更少。

表 8-13　GAM 和 SAR 模型预测茎柔鱼分布热点的准确性和误差

项目	10 月		11 月		12 月	
模型	GAM	SAR	GAM	SAR	GAM	SAR
总体精度	61.4	90.3	63.0	74.1	52.8	65.2
HitOT 热点	3.8	2.8	10.6	7.4	7.9	6.2
HitOT 冷点	3.3	0.0	15.9	6.9	12.4	6.7
其他情景的正确预测	54.3	87.5	36.5	59.8	32.6	52.2
热点的命中	63.6	38.5	60.6	42.4	51.9	40.7
热点的漏检	36.4	61.5	39.4	57.6	48.1	59.3
热点的虚警	82.5	0.0	61.5	36.4	73.6	56.0
冷点的命中	66.7	0.0	93.8	40.6	81.5	44.4
冷点的漏检	33.3	100.0	6.3	59.4	18.5	55.6
冷点的虚警	83.8	0.0	43.4	18.8	55.1	58.6

8.2.5　两种方法的比较与讨论

通过以上结果可以发现，秘鲁外海茎柔鱼的分布和丰度存在年际和月度变化（图 8-7 和图 8-8，表 8-7 和表 8-8）。相关的重要海洋环境因素大多数可以使用卫星遥感观测得到，并且海洋环境的空间分辨率足够高，因此有助于分析 CPUE-海洋环境的关系（Tseng et al.，2013；Wang et al.，2010；Valavanis et al.，2008）。然而，遥感数据集在时间和空间上并不是完全连续的，并且可能会丢失部分关键数据。例如，2009～2013 年卫星遥感获取的 chl-a 缺失了秘鲁外海区域中的很大一部分信息。虽然空间插值可以估算缺失的数据（Chun and Griffith，2013），但估算的数据可靠性不如实际观测的数据准确，因此可能导致错误的 CPUE-chl-a 关系。实际上，文献表明 chl-a 对秘鲁外海茎柔鱼分布的影响非常弱（胡振明和陈新军，2008）。由于上述原因，本节没有采用 chl-a 数据进行解释，而是侧重于使用 SST、SSS 和 SSH 来建立 CPUE-海洋环境的关系，结果证明这样的选择是可行的。

茎柔鱼质心的年际纬向迁移约为 5.2°，从 11.9°S 迁移到 17.1°S；而质心的经向迁移约为 3.2°，从 79.5°W 迁移到 82.7°W，见表 8-7。这表明，质心的经度主要位于 81°W 附近。研究表明，1991～1999 年茎柔鱼广泛分布于沿海地区，其最高丰度位于秘鲁北部沿海地区的 3°24′S～9°S（Taipe et al.，2001）。另外，2009～2013 年茎柔鱼的最高丰度出现在 11°S～17.5°S，这表明随着时间的推移，CPUE 峰值向南移动。这种生物过程和分布变化可能与全球厄尔尼诺与南方涛动事件以及秘鲁沿岸海洋环境的变化密切相关（Ñiquen and Bouchon，2004；Ichii et al.，2002；Taipe et al.，2001）。

茎柔鱼月度纬向质心迁移约为 1.1°，从 14.3°S 迁移到 15.4°S；而纬向迁移约为 0.2°，从81.0°W迁移到81.2°W，这表明与其年度变动相比，茎柔鱼月度变动幅度较小，见表8-7和表8-8。预测结果显示月度纬向质心迁移约为0.6°，与实际迁移高度吻合。Moran's I与质心迁移相似，秘鲁外海茎柔鱼的年际空间格局在2009～2013年变化很大，而月度空间格局在10～12月的旺季较为聚集。

利用GAM模型建立茎柔鱼鱼种与海洋环境的关系，能够识别该鱼种的最佳生境（Tseng et al.，2013；Murase et al.，2009；Ciannelli et al.，2008）。建立的GAM模型显示，秘鲁外海茎柔鱼最佳范围为78°W～80°W，15°S～18°S和82°W～84°W，15°S～18°S，SST为20.9～21.9℃，SSS为35.16～35.32 psu，SSH为27.2～31.5 cm。SAR模型侧重于识别海洋环境因子的重要性，并同时考虑了CPUE-海洋环境因子关系的空间分布和变动特征。茎柔鱼分布与环境因子之间的关系能反映物种的分布（Yu et al.，2016b），因此可以用来预测茎柔鱼在未来的空间分布格局（Alabia et al.，2015；Igarashi et al.，2017）。

实际上，两种模型都考虑了空间特征，以期发现茎柔鱼的最佳空间分布范围。针对空间特征，GAM模型采用经度和纬度作为解释变量，并探测了其对秘鲁外海茎柔鱼CPUE分布的影响。相比而言，SAR模型不仅包含经度和纬度，而且采用空间自相关和空间权重来探测CPUE-海洋环境因子的关系（Lichstein et al.，2002；Anselin，1980）。SAR模型的特征在于，它使用CPUE同时作为自变量和因变量，使其具有自回归性。因此，SAR模型较好地处理了海洋环境因子和CPUE的空间特征，从而促进了茎柔鱼时空分布的识别与分析。

从空间自相关的角度来看，热点和冷点都是捕捞活动较强的空间渔场聚类区域，而其他呈现随机或非聚类分布的区域在空间上不是聚集的（Feng et al.，2017a）。因此，可以借助模型的这种捕捉热点和冷点的能力，来预测远洋鱼类的空间分布（Yu et al.，2016a；Feng et al.，2014a）。虽然SAR模型的整体精度更高，但与GAM相比，该模型在各方面的表现并不能算是最佳的。GAM比SAR模型预测了更多的热点，导致GAM产生了更多的虚警，但SAR漏检了更多热点和冷点。两个模型都预测了3个月中较大的热点区域，但是这些热点的聚类或离散的程度大于实际值。此外，本节案例仅采用SST、SSS和SSH 3个因素来构建模型，其他海洋因素，如chl-a、沿海上升流、ENSO，案例中没有考虑。但总体而言，GAM和SAR模型对预测秘鲁外海茎柔鱼的时空分布模式和中心渔场非常有价值。

本节案例研究了2009～2013年秘鲁外海茎柔鱼78°W～86°W和8°S～20°S的重要渔场，重点是其时空分布和CPUE-海洋环境的关系。通过使用GAM和SAR模型来建立柔鱼CPUE-海洋环境的关系，进而预测10～12月的CPUE空间模式，两种模型都以高精度预测了CPUE的空间分布。总体上虽然SAR模型更准确，但在各方面都没有超越GAM模型，因此SAR无法完全取代GAM。本节案例的研究结果有助于掌握CPUE的时空分布，以及海洋环境对茎柔鱼分布的影响。

8.3　小　　结

柔鱼和茎柔鱼CPUE的分布受海洋环境的影响非常强烈，为了探测柔鱼CPUE对海洋环境的响应机制，本章以GAM模型作为对照，通过两个案例来阐述GWR模型和SAR模型在渔业资源 CPUE 时空分布及其与海洋环境关系方面的作用，并通过校准后的模型实现了 CPUE 分布的预测，为探测远洋渔业的空间动态提供了新的思路。

具体来说，西北太平洋柔鱼案例中，GWR 模型和 GAM 模型对 CPUE 的月度空间分布的预测基本一致，前者预测的渔场热点总体精度超过 60%，在模型性能方面优于后者。因此，可以说 GWR 模型为研究其他远洋物种的空间非平稳特征提供了很好的范例；海洋经济种类较多，均可以采用 GWR 来建模，但是当经济鱼种采用的网格太大时，利用 GWR 建模就不能充分展现其价值。

在第二个案例中，针对秘鲁外海茎柔鱼，使用空间自相关 SAR 模型和 GAM 探测了影响茎柔鱼生境的 3 个典型海洋因子，即 SST、SSS、SSH，以及这 3 个因子与 CPUE 的关系。根据月度 CPUE 预测结果，SAR 模型和 GAM 的结果基本一致。在总体精度方面，SAR 模型预测的热点比 GAM 预测的热点高得多，但其他方面表现不如 GAM。由此可见，SAR 模型并不能完全取代 GAM，但有助于我们更好地理解秘鲁外海茎柔鱼的时空分布，为促进远洋渔业科学发展提供了一种新的建模方法。

参考文献

胡振明, 陈新军. 2008. 秘鲁外海茎柔鱼渔场分布与表温及表温距平值关系的初步探讨. 海洋湖沼通报，(4): 56-62.

Arkhipkin A I, Rodhouse P G, Pierce G J, et al. 2015. World squid fisheries. Reviews in Fisheries Science & Aquaculture, 23(2): 92-252.

Alabia I D, Saitoh S I, Mugo R, et al. 2015. Seasonal potential fishing ground prediction of neon flying squid (*Ommastrephes bartramii*) in the western and central North Pacific. Fish Oceanogr, 24(2): 190-203.

Anselin L, Syabri I, Kho Y. 2006. GeoDa: an introduction to spatial data analysis. Geographical analysis, 38(1): 5-22.

Anselin L. 1980. Estimation Methods for Spatial Autoregressive Structures: A Study in Spatial Econometrics . Program in Urban and Regional Studies, Cornell University.

Anselin L. 1988. Spatial Econometrics: Methods and Models. Berlin：Springer Science & Business Media.

Anselin L. 1995. Local indicators of spatial association-LISA. Geographical Analysis, 27(2): 93-115.

Bower J R, Ichii T. 2005. The red flying squid (*Ommastrephes bartramii*): A review of recent research and the fishery in Japan. Fisheries Research, 76(1): 39-55.

Cao J, Chen X, Chen Y. 2009. Influence of surface oceanographic variability on abundance of the western winter-spring cohort of neon flying squid *Ommastrephes bartramii* in the NW Pacific Ocean. Marine Ecology-Progress Series, 381: 119-127.

Chen C S, Chiu T S. 2003. Variations of life history parameters in two geographical groups of the neon flying squid, *Ommastrephes bartramii*, from the North Pacific. Fisheries Research, 63(3): 349-366.

Chen X, Cao J, Chen Y, et al. 2012. Effect of the kuroshio on the spatial distribution of the red flying squid ommastrephes bartramii in the northwest pacific ocean. Bulletin of Marine Science, 88(1): 63-71.

Chen X, Liu B, Chen Y. 2008. A review of the development of Chinese distant-water squid jigging fisheries. Fisheries Research, 89(3): 211-221.

Chen X, Tian S, Liu B, et al. 2011. Modeling a habitat suitability index for the eastern fall cohort of Ommastrephes bartramii in the central North Pacific Ocean. Chinese Journal of Oceanology and

Limnology, 29(3): 493-504.

Chen X, Zhao X, Chen Y. 2007. Influence of El Niño/La Niña on the western winter–spring cohort of neon flying squid (*Ommastrephes bartramii*) in the northwestern Pacific Ocean. ICES Journal of Marine Science, 64(6): 1152-1160.

Chen Y, Shan X, Jin X, et al. 2016. A comparative study of spatial interpolation methods for determining fishery resources density in the Yellow Sea. Acta Oceanologica Sinica, 35(12): 65-72.

Chun Y, Griffith D A. 2013. Spatial statistics and geostatistics: theory and applications for geographic information science and technology . London：SAGE.

Ciannelli L, Fauchald P, Chan K S, et al. 2008. Spatial fisheries ecology: Recent progress and future prospects. Journal of Marine Systems, 71(3-4): 223-236.

Drexler M, Ainsworth C H. 2013. Generalized additive models used to predict species abundance in the Gulf of Mexico: An ecosystem modeling tool. PloS One, 8(5): e64458.

Fan W, Wu Y, Cui X. 2009. The study on fishing ground of neon flying squid, Ommastrephes bartrami, and ocean environment based on remote sensing data in the Northwest Pacific Ocean. Chinese Journal of Oceanology and Limnology, 27(2): 408-414.

Feng Y, Chen X, Liu Y. 2016. The effects of changing spatial scales on spatial patterns of CPUE for Ommastrephes bartramii in the northwest Pacific Ocean. Fisheries Research, 183: 1-12.

Feng Y, Chen X, Liu Y. 2017a. Detection of spatial hot spots and variation for the neon flying squid Ommastrephes bartramii resources in the northwest Pacific Ocean. Chinese Journal of Oceanology and Limnology, 35(4): 921-935.

Feng Y, Chen X, Yang M. 2014a. Analyzing spatial aggregation of Ommastrephes bartramii in the Northwest Pacific Ocean based on Voronoi diagram and spatial autocorrelation. Acta Oceanologica Sinica, 36(12): 74-84.

Feng Y, Chen X, Yang M, et al. 2014b. An exploratory spatial data analysis-based investigation of the hot spots and variability of *Ommastrephes bartramii* fishery resources in the northwestern Pacific Ocean. Acta Ecologica Sinica, 34(7): 1841-1850.

Feng Y, Chen X, Yang X, et al. 2014c. HSI modeling and intelligent optimization for fishing ground forecast by using genetic algorithm. Acta Ecologica Sinica, 34(15): 4333-4346.

Feng Y, Cui L, Chen X, et al. 2017b. A comparative study of spatially clustered distribution of jumbo flying squid (Dosidicus gigas) offshore Peru. J Ocean Univ, 16(3): 490-500.

Fotheringham A S, Brunsdon C, Charlton M. 2003. Geographically weighted regressio. New York：John Wiley & Sons, Limited.

Fotheringham A S, Charlton M E, Brunsdon C. 1998. Geographically weighted regression: A natural evolution of the expansion method for spatial data analysis. Environment and Planning A, 30(11): 1905-1927.

Gasper J R, Kruse G H, Hilborn R. 2013. Modeling of the spatial distribution of Pacific spiny dogfish (*Squalus suckleyi*) in the Gulf of Alaska using generalized additive and generalized linear models. Canadian Journal of Fisheries and Aquatic Sciences, 70(9): 1372-1385.

Gilly W, Markaida U, Baxter C, et al. 2006. Vertical and horizontal migrations by the jumbo squid Dosidicus gigas revealed by electronic tagging. Marine Ecology Progress Series, 324(10): 1-17.

Grüss A, Drexler M, Ainsworth C H. 2014. Using delta generalized additive models to produce distribution maps for spatially explicit ecosystem models. Fisheries Research, 159: 11-24.

Hastie T J, Tibshirani R J. 1990. Generalized additive models . London：Chapman and Hall.

Hayase S. 1995. Distribution of spawning grounds of flying squid, Ommastrephes bartrami, in the North Pacific Ocean. Japan Agricultural Research Quarterly, 29(1): 65.

Ichii T, Mahapatra K, Sakai M, et al. 2004. Differing body size between the autumn and the winter–spring cohorts of neon flying squid (*Ommastrephes bartramii*) related to the oceanographic regime in the North Pacific. A Hypothesis: Fish Oceanogr, 13(5): 295-309.

Ichii T, Mahapatra K, Watanabe T, et al. 2002. Occurrence of jumbo flying squid Dosidicus gigas aggregations associated with the countercurrent ridge off the Costa Rica Dome during 1997 El Niño and 1999 La Niña. Marine Ecology Progress Series, 231: 151-166.

Igarashi H, Ichii T, Sakai M, et al. 2017. Possible link between interannual variation of neon flying squid (*Ommastrephes bartramii*) abundance in the North Pacific and the climate phase shift in 1998/1999. Progress in Oceanography, 150: 20-34.

Ishida Y, Azumaya T, Fukuwaka M. 1999. Summer distribution of fishes and squids caught by surface gillnets in the western North Pacific Ocean. Sapporo：Bulletin of the Hokkaido National Fisheries Research Institute.

Lichstein J W, Simons T R, Shriner S A, et al. 2002. Spatial autocorrelation and autoregressive models in ecology. Ecological Monographs, 72(3): 445-463.

Liu B, Chen X, Chen Y, et al. 2013a. Age, maturation, and population structure of the Humboldt squid Dosidicus gigas off the Peruvian Exclusive Economic Zones. Chinese Journal of Oceanology and Limnology, 31(1): 81-91.

Liu B, Chen X, Yi Q. 2013b. A comparison of fishery biology of jumbo flying squid, *Dosidicus gigas* outside three Exclusive Economic Zones in the Eastern Pacific Ocean. Chinese Journal of Oceanology and Limnology, 31(3): 523-533.

Longley P A, Goodchild M F, Maguire D J, et al. 2015. Geographic information science and systems. New York：John Wiley & Sons.

Markaida U, Quiñónez-Velázquez C, Sosa-Nishizaki O. 2004. Age, growth and maturation of jumbo squid Dosidicus gigas (Cephalopoda: *Ommastrephidae*) from the Gulf of California, Mexico. Fisheries Research, 66(1): 31-47.

Martínez-Rincón R O, Ortega-García S, Vaca-Rodríguez J G. 2012. Comparative performance of generalized additive models and boosted regression trees for statistical modeling of incidental catch of wahoo (*Acanthocybium solandri*) in the Mexican tuna purse-seine fishery. Ecological Modelling, 233: 20-25.

Meaden G J, Aguilar-Manjarrez J. 2013. Advances in geographic information systems and remote sensing for fisheries and aquaculture.Rome：Food and Agriculture Organization of the United Nations.

Mitchel A E. 2005. The ESRI Guide to GIS analysis, Volume 2: Spartial measurements and statistics. ESRI Guide to GIS Analysis.Redlands：ESRI Press.

Morales-Bojórquez E, Pacheco-Bedoya J L. 2016. Jumbo Squid *Dosidicus gigas*: A new fishery in Ecuador. Reviews in Fisheries Science & Aquaculture, 24(1/4): 98-110.

Murase H, Nagashima H, Yonezaki S, et al. 2009. Application of a generalized additive model (GAM) to reveal relationships between environmental factors and distributions of pelagic fish and krill: A case study in Sendai Bay, Japan. ICES Journal of Marine Science, 66(6): 1073-1080.

Nigmatullin C M, Nesis K N, Arkhipkin A I. 2001. A review of the biology of the jumbo squid Dosidicus gigas (Cephalopoda: *Ommastrephidae*). Fisheries Research, 54(1): 9-19.

Ñiquen M, Bouchon M. 2004. Impact of El Niño events on pelagic fisheries in Peruvian waters: Deep sea research part II. topical studies in oceanography, 51(6-9): 563-574.

Nishikawa H, Igarashi H, Ishikawa Y, et al. 2014. Impact of paralarvae and juveniles feeding environment on the neon flying squid (*Ommastrephes bartramii*) winter–spring cohort stock. Fish Oceanogr, 23(4): 289-303.

Nishikawa H, Toyoda T, Masuda S, et al. 2015. Wind-induced stock variation of the neon flying squid (*Ommastrephes bartramii*) winter-spring cohort in the subtropical North Pacific Ocean. Fish Oceanogr, 24(3): 229-241.

Oden N L, Sokal R. 1978. Spatial autocorrelation in biology. 2. Some biological implications and four applications of evolutionary and ecological interest. Biological Journal of the Linnean Society, 10(2): 229-249.

Paulino C, Segura M, German C. 2016. Spatial variability of jumbo flying squid (*Dosidicus gigas*) fishery related to remotely sensed SST and chlorophyll-a concentration (2004-2012). Fisheries Research, 173(2): 122-127.

Pontius R G, Millones M. 2011. Death to Kappa: birth of quantity disagreement and allocation disagreement for accuracy assessment. International Journal of Remote Sensing, 32(15): 4407-4429.

Posada D, Buckley T R. 2004. Model selection and model averaging in phylogenetics: Advantages of Akaike information criterion and Bayesian approaches over likelihood ratio tests. Systematic Biology, 53(5): 793-808.

Rodhouse P G, Yamashiro C, Arguelles J. 2016. Jumbo squid in the eastern Pacific Ocean: A quarter century of challenges and change. Fisheries Research, 173(2): 109-112.

Rodhouse P. 2001. Managing and forecasting squid fisheries in variable environments. Fisheries Research, 54(1): 3-8.

Rosas-Luis R, Salinas-Zavala C, Koch V, et al. 2008. Importance of jumbo squid Dosidicus gigas (Orbigny, 1835) in the pelagic ecosystem of the central Gulf of California. Ecological Modelling, 218(1-2): 149-161.

Sumaila U R, Cheung W W, Lam V W, et al. 2011. Climate change impacts on the biophysics and economics of world fisheries. Nature Climate Change, 1(9): 449-456.

Taipe A, Yamashiro C, Mariategui L, et al. 2001. Distribution and concentrations of jumbo flying squid (*Dosidicus gigas*) off the Peruvian coast between 1991 and 1999. Fisheries Research, 54(1): 21-32.

Tian S, Chen X, Chen Y, et al. 2009. Standardizing CPUE of Ommastrephes bartramii for Chinese squid-jigging fishery in Northwest Pacific Ocean. Chinese Journal of Oceanology and Limnology, 27(4): 729-739.

Tian S, Chen Y, Chen X, et al. 2010. Impacts of spatial scales of fisheries and environmental data on catch per unit effort standardisation. Marine and Freshwater Research, 60(12): 1273-1284.

Tseng C T, Su N J, Sun C L, et al. 2013. Spatial and temporal variability of the Pacific saury (*Cololabis saira*) distribution in the northwestern Pacific Ocean. ICES Journal of Marine Science, 70(5): 991-999.

Valavanis V D, Georgakarakos S, Kapantagakis A, et al. 2004. A GIS environmental modelling approach to essential fish habitat designation. Ecological Modelling, 178(3-4): 417-427.

Valavanis V D, Pierce G J, Zuur A F, et al. 2008. Modelling of essential fish habitat based on remote sensing, spatial analysis and GIS. Hydrobiologia, 612(1): 5-20.

Venables W, Dichmont C. 2004. A generalised linear model for catch allocation: An example from Australia's Northern Prawn Fishery. Fisheries Research, 70(2-3): 409-426.

Walsh W A, Ito R Y, Kawamoto K E, et al. 2005. Analysis of logbook accuracy for blue marlin (*Makaira nigricans*) in the Hawaii-based longline fishery with a generalized additive model and commercial sales data. Fisheries Research, 75(1): 175-192.

Waluda C M, Yamashiro C, Rodhouse P G. 2006. Influence of the ENSO cycle on the light-fishery for *Dosidicus gigas* in the Peru Current: An analysis of remotely sensed data. Fisheries Research, 79(1-2): 56-63.

Wang W, Zhou C, Shao Q, et al. 2010. Remote sensing of sea surface temperature and chlorophyll-a: Implications for squid fisheries in the north-west Pacific Ocean. International Journal of Remote Sensing, 31(17-18): 4515-4530.

Wang Y, Zheng J, Wang Y, et al. 2012. Spatiotemporal factors affecting fish harvest and their use in estimating the monthly yield of single otter trawls in Putuo district of Zhoushan, China. Chinese Journal of Oceanology and Limnology, 30(4): 580-586.

Windle M J, Rose G A, Devillers R, et al. 2009. Exploring spatial non-stationarity of fisheries survey data using geographically weighted regression (GWR): An example from the Northwest Atlantic. ICES Journal of Marine Science, 67(1): 145-154.

Wood S. 2006. Generalized Additive Models: An Introduction with R . Boca Raton: CRC Press.

Xu B, Chen X, Qian W, et al. 2011. Spatial and temporal distribution of fishing ground for *Dosidicus gigas* in the offshore waters of Peru. Periodical of Ocean University of China, 41(11): 43-47.

Yan M, Li B, Zhao X. 2009. Isolation and characterization of collagen from squid (*Ommastrephes bartrami*) skin，J Ocean Univ, 8(2): 191-196.

Yang M, Chen X, Feng Y, et al. 2013. Spatial variability of small and medium scales, resource abundance of *Ommastrephes bartramii* in Northwest Pacific. Acta Ecologica Sinica, 33(20): 6427-6435.

Yatsu A, Watanabe T, Mori J, et al. 2000. Interannual variability in stock abundance of the neon flying squid, *Ommastrephes bartramii* , in the North Pacific Ocean during 1979–1998: Impact of driftnet fishing and oceanographic conditions. Fish Oceanogr, 9(2): 163-170.

Yatsu A, Midorikawa S, Shimada T, et al. 1997. Age and growth of the neon flying squid, Ommastrephes bartrami, in the North Pacific ocean. Fisheries Research, 29(3): 257-270.

Yu H, Jiao Y, Carstensen L W. 2013. Performance comparison between spatial interpolation and GLM/GAM in estimating relative abundance indices through a simulation study. Fisheries Research, 147: 186-195.

Yu W, Chen X, Chen Y, et al. 2015a. Effects of environmental variations on the abundance of western winter-spring cohort of neon flying squid (*Ommastrephes bartramii*) in the Northwest Pacific Ocean. Acta Oceanologica Sinica, 34(8): 43-51.

Yu W, Chen X, Yi Q, et al. 2015b. A review of interaction between neon flying squid (Ommastrephes bartramii) and oceanographic variability in the North Pacific Ocean. J Ocean Univ, 14(4): 739-748.

Yu W, Chen X, Yi Q, et al. 2016a. Spatio-temporal distributions and habitat hotspots of the winter–spring cohort of neon flying squid *Ommastrephes bartramii* in relation to oceanographic conditions in the Northwest Pacific Ocean. Fisheries Research, 175: 103-115.

Yu W, Yi Q, Chen X, et al. 2016b. Modelling the effects of climate variability on habitat suitability of jumbo flying squid, *Dosidicus gigas*, in the Southeast Pacific Ocean off Peru. ICES Journal of Marine Science, 73(2): 239-249.

第 9 章 渔业资源分布模式的空间尺度效应

所有关于空间模式的分析都是基于一定的观测尺度而开展的。针对渔业资源研究，虽然目前空间尺度问题逐渐受到关注，但是渔业资源空间模式的尺度关系和尺度效应仍然不是很明晰，急需开展探索和研究。

有关渔业空间尺度的研究起步较晚，在已有研究中多是定性地探讨渔业资源的尺度效应，忽视了鱼类的生物学和行为特征，然而这些都受到鱼类生活环境的影响。在已有的少数涉及海洋环境的鱼类尺度效应问题研究中，学者们大多选择单个海洋环境因子作为环境影响的反馈研究。鱼类在海洋生态系统中扮演着不同的角色，影响其时空分布的海洋因子有很多，且这些因子的选取标准很难把握，可能导致选取因子不同，所得结果不同的现象。另外，过去鱼类尺度问题的研究都是采用单一的方法，即大多根据经验来选取某一个空间分辨率；但渔业资源与海洋环境的作用机理不同，可能会产生不同的尺度效应，因此采用多尺度方法来开展研究具有迫切性。

本章以西北太平洋柔鱼和秘鲁外海茎柔鱼为例，通过分析渔业网格划分（即空间分辨率或空间观测尺度）方法对 CPUE 和捕捞努力量的全局空间模式、局部空间模式和 CPUE-海洋环境关系的影响，在多尺度下揭示渔业资源空间格局的尺度效应及其与海洋环境关系的响应机制，深化对渔场-环境关系的理解。

9.1 渔业网格划分方法 CPUE 和捕捞努力量
空间模式的影响

在西北太平洋柔鱼渔业资源空间分布的研究中，不同的空间网格划分方法，即不同的空间尺度，会对柔鱼资源的 CPUE 和捕捞努力量产生不同的影响。通过分析不同空间网格划分方法的影响，能够消除空间网格划分因素对 CPUE 和捕捞努力量分析造成的干扰，从而选择合适的空间网格划分方法和具体方案，真实反映渔业资源的空间模式，减少渔业资源评估和分析的不确定性，为渔业资源的科学管理与可持续开发提供依据。

9.1.1 数据来源与网格划分方法

1. 未划分网格的原始渔业数据

本节案例以西北太平洋柔鱼为研究对象，采用的原始商业捕捞数据获取于该区域的传统渔场（150°E～160°E，39°N～45°N），数据时间为 2010 年，由中国远洋渔业协会鱿钓技术组提供。原始数据包括渔船名称、捕捞数据位置、每条渔船每日渔获量（t）和捕捞作业次数。在原始数据尺度下，每条渔船在某个位置的 CPUE 由总渔获量除以该位置的捕捞操作量求得，与前述章节一致。图 9-1 显示的是原始数据尺度下 2010 年的西北太平洋柔鱼 CPUE 数据点。

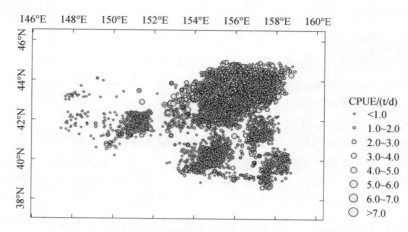

图 9-1　用于渔业网格划分方法研究的原始商业捕捞柔鱼数据

2. 空间网格划分方法

在此提出三种渔业空间网格划分方法，三种方法均在 ArcGIS 中实现。第一种方法为，选取研究区域内经度最小的数据点对应的经度，纬度最小的数据点对应的纬度，获得左下角边缘点（在本节案例中为 147.45°E，38.6°N），以此为起始点重新对原始数据进行空间网格划分。第二种方法为，取左下角整数点（在本节案例中为 140°E，30°N）为起始点，重新对原始数据进行空间网格划分。第三种方法为，使用 Median Center 工具获取原始数据的重心点（在本节案例中为 155.916777°E，42.734028°N），将其作为起始点重新对原始数据进行空间网格划分。图 9-2 为利用 2010 年原始数据获取的左下角边缘点、左下角整数点和原始数据的重心点，以及这些点对应的位置。起始点的重要性不言而喻，不同起始点会导致整个网格发生错位或者偏移，因此用每种方法计算的每个点的 CPUE 和其他方法都有差异，这也会造成经典统计量的差异和空间分布模式的差异。

3. 名义 CPUE 计算

图 9-3 为采用 ArcGIS Modelbuilder 建模器构建的 GIS 数据处理模型，针对三种网格划分方法，可以自动化批量处理原始商业捕捞数据，并计算每个网格点的 CPUE。使用该工具的具体步骤为：在 ArcGIS 中使用转换工具将网格数据（一般为数据表格）转化为 SHP 格式文件；将 SHP 格式文件中的渔获量数据和捕捞努力量数据分别转换为栅格文件；每个网格的总渔获量除以网格的总捕捞努力量，得到的计算结果为 CPUE，此时的数据为栅格格式；然后将 CPUE 栅格数据结果转化为点数据，再转换为 SHP 格式文件用于空间模式和格局的研究。

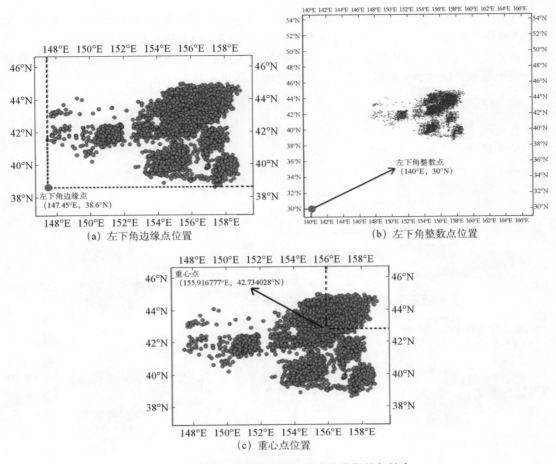

（a）左下角边缘点位置　　　　　　（b）左下角整数点位置

（c）重心点位置

图 9-2　采用三种空间网格划分方法获取的起始点

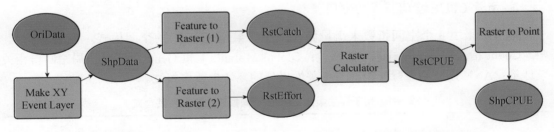

图 9-3　采用 ArcGIS Modelbuilder 构建 GIS 模型对渔业网格划分进行批处理

9.1.2　多尺度网格划分与空间指数

1. 多尺度数据处理

将 2010 年的柔鱼数据利用三种不同方法进行多尺度的空间网格划分，并计算每个网格的 CPUE，具体方法为，分别按经纬度 5′×5′～90′×90′共 18 个空间尺度实现尺度划分，并在 ArcGIS 中求取每个点的 CPUE 值。图 9-4 中第一列显示为按照第一种方法将 CPUE 网格化的结果（此处只显示 $5' \times 5'$、$60' \times 60'$ 和 $90' \times 90'$ 的网格）；第二列显示为按照第二种方法将 CPUE 网格化的结果；第三列显示为按照第三种方法将 CPUE 网格化的结果。结果显示，除 $5' \times 5'$ 网格尺度外，其他尺度显示出了显著的差别。

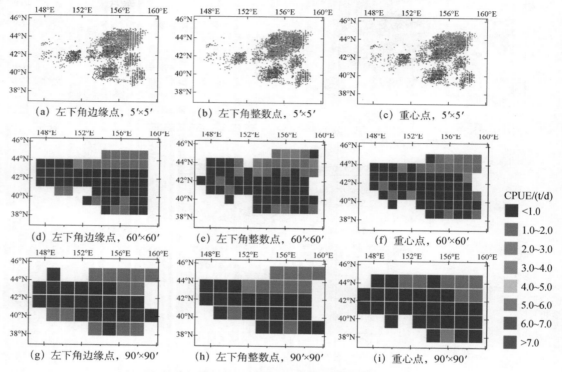

图 9-4　采用三种划分方法划分网格的柔鱼 CPUE 数据

2. 衡量 CPUE 空间模式的空间指数

本节拟采用 4 个空间指数来衡量西北太平洋柔鱼 CPUE 的空间模式，见表 9-1。其中，Count 指数描述的是样本点的数量；Global Moran's I 和 General G 是全局空间自相关统计量；ANN 用来衡量除了空间自相关性以外的离散性或聚集性。

表 9-1　用于评估柔鱼 CPUE 空间模式的指数及其含义

空间指数	意义	用于描述的属性
Count	针对每个空间尺度，计算网格点的总数	数据的变化
Global Moran's I 指数 和 z 值	基于 CPUE 值及其位置来描述柔鱼数据的空间自相关，其中 Moran's I 统计量的 z 值用于评价空间分布是否与随机分布显著不同	空间自相关性
Getis-Ord General G 指数 和 z 值	Getis-Ord 与 Moran's I 类似，确定 CPUE 数据的聚集度高低，其 z 值用于描述显著水平	聚集度和离散度
ANN 比率和 z 值	测量 CPUE 点的平均距离与随机分布的预期平均距离的差异	

9.1.3　四种典型空间指数在不同网格划分下的尺度关系

图 9-5 显示了样本点的数量 Count 指数、空间自相关性指数 Moran's I 和 General G、ANN 比率随空间尺度变化的曲线。其中，1 代表以左下角边缘点为起始点划分网格；2 代表以左下角整数点为起始点划分网格；3 代表以研究数据的重心点为起始点划分网格。图 9-5（a）显示样本点的数量 Count 随空间尺度变粗而显著减小，并且与空间网格的大小呈幂律负相关关系，三种空间网格划分方法符合幂律的拟合优度（R^2）分别为 0.9982、0.9974 和 0.9982。

图 9-5（b）为 Moran's I 随空间尺度的变化趋势，其中极大值在图中用倒三角形标注。第一种划分方法的 Moran's I 分别在 10′、30′、50′、60′、70′和 85′显示局部极大值；第二种划分方法的 Moran's I 分别在 10′、25′、35′、55′和 75′显示局部极大值；第三种划分方法的 Moran's I 分别在 10′、20′、45′、55′、70′和 80′显示局部极大值。这一趋势表明，当达到 Moran's I 极大值时，数据显示出聚集的空间模式。图 9-5（c）是对 Moran's I 与空间尺度关系的拟合，呈现三次多项式关系。图 9-5（d）显示 Moran's I 的 z 得分随着空间尺度变粗而迅速减小，并与空间尺度之间符合幂律关系。

图 9-5（e）显示，在尺度为 40′以后 General G 随着空间尺度变粗而增大，表明 CPUE 的空间模式聚集性变高，其中的极小值用倒三角形标注。图 9-5（f）显示，General G 与空间尺度关系的拟合方程曲线呈现三次多项式关系，与 Moran's I 相同，但其趋势值皆较为微弱，表明受到尺度影响的程度相对较低。

图 9-5（h）表明，ANN 比率和空间尺度的关系是连续幂律关系，随着空间尺度变粗显示出缓慢增大的趋势。三种空间网格划分方法的 R^2 分别为 0.9738、0.9708 和 0.967，表明 ANN 比率受空间尺度变化的影响较大。图 9-5（i）表明 ANN 比率的 z 得分与空间尺度之间呈现三次多项式关系。

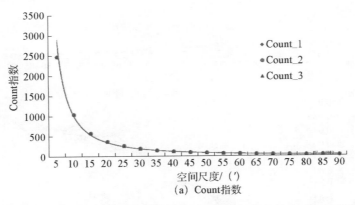

图 9-5　三种不同网格划分方法下的 CPUE 空间分布模式与空间尺度关系

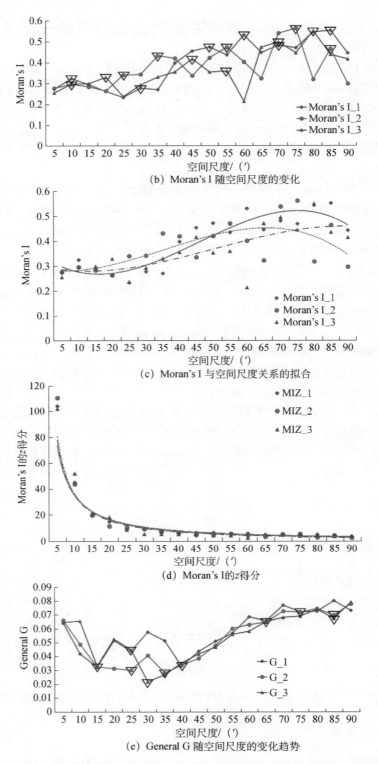

(b) Moran's I 随空间尺度的变化

(c) Moran's I 与空间尺度关系的拟合

(d) Moran's I的z得分

(e) General G 随空间尺度的变化趋势

图 9-5　三种不同网格划分方法下的 CPUE 空间分布模式与空间尺度关系（续）

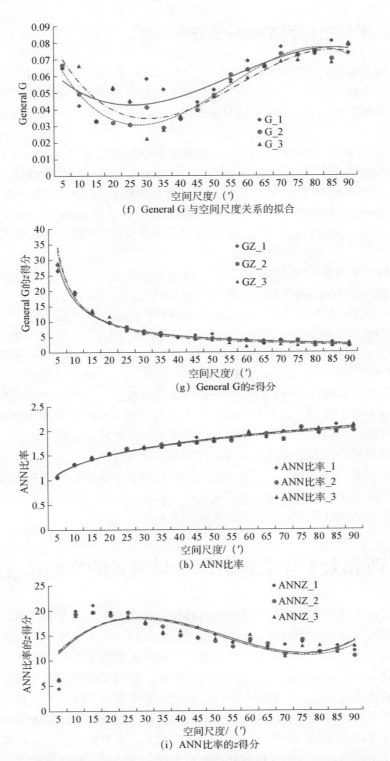

（f）General G 与空间尺度关系的拟合

（g）General G的z得分

（h）ANN比率

（i）ANN比率的z得分

图9-5 三种不同网格划分方法下的 CPUE 空间分布模式与空间尺度关系（续）

9.1.4 不同空间网格划分方法的影响

图 9-5（a）显示，三种网格划分方法的 Count 指数在同一个空间尺度下没有太大差异，但是第二种划分方法（即以左下角整数点为起始点的方法）所得到的 Count 指数略小于另外两种网格划分方法。随着空间尺度变粗，利用不同方法得到的 Count 指数值之间的大小差异变大。

图 9-5（b）和图 9-5（c）表明，三种网格划分方法得到的 Moran's I 与空间尺度都呈现三次多项式关系，其拟合优度 R^2 分别为 0.8354、0.4646 和 0.5462，后两个拟合优度并不好。三种不同网格划分方法随空间尺度变化的趋势相似，都没有清晰的规律。图 9-5（c）显示，随空间尺度变粗，三种网格划分方法得到的 Moran's I 的值差异变大，说明不同的空间网格划分方法对 Moran's I 影响较大，即对空间模式的聚集和离散化程度影响较大。

图 9-5（e）和图 9-5（f）显示，三种网格划分方法的 General G 与空间尺度都呈现三次多项式关系，与 Moran's I 类似，但具有更高的拟合优度，R^2 分别为 0.7322、0.9377 和 0.8165。第一种方法分别在 15′、25′、40′、65′和 75′尺度下取得极小值；第二种方法分别在 15′、25′、35′、75′和 85′尺度下取得极小值；第三种方法分别在 15′、25′、30′、85′尺度下取得极小值。图 9-5（f）趋势线显示，在空间尺度小于 40′时，不同网格划分方法的 General G 变化差别较大，说明不同网格划分方法对 CPUE 高值或低值的聚类程度影响较大；空间尺度大于 40′时，不同方法的 General G 差别较小，说明三种方法的 CPUE 趋向于高聚类。图 9-5（h）显示，用三种网格划分方法得到的 ANN 比率都与空间尺度呈稳健的幂律关系，且随着空间尺度变粗，不同方法带来的细微差异更明显。

本节主要研究西北太平洋柔鱼 CPUE 空间模式的尺度关系，以及不同空间网格划分方法对 CPUE 的影响。结果显示，三种不同空间网格划分方法的 CPUE 在空间模式上具有相似的趋势，但随着空间尺度变粗，差异越明显。因此，对于渔业资源研究来说，不同的空间网格划分方式会在较大的空间尺度上呈现较大差异。

9.2 西北太平洋柔鱼资源全局模式的空间尺度效应

空间分析对于渔业资源和水产养殖的可持续发展和管理至关重要，但目前的研究普遍缺乏对空间尺度变化如何影响渔业资源空间格局的认识。大多数关于渔业资源时空格局的研究都是利用单一空间尺度来开展的，从单一空间尺度派生出来的空间格局在特定空间尺度上可能有效，但在其他尺度上可能不适用。因此，空间尺度的不断变化可能会极大地影响渔业资源的真实空间格局。本节主要探讨西北太平洋柔鱼 CPUE 空间格局的尺度关系，计算不同尺度下的 Count 指数、Moran's I、Geary's C、General G、ANN 和 Ripley's K 等空间指标值，并使用多元回归函数评估它们的尺度关系。本节提出的方法有助于建立与尺度无关的空间评价指数，从而更好地研究渔业资源的空间格局，并确定和建议渔业资源调查允许的最粗空间尺度。

9.2.1　研究区与原始数据

案例研究区域为 150°E～160°E，39°N～45°N，时间为 2003～2012 年的捕捞高峰期 8～10 月。在原始数据尺度上，每个位置的 CPUE 计算方法为总产量除以该位置的捕捞作业数量，而其他空间尺度的 CPUE 计算方法为每个网格中的总产量除以同一网格中的捕捞作业次数。图 9-6 为用于研究柔鱼全局空间尺度效应的原始数据集。

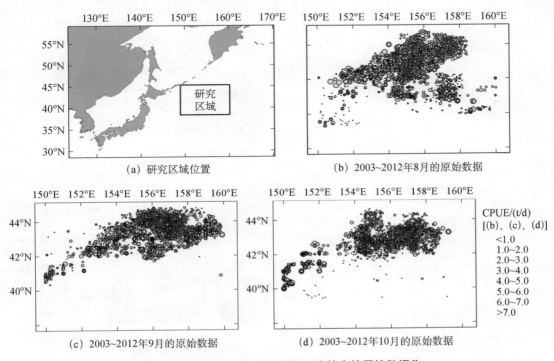

(a)　研究区域位置　　　　　(b)　2003～2012年8月的原始数据

(c)　2003～2012年9月的原始数据　　　　　(d)　2003～2012年10月的原始数据

图 9-6　用于研究柔鱼全局空间尺度效应的原始数据集

由于原始数据分布是不规则且没有网格的，一般认为其不存在空间尺度；但实际上这种数据依然存在其空间尺度，即数据点之间的平均距离。为了获取多尺度分析数据，本小节使用平均最近邻法，即通过测量最近的相邻点的真实平均距离来评估原始数据的空间尺度。本节 8 月、9 月和 10 月的空间尺度分别为 1.07′、0.94′和 0.99′。继而，将原始数据集划分为七个空间尺度，两个相邻空间尺度之间的间隔为 12′（即 0.2°），包括 12′×12′、24′×24′、36′×36′、48′×48′、60′×60′、72′×72′和 84′×84′；加之在渔业资源研究中广泛使用的空间尺度 30′×30′以及原始数据集，共使用 9 个空间尺度。多尺度分析文献认为，多尺度分析的最低尺度划分为 7 个，因此本节的划分方式满足多尺度空间分析。图 9-7 显示最细（12′×12′）和最粗（84′×84′）空间尺度下的柔鱼数据集。

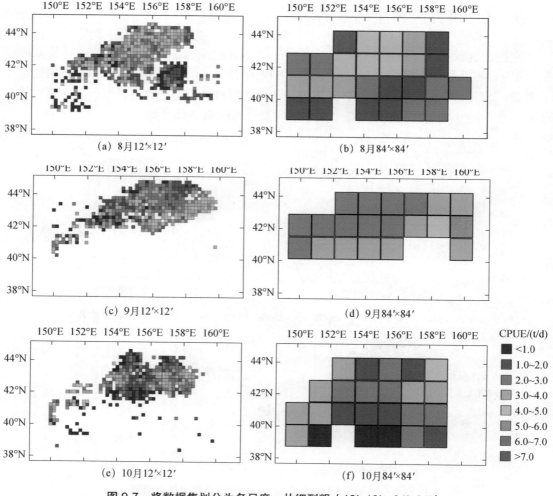

图 9-7　将数据集划分为多尺度：从细到粗（12′×12′～84′×84′）

9.2.2　网格数量的尺度关系

图 9-8 使用拟合曲线和方程（含拟合优度 R^2）表示尺度关系，其中 SS 表示以分（′）为单位测量的空间尺度；_AUG、_SEP 和_OCT 分别表示 8 月、9 月和 10 月。图 9-8 显示，Count 指数随着空间尺度变粗呈现显著的下降趋势，这种关系符合幂律函数的变化趋势，且所有数据的 $R^2>0.97$，具有稳健、良好的拟合关系。其中，8 月、9 月和 10 月的 Count 指数的分维数分别为 2.161、2.178 和 2.129，指示其变化程度强烈。Count 指数随着空间尺度变大而快速下降，表明该指数对空间尺度的变化非常敏感。

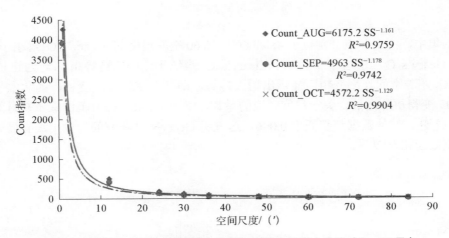

图9-8　不同月份的 Count 指数和空间尺度效应的拟合曲线（8～10月）

9.2.3　全局模式的尺度关系与尺度效应

1. 全局空间自相关的尺度关系

图 9-9 中的_AUG1 和_AUG2 分别代表 8 月相应空间指数中尺度关系的第一段和第二段；与此类似，_SEP1 和_SEP2 分别代表 9 月相应空间指数中尺度关系的第一段和第二段。在 8 月的数据集中，空间尺度为 48′时的 Moran's I 远高于空间尺度为 36′时的 Moran's I，但 48′时的 Moran's I 远小于 9 月数据集 36′时的 Moran's I。这一结果表明，12′～36′和 48′～84′处的两个空间尺度之间存在明显不同的尺度关系。因此，本节案例为 8 月和 9 月的数据集创建了分段回归，其中 8 月数据集包括 MI_AUG1 和 MI_AUG2，9 月数据集包括 MI_SEP1 和 MI_SEP2。针对 8 月和 9 月的数据集，Moran's I 的尺度关系呈分段线性函数（$R^2 > 0.8$），而 10 月的尺度关系是单调线性函数（$R^2 = 0.8955$）。

图 9-9 表明，8 月数据集两个分段函数的指数（Moran's I）是负值，表明柔鱼空间分布模式随着 Moran's I 减小更加离散；9 月数据集两个分段函数的指数（Moran's I）均为正值，表明柔鱼空间分布模式随着 Moran's I 增大变得更加聚集；10 月数据集的趋势指数（Moran's I）为负，表明随着空间尺度变粗，Moran's I 显示出连续减小的趋势，CPUE 的空间模式更加离散。对于其程度指标，所有系数的绝对值 Abs（a）都很小（$|a| < 0.01$），表明 Moran's I 随空间尺度没有显著变化，即尺度效应相对较弱。

与 Moran's I 指数类似，8 月和 9 月数据集中 Geary's C 的尺度关系也都是分段线性的；除空间尺度为 12′和 84′以外，10 月数据集中的尺度关系是线性的，这两个尺度具有异常 Geary's C 值，与其他尺度的 Geary's C 值的拟合线距离较远。在 8 月的数据集中，Geary's C 指数在 36′和 48′尺度上存在很大的差距，表明这两个尺度之间存在断点。在 9

月的数据集中，两个断点分别位于 48′和 60′，且 60′空间尺度的 Geary's C 远小于 48′空间尺度的 Geary's C。在这 3 个月中，Geary's C 均低于 1.0 且趋势指标均为正值，表明 Geary's C 随着空间尺度变粗而显示出增大趋势，即随着空间尺度变粗，西北太平洋柔鱼的 CPUE 变得更加离散。关于尺度效应的系数，绝对值 Abs（a）范围除了 9 月的第二段（>0.01）之外，其他数据集都低于 0.006，这表明 Geary's C 在空间尺度上没有显著变化，并且尺度效应相对较弱。

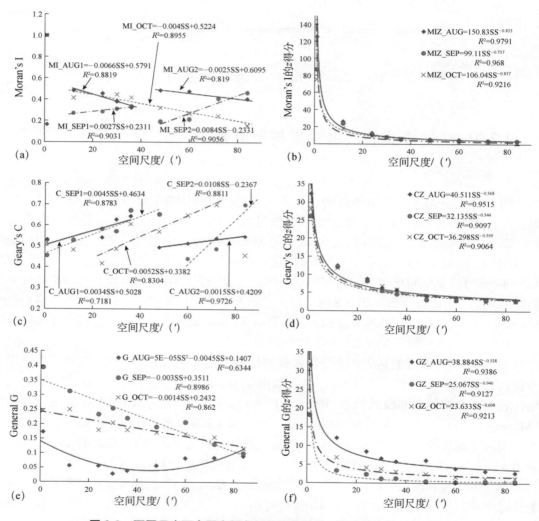

图 9-9　不同尺度下全局空间自相关指数及其 z 得分的空间尺度关系

对于 General G，8 月的数据集呈二次多项式尺度关系，而 9 月和 10 月数据集呈线性尺度关系。8 月数据集中，General G 在 1.07′（原始数据）和 48′之间的空间尺度范围内减小，在 48′～84′空间尺度范围内增大；然而二次多项式尺度效应的影响程度是不可量化

的。由于 9 月和 10 月数据集的趋势指标均为负值，即随着空间尺度变粗，General G 统计量减小，表明 CPUE 的空间模式也变得离散；但是指标 Abs（a）的范围很小（$|a| < 0.03$），表明尺度效应相对较弱。

此外，Moran's I、Geary's C 和 General G 的 z 得分均呈现幂律尺度关系，拟合优度均为高值。8 月、9 月和 10 月的分维数分别为 1.833、1.737 和 1.857；Geary's C 的 z 得分分别为 1.568、1.544 和 1.559；General G 的 z 得分分别为 1.538、1.946 和 1.608。分维数很高且都是正值，表明 z 得分随幂律发生了显著变化，特别是从原始尺度到 48′ 这一范围内。总体而言，随着空间尺度变粗，z 得分迅速下降，表明所有全局空间自相关指数在 60′ 以上都没有统计学意义，因此不建议选择大于 60′ 的网格来研究渔业资源的空间模式。

2. ANN 的尺度关系

与 Moran's I 和 Geary's C 相比，ANN 能够测量数据集本身的空间特征并且不需要权重，即不需要 CPUE。如图 9-10 所示，ANN 比率和空间尺度的关系在所有数据集中都是一致的，呈现出强烈的对数关系，拟合优度 R^2 都大于 0.97。尺度趋势指标均为正数，表明随着空间尺度变粗，ANN 比率增大。8 月、9 月和 10 月数据集的尺度效应指标分别为 0.3938、0.3799 和 0.3688，表明 ANN 比率受空间尺度变化的影响很强烈。此外，ANN 和 z 得分呈现幂律尺度关系，所有 R^2 均超过 0.95。8 月、9 月和 10 月数据集的分维数值均为正数，表明随着空间尺度变粗，ANN 比率的 z 得分迅速降低。

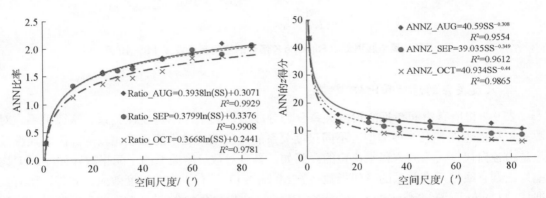

图 9-10　不同空间尺度下 ANN 比率和 z 值的空间尺度关系

3. Ripley's K 的尺度关系

与其他空间指数相比，Ripley's K 函数不能使用确定性关系（如线性和幂律）来描述。图 9-11 中的黑色直线代表期望平均距离，靠近每个图右下方的线表示较离散空间格局，靠近每个图左上方的线表示较聚集空间格局。图 9-11 显示，Ripley's K 函数在距离比数据集的空间分辨率更小处不能产生有效 L（d）值。此外，8 月、9 月和 10 月的数据集在原始空间尺度上比较粗尺度的空间分布更集中。随着空间尺度变得更粗，空间模式变得更离散，其中 60′×60′、72′×72′ 和 84′×84′ 空间尺度的分布离散程度最大，其空间格局与细尺度上的空间格局差异十分显著。

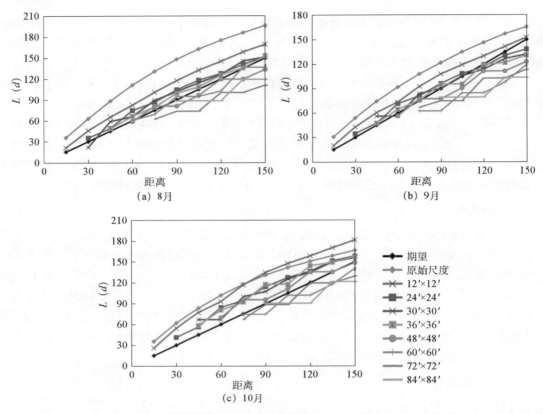

图 9-11　柔鱼数据集中 Ripley's K 函数的空间尺度效应（8～10 月）

4. 尺度关系的总结和比较

表 9-2 将所有空间指标的尺度关系分为分段线性关系、单调线性关系、幂律关系、对数关系和描述性关系 5 种类型。不同尺度关系的尺度效应是不能直接比较的，因为尺度效应是由各自尺度关系的方程来决定的。例如，具有对数尺度关系的空间指数（如 ANN 比率）比具有线性尺度关系的空间指数（如 Moran's I）具有更强的尺度效应。此外，所有数据集的 Count 数量、Moran's I、Geary's C、General G 和 ANN 的 z 得分的尺度关系是一致的，都表现为幂律关系，这说明 z 得分的尺度关系和尺度效应与 Count 指数相似，随着空间尺度变粗，渔获网格的数量显著减少。

图 9-12 显示的是 Count 指数和 4 个指数的 z 得分的关系。Count 指数和 Moran's I、Geary's C 的 z 得分的关系呈现稳健的幂律关系。在 8 月和 9 月的数据集中，Count 指数和 General G 的 z 得分的关系也是幂律关系；但对于 10 月的数据集则是对数关系，Count 指数和 ANN 的 z 得分的关系符合单调线性函数关系。其共同点是，随着 Count 指数减小，z 得分呈现下降趋势。显然，z 得分的大小不仅取决于空间指数本身，还取决于 Count 指数对应的网格数量（实际上，Count 指数就是网格数量）。

表 9-2 渔业资源全局空间尺度关系和尺度效应的总结与比较

尺度关系	空间指标	分段	尺度效应指标		
			8 月	9 月	10 月
幂律关系	Count	—	2.1610	2.1780	2.1290
	Moran's I z 值	—	1.8330	1.7370	1.8570
	Geary's C z 值	—	1.5680	1.5440	1.5590
	General G z 值	—	1.5380	1.9460	1.6080
	ANN 的 z 值	—	1.3080	1.3490	1.4400
分段线性关系	Moran's I 指数	第 1 段	−0.0066	0.0027	−0.0040*
		第 2 段	−0.0025	0.0084	
	Geary's C 指数	第 1 段	0.0034	0.0045	0.0052*
		第 2 段	0.0015	0.0108	
线性关系	General G 指数	—	—	−0.0030	−0.0014
对数关系	ANN 比率	—	—	0.3938	0.3799	0.3668
随着空间尺度变粗，空间模式聚集度下降	Ripley's K 函数	—	—	—	—

注："—"表示不适用；"*"表示一致线性。

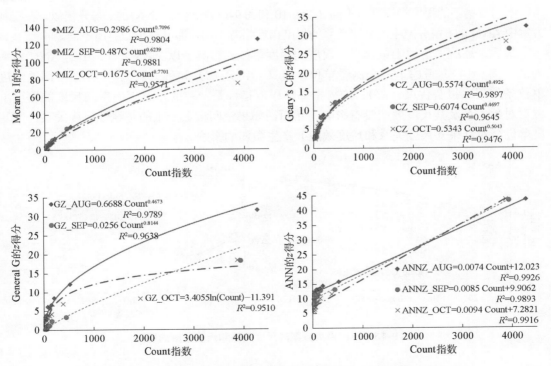

图 9-12 Count 数量指数与 4 个空间指数的 z 得分的尺度关系（8~10 月）

9.2.4　尺度效应的影响因素与允许最粗尺度

1. 尺度关系和尺度效应的影响因素

本小节基于空间格局指数与空间多尺度构建回归方程来量化空间尺度关系。根据回归方程的系数定义了尺度效应的指标，并用来衡量各空间指数的尺度效应，重点是其趋势和程度。尽管尺度关系和尺度效应受到数据本身、空间指数特征、CPUE 标准化、渔场网格化方式、空间尺度划分等因素的影响，但是总体上本节得出的趋势具有稳定性。

首先，空间格局的尺度关系是由该空间指数的本身性质和研究区数据决定的，即指数和鱼种共同决定了尺度效应。渔业的实验数据依赖 CPUE 的标准化方法，这可能导致空间格局的局部变化，从而影响尺度关系和尺度效应的识别和获取。但是，因为空间指数的公式是固定的，尺度关系和尺度效应不会完全不同。

其次，不同的空间聚类方案也会对尺度效应产生影响。聚类方案表示空间尺度（渔获网格）的范围和两个相邻空间尺度之间的尺度间隔。例如，从 $12' \times 12'$ 到 $84' \times 84'$ 间隔 12′是一种尺度方案，另外还可以按照很多尺度方案开展多尺度研究；因此，测试了两种备选尺度划分方案（AAS），包括：①将尺度范围从 $84' \times 84'$ 扩展到 $120' \times 120'$，间隔为 12′（称为 AAS-1）；②范围从 $10' \times 10'$ 到 $100' \times 100'$，间隔为 10′（称为 AAS-2）。为评价不同空间尺度划分方案对空间尺度效应的影响，对三种方案下的 ANN 指数及其 z 得分进行了探讨（图 9-13）。结果表明，针对 ANN 指数，三种尺度划分方案的尺度关系都是一致的，随着空间尺度变粗 ANN 比率增大，呈现稳健的对数关系。总的来说，在三种方案中趋势指标是不变的。相比之下，不同方案下的程度指标有所不同（图 9-10 和图 9-13），这与 ANN 的 z 得分相似。在三种方案中 ANN 的 z 得分产生的幂律关系的程度指标略有不同，即其分维数有所不同。

最后，还应考虑用于量化空间尺度的测度单位的影响。以 AAS-2 方案中的 ANN 比率为例（图 9-14），考虑了三个测量单位：度（°）、分（′）和秒（″）。在三个不同的测度单位条件下，拟合优度（R^2）、趋势指标和程度指标是一致的，这表明空间尺度的测度单位对对数关系及其尺度效应没有影响。然而，如果空间指数产生的是线性尺度关系，则测度单位会对结果（尺度关系和尺度效应）产生微弱的影响。

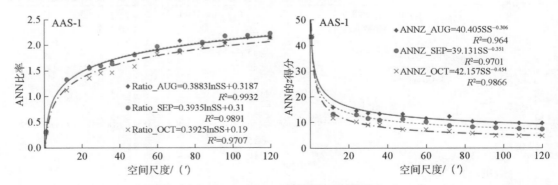

图 9-13　不同聚类方案对尺度关系和尺度效应的影响

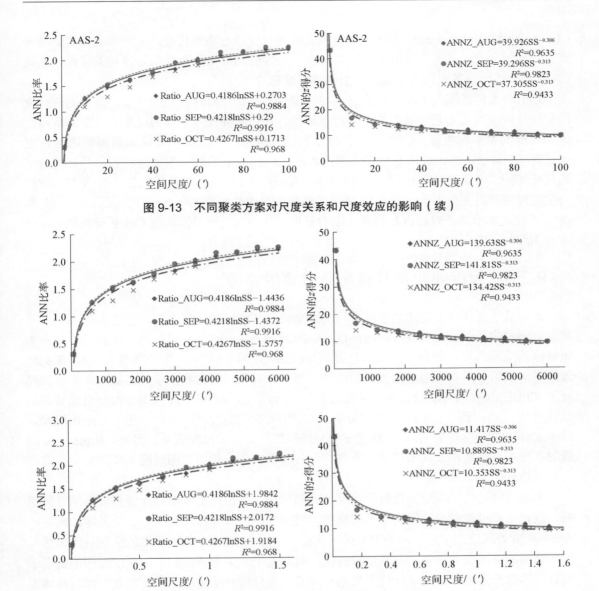

图 9-13　不同聚类方案对尺度关系和尺度效应的影响（续）

图 9-14　三种不同测量单位对尺度关系和尺度效应的影响

2. 允许最粗空间尺度（CA 尺度）

　　渔业网格划分是将原始商业捕捞数据转换成不同空间尺度的常用方法，而实际上捕捞数据的原始尺度是最适合反映其空间特征的。但是，原始捕捞数据的空间尺度随捕捞时间和捕捞作业而不断变化，只能对其进行空间尺度估计，如前所述采用的平均最近邻法。从地理学的角度看，原始尺度可以作为渔网和空间尺度选择的基准；细尺度产生的空间模式与原始数据相似，因此细尺度的空间模式更接近实际现象；较粗空间尺度所获取的空间模式更离散，不适用于渔业资源研究。虽然在空间分析时需要更细的尺度，但从经济方面考虑，针对广阔的海域，以细尺度收集捕捞数据难以实现。因此，本节允许最粗空间尺度

（the coarsest scale allowed），即 CA 尺度或者临界尺度作为临界尺度，是一种更佳的解决方案。此前的文献未曾提出过 CA 尺度的概念，也未能利用 CA 尺度来开展相关研究，因此 CA 尺度的提出及其识别方法也是本书的特有贡献。

本节将柔鱼资源的 CA 尺度定义为与尺度关系的拐点对应的空间尺度，并认为渔业资源空间分析应在 CA 尺度或更细的尺度上进行。在比临界尺度更细的尺度上，空间格局比原始数据的聚集性更强，而在比临界尺度粗的尺度上，空间格局比原始数据的离散性更强。图 9-9 显示，原始数据的空间格局在 8 月、9 月和 10 月都是聚集分布的，并且随着空间尺度变粗，聚集程度降低。8 月和 9 月的 Moran's I 和 Geary's C 指数在 36′、48′和 60′处的空间尺度存在 3 个拐点。图 9-11 显示，这 3 个月的数据集的临界尺度分别为 48′、36′和 48′。因此，本节基于对拐点和临界尺度的分析，认为西北太平洋柔鱼 CPUE 分析的 CA 尺度为 36′。

9.2.5 尺度效应对其他渔业资源的参考

本小节主要探讨了西北太平洋柔鱼资源全局空间格局的尺度关系。通过选择 Count 指数、Moran's I、Geary's C 和 General G、ANN 比率和 Ripley's K 函数等空间指数，研究柔鱼资源的空间格局，划分了从原始尺度到 84′×84′共 11 个空间尺度（网格大小）。在实验过程中，借用了景观生态学中常见的线性、幂律、对数、指数和多项式函数，探索不同尺度下 CPUE 与空间尺度的关系。研究表明，Geary's C、ANN 比率及其 z 得分呈现稳健的线性尺度关系；而 Moran's I 和 Geary's C 的尺度关系为分段线性函数；Count 指数、Moran's I、Geary's C 和 General G 的 z 得分呈现稳健的幂律尺度关系。另外，Ripley's K 函数的尺度关系不能用公式来描述，真实空间分布模式在较粗的空间尺度上变得更加离散，与其他指标类似。

本小节讨论的几个空间指数的尺度关系相对稳定，但尺度效应可能受到较多因素的影响，这些因素可能包括空间指数本身性质、空间尺度范围和捕捞数据点的数量等。此外，在 36′×36′处观察到柔鱼资源的 CA 尺度（临界尺度），比 CA 尺度更细的空间尺度仍然与原始数据的空间模式相似。需要注意的是，西北太平洋柔鱼资源的空间尺度效应不适用于所有海洋渔业资源，但是空间尺度关系和尺度效应分析方法适用于所有渔业资源。总体而言，多尺度分析方法有利于渔业资源的调查和管理，为分析渔业资源的空间尺度效应和寻找 CA 尺度提供了理论基础。

9.3 西北太平洋柔鱼资源 Getis-Ord G_i^* 热点的尺度效应

9.3.1 捕捞数据尺度划分与空间可视化

9.2 节讨论了全局尺度空间模式的尺度关系和尺度效应，而局部空间模式的尺度关系和尺度效应与全局具有不同的表现。为了探讨局部模式的尺度效应，本小节继续采用西北太平洋柔鱼的数据来分析，捕捞范围为（150°E～162°E，38°N～46°N），时间为2004～2013年，重点分析空间尺度对该渔场热点和冷点的影响。

使用 CPUE 来探测空间尺度对局部集群特征的影响，并使用 ANN 方法评估原始数据的空间尺度。评估结果显示，8月原始数据集的空间尺度为1.07′，9月为0.94′，10月为0.99′。将原始数据集划分为从 5′×5′到 90′×90′的 18 个空间尺度，两个相邻空间尺度的间隔 5′。包括原始数据集在内，共使用 19 个空间尺度进行多尺度分析。图9-15 为柔鱼原始捕捞数据以及 30′×30′、60′×60′和 90′×90′空间尺度划分的数据。

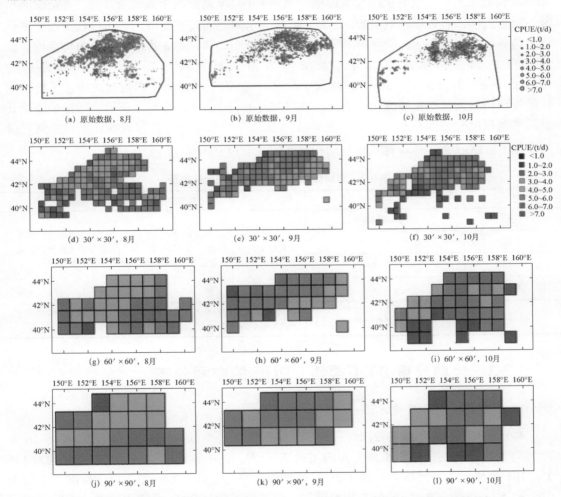

图9-15　柔鱼原始捕捞数据以及 30′×30′、60′×60′和 90′×90′空间尺度划分的数据

9.3.2　尺度效应分析方法

1. 热点模式的刻画指标

使用空间和非空间指数来度量柔鱼 CPUE 的空间分布，并探测不同尺度对其空间分布的

影响。针对每个局部区域或者热冷点以及其面积和质心等，所计算的统计量包括最小值、平均值、最大值、标准差、变异系数、偏态、峰度、1/4 分位数（Q1）、中位数和 3/4 分位数（Q3）等。渔场的空间热点和冷点通过 Getis-Ord G_i^* 方法来识别。本小节主要识别不同空间尺度上的热点和冷点，并详细研究了空间尺度变化引起的热点和冷点各种特征的变化。

2. 衡量尺度影响

与探测全局空间尺度关系和尺度效应类似，使用线性、对数、幂律、指数和多项式函数等方程来探测各指数的空间尺度影响。表 9-3 中，y 是空间指数或统计量，x 是空间尺度。对于线性、对数和指数函数，a 为正值时表示随空间尺度变粗，空间指数或统计量呈增大趋势；a 为负值时表示空间指数或统计量呈减小趋势，即 a 的正负号是趋势指标。前述章节认为，幂律函数的分维数 d 可以用来量化尺度影响，其计算方法为 $d = -1 - a(a > 0)$ 或 $d = 1 - a(a < 0)$。其中，$d(a > 0)$ 为负时表示空间指数或统计量随空间尺度变粗而增大（变粗即变化为更大的网格尺寸）；$d(a < 0)$ 为正时表示空间指数或统计量随空间尺度变粗而减小。此外，绝对值 $|d|$ 接近 1 时表示空间指数或统计量对空间尺度的变化不敏感；绝对值 $|d|$ 越大，空间指数或统计量对空间尺度的变化越敏感。

表 9-3　渔业资源尺度分析的潜在尺度关系

尺度关系	公式	公式的意义及其解释
线性	$y = ax + b$	
对数	$y = a\ln x + b$	a 为正值时表示随着空间尺度变粗，空间指数呈增长趋势；a 为负值时表示空间指数呈衰减趋势，即 a 的符号是趋势指标
指数	$y = a + be^{cx}$	
幂律	$y = bx^a$	
多项式	$y = a_n x^n + \cdots + a_1 x + a_0,\ n \geq 2$	$n = 2$ 表示抛物线型曲线，$n > 2$ 表示空间指数与相应空间尺度之间的关系更为复杂

9.3.3　经典尺度 30′下柔鱼 CPUE 的空间分布

1. 渔业数据的统计直方图

本节案例中的每个渔场数据对应 19 个空间尺度，3 个月共有 57 个数据集。图 9-16 为 30′×30′尺度下西北太平洋柔鱼资源的 CPUE 分布。其中，8 月、9 月和 10 月分别为 136 个、101 个和 107 个网格点，其 CPUE 平均值分别为 2.89、2.69 和 2.12。标准差范围为 1.05～1.59，表明 CPUE 的分布相对聚集。这 3 个月的 CPUE 呈峰态分布，表明柔鱼的 CPUE 空间变化很小，因此适合使用局部 Getis-Ord G_i^* 统计来识别其空间热点和冷点。

2. 渔业数据描述性统计量的尺度关系

表 9-4 和图 9-17 均显示，除了最大值和变异系数外，研究区中 CPUE 的统计数据没有表现出固定的尺度关系，即热点和冷点的大多数统计量随空间尺度的变化而变化，但是没有发现稳定的尺度关系。8 月和 9 月，最大值和变异系数都表现出指数尺度关系，并且呈

衰减趋势；这两个统计量在 10 月显示二次多项式尺度关系，其拐点都在 55′，拐点之前最大值和变异系数呈衰减趋势。8 月和 9 月，随空间尺度变粗，CPUE 和变异系数呈降低趋势，10 月变异系数则较为复杂。

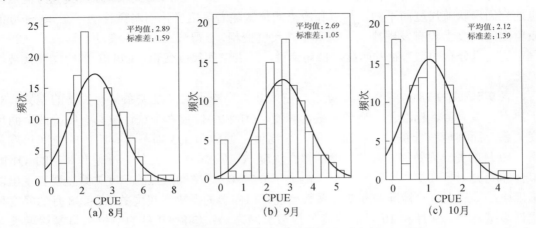

图 9-16　经典尺度 30′下西北太平洋柔鱼资源的 CPUE 分布

表 9-4　西北太平洋柔鱼渔业数据的尺度方程和拟合优度

指数	月份	公式	R^2	关系	特征
最大值	8	$y = 6.1205 + 8.7524\exp(-0.0611x)$	0.8616	指数	衰减
	9	$y = 5.1665 + 8.4527\exp(-0.0629x)$	0.7754	指数	衰减
	10	$y = 10.5823 - 0.2834x + 0.0043x^2$	0.8243	二次多项式	增长
		$y = 76.3562 - 1.9501x + 0.0131x^2$	0.9017	二次多项式	增长
变异系数	8	$y = 0.3069 + 0.2909\exp(-0.0177x)$	0.8513	指数	衰减
	9	$y = 0.4145 + 0.1253\exp(-0.9767x)$	0.7077	指数	衰减
	10	$y = 0.6653 - 0.0072x + 0.0002x^2$	0.7664	二次多项式	增长
		$y = 3.6427 - 0.0803x + 0.0005x^2$	0.8860	二次多项式	增长

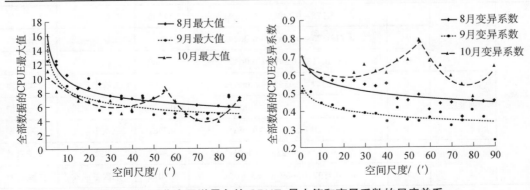

图 9-17　西北太平洋柔鱼的 CPUE 最大值和变异系数的尺度关系

3. 热冷点汇总统计数据的尺度关系

本节案例在原始尺度上发现 8 月存在 1 个热点和 2 个冷点，9 月存在 1 个热点和 1 个冷点，10 月存在 2 个热点和 1 个冷点。其中，30′×30′和 60′×60′的热冷点类似，但热冷点的空间形状随尺度而不同，热点和冷点的位置随着尺度变化而略微移动。在 80′~90′的较粗空间尺度上没有发现冷点。随着空间尺度变粗，z 得分在 -1~1 变动，这表示 CPUE 呈空间随机分布的态势越发明显。换句话说，随着空间尺度变粗，CPUE 的空间模式被均匀化。

表 9-5、图 9-18 和图 9-19 均显示，空间热点和冷点的尺度关系具有显著的差异。对于热点，最大值、标准差、变异系数、峰度、Q1 和中位数六个统计量具有明确的空间尺度关系；而其他统计量，包括最小值、平均值、偏度和 Q3 则不具有明确的空间尺度关系。10 月的变异系数和 8 月的峰度的拟合优度 R^2 超过 0.9；9 月的标准差和 8 月的 Q1 的拟合优度 R^2 小于 0.7；其余统计量的 R^2 介于 0.7~0.9。空间热点的尺度关系主要表现出以下规律：①最大值、标准差和变异系数呈现开口向上的抛物线尺度关系；②8 月的峰度呈线性衰减态势，9 月和 10 月的峰度呈指数衰减态势；③8~9 月的中位数呈幂律增长态势，10 月的中位数呈线性增长态势；④8~10 月的 Q1 呈幂律增长态势，表明 Q1 对空间尺度变化高度敏感。

对于冷点，平均值、最大值、标准差、偏度、峰度和 Q3 6 个统计量具有明确的空间尺度关系，其余最小值、变异系数、Q1 和中位数等统计量无明确的空间尺度关系。除 8 月的标准差以外，其余统计量的拟合优度 R^2 均超过 0.7 且有明确的尺度关系：①8~10 月的最大值呈指数衰减；②平均值、标准差、偏度、峰度和 Q3 为开口向上的抛物线，在最低点之前，先减小后增大。9 月和 10 月的偏度为正值，随着空间尺度变粗左倾斜越来越小，而 8 月左倾变为右倾。在比 30′更细的尺度上，8 月和 9 月的峰度大于 3，表明冷点的 CPUE 呈峰态分布；在比 30′更粗的尺度上，CPUE 的峰态呈低峰态分布；10 月在比 20′更细的尺度上显示尖峰态分布趋势。总体上，空间尺度越粗 CPUE 分布越不对称，显示出明显的低峰态分布。

表 9-5　西北太平洋柔鱼空间热冷点的尺度关系和拟合优度 R^2

群集	指数	月份	公式	R^2	关系	特点
热点	最大值	8	$y = 13.378 - 0.2401x + 0.0019x^2$	0.8530	二次多项式	先减后增
		9	$y = 12.373 - 0.2685x + 0.0024x^2$	0.7636	二次多项式	先减后增
		10	$y = 10.418 - 0.246x + 0.003x^2$	0.8307	二次多项式	先减后增
	标准差	8	$y = 2.2341 - 0.0538x + 0.0005x^2$	0.7758	二次多项式	先减后增
		9	$y = 1.5168 - 0.0251x + 0.0002x^2$	0.6670	二次多项式	先减后增
		10	$y = 1.601 - 0.415x + 0.0008x^2$	0.7581	二次多项式	先减后增
	变异系数	8	$y = 0.512 - 0.0128x + 0.0001x^2$	0.8457	二次多项式	先减后增
		9	$y = 0.4897 - 0.0094x + 8E - 05x^2$	0.8010	二次多项式	先减后增

续表

群集	指数	月份	公式	R^2	关系	特点
热点	变异系数	10	$y = 0.5824 - 0.0183x + 0.0003x^2$	0.9198	二次多项式	先减后增
	峰度	8	$y = 4.1701 - 0.0254x$	0.6129	线性	衰减
		9	$y = 6.6486^{-0.02x}$	0.7834	指数	衰减
		10	$y = 5.8304^{-0.015x}$	0.7189	指数	衰减
	Q1	8	$y = 2.403x^{0.1439}$	0.9140	幂律	增加
		9	$y = 1.6516x^{0.1886}$	0.8607	幂律	增加
		10	$y = 1.5642x^{0.1615}$	0.8607	幂律	增加
	中位数	8	$y = 1.6516x^{0.1886}$	0.7541	幂律	增加
		9	$y = 1.5642x^{0.1615}$	0.8001	幂律	增加
		10	$y = 2.7398 + 0.0151x$	0.7555	线性	增加
冷点	平均值	8	$y = 2.7256 - 0.0298x + 0.0002x^2$	0.8829	二次多项式	先减后增
		9	$y = 2.7178 - 0.0286x + 0.0002x^2$	0.7981	二次多项式	先减后增
		10	$y = 2.2238 - 0.0745x + 0.0007x^2$	0.9744	二次多项式	先减后增
	最大值	8	$y = 1.6906 + 11.5554^{-0.0687x}$	0.9645	指数	衰减
		9	$y = 2.6009 + 11.0053^{-0.0653x}$	0.9537	指数	衰减
		10	$y = 0.6428 + 9.3815^{-0.0679x}$	0.9858	指数	衰减
	标准差	8	—	—	—	—
		9	$y = 1.6 - 0.0208x + 0.0001x^2$	0.7499	二次多项式	先减后增
		10	$y = 1.537 - 0.0406x + 0.0004x^2$	0.9776	二次多项式	先减后增
	偏度	8	$y = 1.7299 - 0.0472x + 0.0004x^2$	0.7287	二次多项式	先减后增
		9	$y = 1.1305 - 0.0408x + 0.0007x^2$	0.8114	二次多项式	先减后增
		10	$y = 1.2854 - 0.0694x + 0.0006x^2$	0.8882	二次多项式	先减后增
	峰度	8	$y = 8.2726 - 0.2527x + 0.0022x^2$	0.8207	二次多项式	先减后增
		9	$y = 7.0884 - 0.2135x + 0.001x^2$	0.8792	二次多项式	先减后增
		10	$y = 4.4903 - 0.1153x + 0.0011x^2$	0.7801	二次多项式	先减后增
	Q3	8	$y = 2.9389 - 0.0556x + 0.0006x^2$	0.7669	二次多项式	先减后增
		9	$y = 3.3651 - 0.02x + 0.0001x^2$	0.7476	二次多项式	先减后增
		10	$y = 3.0984 - 0.0878x + 0.0008x^2$	0.9804	二次多项式	先减后增

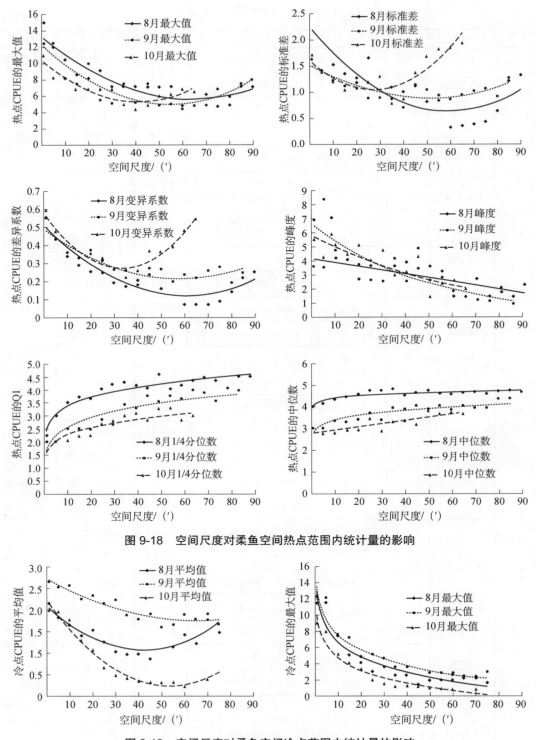

图 9-18　空间尺度对柔鱼空间热点范围内统计量的影响

图 9-19　空间尺度对柔鱼空间冷点范围内统计量的影响

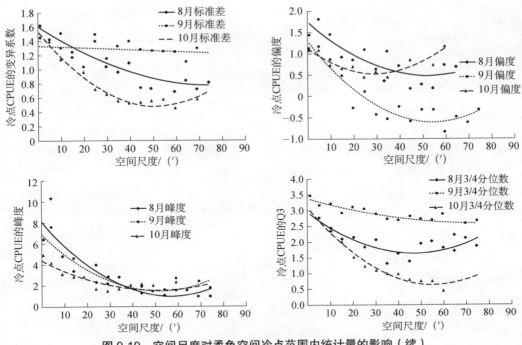

图9-19 空间尺度对柔鱼空间冷点范围内统计量的影响（续）

9.3.4 不同月份渔业局部空间分布的尺度效应

1. 不同尺度下的月度柔鱼资源模式

图9-20所示为7月柔鱼渔业的热点分析结果，该图显示7月的柔鱼 CPUE 空间分布具有很稳健的尺度关系。随着空间尺度变粗，热点的面积先增大后减小；15′尺度时热点的面积最大，且 z 得分>2.58（空间热点）的区域占主导；此时研究区的中部、东北部、东部等显示高值聚集，表明渔业资源的密度较高。高值聚集区域的位置随着空间尺度变粗而发生变化，由最初的中部、中部偏东北、东南局部转移到中部和东北部，最后集中在东北部。冷点区域的面积随着空间尺度变粗逐渐减小，60′尺度时显示无冷点区域。冷点的位置主要集中在中南部，该区域低值显著聚集，渔业资源密度较低。比较可知，在15′尺度时，柔鱼 CPUE 热点区域的自相关性最高，此时绝大部分为热冷点区域，高值和低值 CPUE 都聚集显著。

图9-20 空间尺度对柔鱼 CPUE 空间分布的影响（7月）

CPUE 单位为 t/d

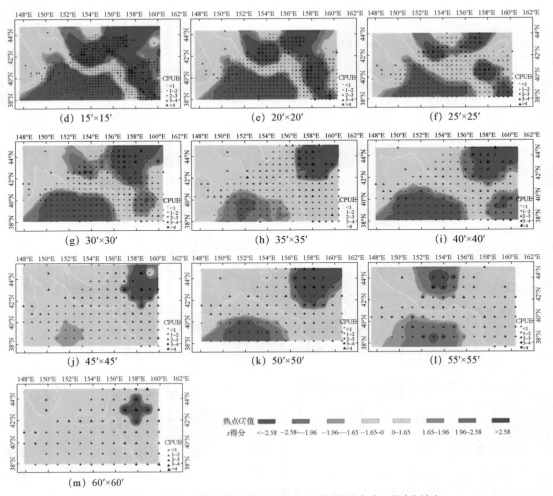

图 9-20　空间尺度对柔鱼 CPUE 空间分布的影响（7 月）（续）

CPUE 单位为 t/d

　　图 9-21 所示为 8 月柔鱼渔业的热点分析结果，可以看到空间尺度对 CPUE 热点产生显著的影响。随着空间尺度变粗，热点区域面积整体呈现减小趋势，且热点区域渔业资源密度自相关强度减弱；其面积最大值出现在空间尺度为 5′时，高值显著聚集在中北部和中南部的区域，表示这两个区域的渔业资源密度高。冷点区域分布较分散，但是随着空间尺度变粗，冷点区域逐渐向南部移动，而且冷点区域的自相关强度随着空间尺度变粗而减小，60′尺度时的冷点的 z 得分在 $[-1.96, -1.65]$，冷点置信度较弱。柔鱼 CPUE 冷热点的空间相关性较高的尺度是原始尺度与 5′尺度，其中空间尺度为 5′时热点区域面积更大；对于冷点，虽然 5′尺度时 z 得分 <-2.58 的区域比原始尺度小，但是对于全部尺度而言，z 得分 <-1.65 所占面积较大。综上，采用 5′尺度来分析 8 月柔鱼 CPUE 的热点效果最显著。

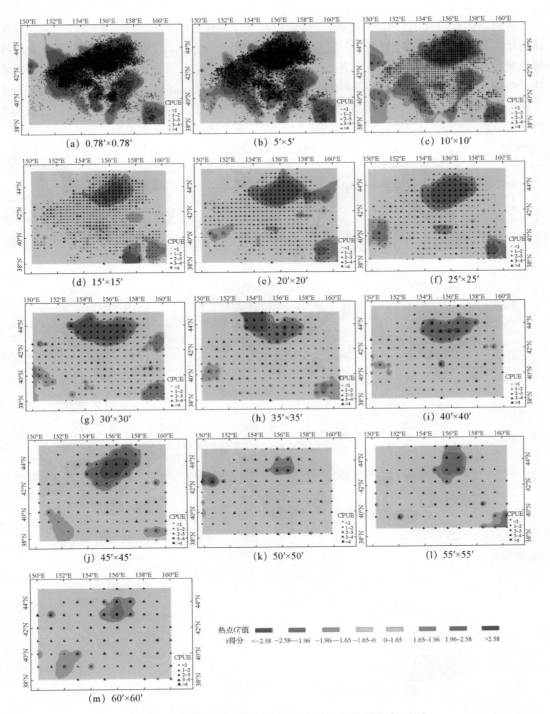

图 9-21　空间尺度对柔鱼 CPUE 空间分布的影响（8 月）

CPUE 单位为 t/d

图 9-22 所示为 9 月的柔鱼渔业的热点分析结果。多尺度分析表明，9 月 CPUE 的空间分

布具有显著的尺度关系。热点区域面积随着空间尺度变粗先增大再减小，但其位置未发生明显移动，主要位于研究区中北部。随着空间尺度变粗，冷点区域空间分布发生显著变化：在原始尺度上，冷点主要集中在研究区东北方向和中部区域；从5′尺度开始冷点集中在中南部、西部及东北部；从15′尺度开始冷点主要集中在研究区中南部和西部，东北部不再有冷点分布。另外，15′尺度时冷点区域的面积最大，且 z 得分 <-2.58 的区域占主导地位，表明其渔业资源密度较低。从热冷点面积来看，15′尺度时研究区的局部聚集最为显著。

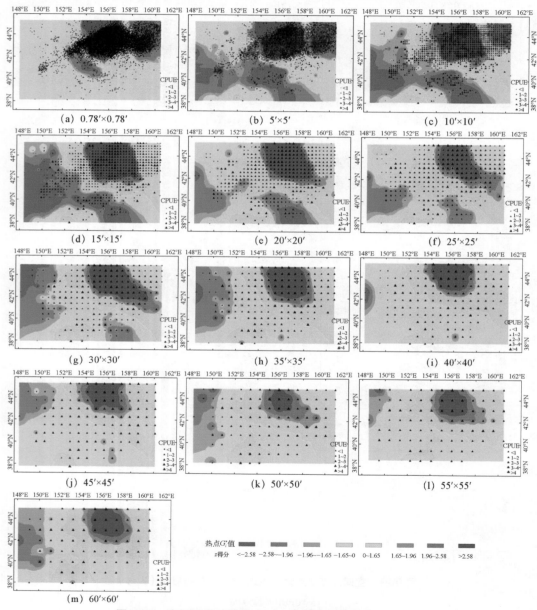

图 9-22　空间尺度对柔鱼 CPUE 空间分布的影响（9 月）

CPUE 单位为 t/d

图 9-23 所示为 10 月柔鱼在不同空间尺度下的热点分析结果，可以看到 10 月柔鱼 CPUE 空间分布对尺度有较为显著的响应。随着空间尺度变粗，热点区域的空间格局变化微弱，主要集中在研究区域中东部，其面积整体呈减小趋势；部分空间尺度下面积有反复，热点区域面积最大的空间尺度为 10′，其中 z 得分>2.58（绝对热点）的区域占主导，高值显著聚集且渔业资源密度较高。冷点区域的空间格局变化相对复杂，在原始尺度下冷点主要集中在研究区域中部，5′开始冷点区域分散分布，当超过 30′尺度时，冷点区域主

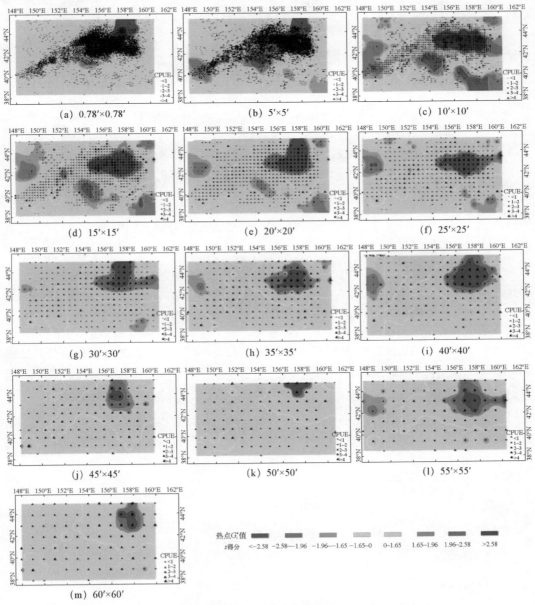

图 9-23　空间尺度对柔鱼 CPUE 空间分布的影响（10 月）

CPUE 单位为 t/d

要集中在中西部；冷点区域随着空间尺度变粗，面积先增大后减小，10′尺度时冷点区域面积最大，从20′尺度开始空间自相关强（z得分＜−2.58）的冷点区域不再出现。综合热冷点分析，10月柔鱼渔业数据热点分析的最佳尺度为10′。

图9-24所示为11月的热点分析结果，随着空间尺度变化，该月份柔鱼CPUE的空间

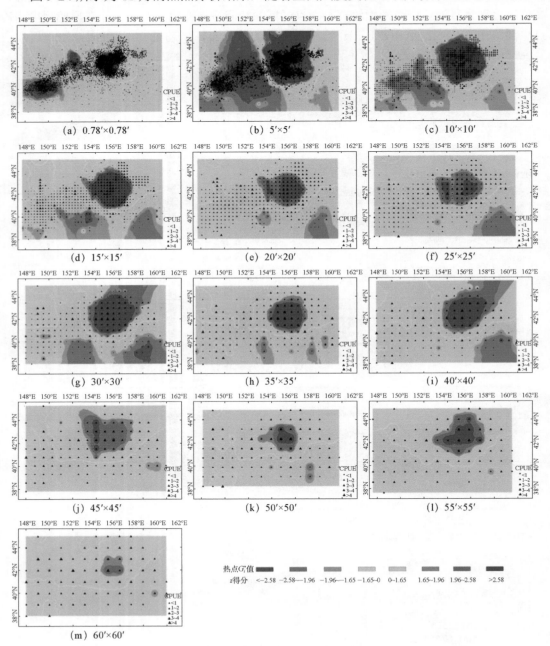

图9-24　空间尺度对柔鱼CPUE空间分布的影响（11月）

CPUE单位为t/d

格局变化较明显。随着空间尺度变粗，热点区域面积先增大后减小，部分空间尺度下的热点面积出现反复，其中 5′尺度时面积最大，且 z 得分>2.58（绝对热点）的区域占主导，渔业资源密度也高；热点区域位置主要集中在中部地区。冷点区域的面积随着空间尺度变粗也呈现先增后减趋势，5′尺度时冷点的面积最大；冷点区域的位置由最初研究区中西部转移到东南部。综合热冷点空间格局分析，11 月 CPUE 局部聚集程度最高，且冷热点也最显著。

综合空间多尺度下各月份柔鱼 CPUE 的冷热点分布发现：7 月 15′尺度为最显著尺度；8 月 5′尺度为最显著尺度；9 月 15′尺度为最显著尺度；10 月 10′尺度为最显著尺度；11 月 5′尺度为最显著尺度。柔鱼 CPUE 的热点对空间尺度响应比较敏感，综合看来最显著尺度范围为 5′～15′。随着空间尺度变化，热冷点的空间分布发生变化；另外，在相同空间尺度下，热点的空间分布随时间发生变化。其中，7 月与 9 月的冷热点分析效果显著，8 月和 11 月次之，10 月最差。

2. 多尺度下冷热点的环境因子变化规律

不同空间尺度下柔鱼资源的热冷点表现各不相同，随着空间尺度变粗，影响柔鱼的环境因子发生变化。对所有尺度下冷点和热点区域内的环境因子进行常规统计，进而探讨柔鱼资源与环境因子的空间尺度效应。当空间尺度发生变化时，热冷点范围内不仅渔业资源 CPUE 发生变动，其环境因子也发生变动。

针对冷点区域的柔鱼生境环境因子的尺度效应，发现随着空间尺度变粗，SSS、SST、chl-a 和 SSH 都未表现出显著的规律性变化。在纳入研究的 5 个月中，9 月的 4 个统计量的尺度效应值 R^2 整体最好，普遍高于其他月份，因此图 9-25 列出了 9 月 4 个环境因子的平均值、标准差、偏度和峰度的尺度变化。从图 9-25 中可以看出，各环境因子的统计量随着空间尺度变粗表现出两种态势：①随着空间尺度变粗，统计量并未发生显著变化，如 SSS、SST 和 chl-a 的平均值；②随着空间尺度变粗，统计量发生随机变化，如 SSS 和 SST 的偏度指标。说明这 4 个海洋环境因子在冷点区域内没有显著的尺度效应，随着空间尺度变粗，冷点区域内的环境因子对 CPUE 没有显著变化，或者环境因子对 CPUE 产生的影响无显著规律可循。

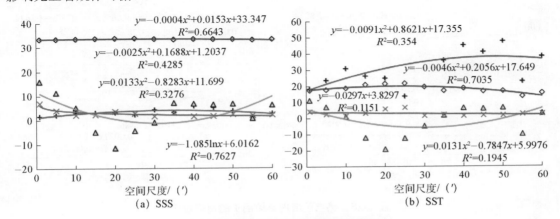

图 9-25 冷点区域内环境因子的尺度效应

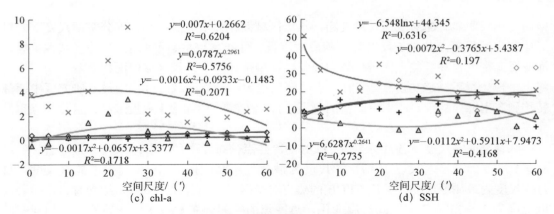

图 9-25　冷点区域内环境因子的尺度效应（续）

红色代表平均值，绿色代表标准差，黄色代表偏度，蓝色代表峰度

针对热点区域的柔鱼生境环境因子的尺度效应，随着空间尺度变粗，四个环境因子的统计量变化微弱。在各因子的不同统计量的尺度关系中，表征拟合优度的 R^2 大多小于 0.6，表明拟合效果不理想。图 9-26 所示为 9 月四个环境因子的尺度效应关系。可以发现，随着空间尺度变粗，SSS、SST、chl-a 与 SSH 对应的统计量均未发生显著变化。本节案例结果表明，随着空间尺度变粗，环境因子对柔鱼 CPUE 的影响不显著。

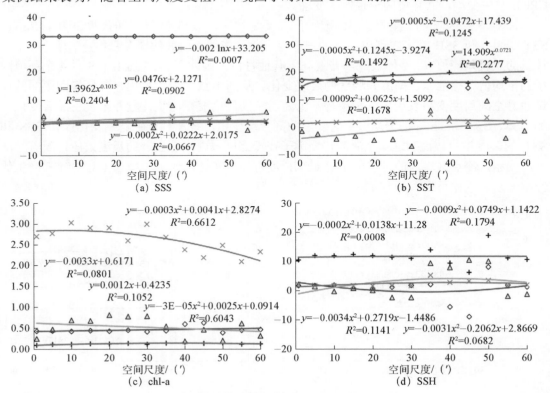

图 9-26　热点区域内环境因子的尺度效应

红色代表平均值，绿色代表标准差，黄色代表偏度，蓝色代表峰度

根据已有的渔业数据，采用局部空间自相关热点分析方法，对 CPUE 空间分布的尺度效应、环境因子的尺度关系进行了探讨。发现基于 CPUE 的热点分析对空间尺度响应敏感，综合来看最显著尺度的范围为 5′～15′，具体表现为 7 月与 9 月的 15′是最显著尺度，8 月与 11 月的 5′是最显著尺度，11 月的 5′是最显著尺度。此外，随着空间尺度变化，热冷点空间分布发生变化，随着时间变化其空间分布也发生变化。柔鱼渔业 7 月、9 月的热冷点分析效果显著，8 月和 11 月次之，10 月最差。

杨铭霞等（2013）认为，西北太平洋柔鱼资源 CPUE 的空间变异探测以小尺度适宜，本小节所探测的最佳尺度均为小尺度。但一般来说，小尺度和大尺度是很难界定的，小和大也会产生歧义，因此本书通篇采用细尺度和粗尺度来刻画。柔鱼 CPUE 空间热冷点的最佳尺度范围（5′～15′），与其全局空间模式的最佳尺度范围（20′～25′）不同。同时，对热冷点区域内的 SSS、SST、chl-a 和 SSH 4 个环境因子进行了尺度效应探索。结果发现，在本节案例涉及的空间尺度范围内，这 4 个海洋环境因子在冷热点区域内并未表现出显著的尺度效应。在热冷点区域内，环境因子的 4 个统计量遵循的尺度规律不相同，且拟合优度指标 $R^2 < 0.6$。冷点与热点分别是 CPUE 低值聚集与高值聚集区域，而环境因子与柔鱼 CPUE 有着密切的关系，通常 CPUE 较高的区域，其对应的环境因子非常适合柔鱼活动，CPUE 较小则相反。但是无论是在 CPUE 低值聚集还是高值聚集区域，其环境因子都处于相似水平，可能环境因子对空间尺度的敏感性较差。

9.3.5　热冷点质心的尺度影响

热点和冷点的质心变化能表征其位置受空间尺度的影响（图 9-27）。对于热点和冷点，当小于 30′尺度时，质心在空间位置上较为靠近。8 月热点的质心在小于 60′的尺度上在 2°×2°范围内移动，在大于 60′的尺度上移动范围更大；9 月热点的质心在 30′尺度内仅移动了约 60′，但在大于 30′的尺度上波动更大；10 月热点的质心在 60′尺度内，沿着西南—东北方向移动，在大于 60′的尺度上重新分布在研究区域的西部和东部。8 月冷点质心在大于 25′的尺度上没有显著变化，但在大于 60′的尺度上波动较大；9 月冷点质心从中部（大约经度 155°E）向西移动（大约经度 151°E）；10 月冷点质心从北部（41°N）向南移动（39°N）。

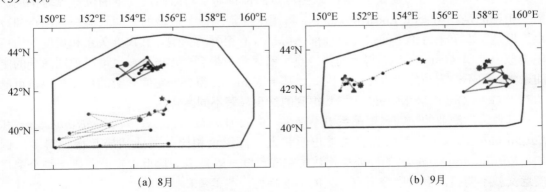

(a) 8月　　　　　　　　　　　　(b) 9月

图 9-27　不同的空间尺度上空间热点和冷点的质心轨迹

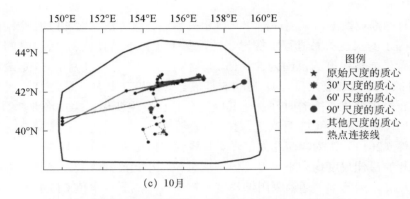

(c) 10月

图 9-27 不同的空间尺度上空间热点和冷点的质心轨迹（续）

9.3.6 关于渔业热点尺度效应的进一步讨论

尺度问题对于识别渔场的全局和局部空间格局至关重要。多尺度分析在景观、地理和远洋渔场研究中是十分必要的。上述案例表明，全局和局部空间格局受空间尺度的显著影响，这一点与前人的研究结果是相似的。另外，定量化了空间尺度关系和尺度效应，柔鱼渔场的全局空间的尺度关系包括线性、对数、指数、幂律、多项式函数和描述性关系；但在相同渔场下局部空间模式的尺度关系中未发现对数和描述性关系。

由于空间自相关指数的尺度关系比经典统计量更稳健、明晰，因此空间自相关指数更适合作为选取最佳空间分析尺度和允许最粗尺度的指标。与全局模式相比，局部空间模式的拟合优度 R^2 较小，表明局部模式的尺度效应规律性不强。实际上，局部空间模式的尺度关系和尺度效应更复杂。案例结果表明，非零 CPUE 数据点具有幂律尺度关系，8 月、9 月和 10 月尺度效应的分维数依次为 2.224、2.265 和 2.268。本节案例中，未对热点和冷点 Count 指数的尺度关系进行详细分析，但是简要分析表明，8 月、9 月和 10 月的热点分维数分别为 2.487、2.379 和 2.751，冷点的分维数分别为 2.593、2.529 和 2.539。热点和冷点与全范围渔场相比（所有的渔业数据），其分维数更大，表征对空间尺度更敏感。Count 指数与热冷点区域密切相关，当西北太平洋柔鱼的热冷点内的数据较少时，尺度关系难以确定。

从质心来看，当尺度大于 30′ 时，热冷点的位置通常与原始尺度下的位置显著不同。需要指出的是，Anselin Local Moran's I 可用于探索统计上显著的空间聚类——热点和冷点。但是，本节未讨论空间尺度对局部 Moran's I 聚类的影响，其尺度关系和尺度效应可能类似于使用 Getis-Ord G_i^* 得到的热冷点。前述章节提到，K-means 也可以识别渔场的空间聚集，但不一定与热冷点相关。因此，基于 K-means 得到的空间聚类的尺度效应，可能与基于 Getis-Ord G_i^* 和 Moran's I 指数得到的结果显著不同。

其他远洋渔业的空间尺度关系更不确定，例如 *Dosidicus gigas*、 *Thunnus albacares* 和 *Katsuwonus pelamis*，因为这些种类与西北太平洋柔鱼相比，商业捕捞数据少得多。例如，*Katsuwonus pelamis* 的商业捕捞数据空间尺度一般是 1°。因此，在此基础上划分多尺度意义就不明显，多尺度分析有很大的不准确性。茎柔鱼和柔鱼类似，是一种生长快且寿命短的物种，具有纵向和横向迁移能力，能应对环境的变化。受所选渔场数据集的影响，本节案例所得到的尺度公式中的具体参数可能不适用于其他远洋渔场，但空间热点尺度关系的分析方法，适用于其他生长快且寿命短的物种。本节案例结果有助于掌握渔场空间尺度与局部空间聚类之间的关系，从而选择合适的空间尺度对渔场进行分析。

9.4　秘鲁外海茎柔鱼捕捞努力量的空间尺度效应

9.4.1　商业捕捞数据

本节采用秘鲁外海茎柔鱼进行分析，数据时间范围为 2009～2012 年，研究区域为 78°W～86°W，8°S～20°S。中国渔船船只配备相似的发动机和灯具，捕捞能力基本相同且都在夜间作业，同质性使得不需要对捕捞努力量进行标准化。为了检验原始数据的可用性，本节首先应用 Kolmogorov-Smirnov（K-S）方法计算了原始数据的偏度和峰度，结果表明数据不遵循正态分布。对 2009 年和 2012 年进行对数变换、对 2010 年和 2011 年进行 Box-Cox 变换，使数据适合使用经典统计和线性分析方法计算。同时，还使用 ArcGIS 中的 QQ 图进行探索性分析，从而识别显著的离群值并在计算时将离群值排除。

本节将原始数据集划分为 6′～72′ 的 12 个空间尺度，相邻空间尺度之间具有 6′（即 0.1°）的间隔，从而开展多尺度研究。对于茎柔鱼来说，30′ 是最广泛使用的空间尺度。由于获取数据的捕捞船只记录了每日捕捞量、捕捞地点和捕捞时间，大多数渔船所记录的每日捕捞量显示在较大的空间网格上，因此原始数据的尺度未纳入捕捞努力量的影响计算中。

9.4.2　用于测定尺度效应的统计量

如表 9-6 所示，在全局和局部范围内，各选择了 8 个空间和非空间统计量来衡量秘鲁外海茎柔鱼捕捞努力量的空间分布，从而检测不同空间尺度的影响。在全局范围内，利用 Moran's I 指数衡量捕捞努力量是聚集、分散还是随机；在局部范围内，通过局部空间自相关统计来评价捕捞努力量的空间聚集特性，可用的指数包括 LISA、Getis-Ord G_i^* 和 K-means。其中，LISA 已在多个领域广泛用于识别空间聚类和离群值。在此基础上，本节利用全局和局部自相关统计分析尺度对空间聚类的影响。

表 9-6　用于刻画空间尺度对秘鲁外海茎柔鱼空间聚类影响的指标

范围	指数	意义
全局	Moran's I	用于研究渔业活动是聚集、离散还是随机
LISA：空间集群	样本点数量	统计每个空间尺度下，每个空间聚类簇中非零捕捞努力量的数据点
	平均 CPUE	度量空间聚类簇内，CPUE 的算术平均值
	标准差	量化聚类簇内 CPUE 的变化，接近 0 表示整体 CPUE 趋向于平均值，而高 SD 表示整体 CPUE 变化较大
	偏度	度量 CPUE 分布的不对称性，其值可以为正值也可以为负值。正偏度表示左尾分布，负偏度表示右尾分布

续表

范围	指数	意义
LISA: 空间集群	峰度	与正态分布相比，CPUE 的分布用平缓或尖峰来描述，峰度小于 3 的分布为平缓型，峰度大于 3 的分布为尖峰型
	面积	热点和冷点的面积
	质心	使用 ArcGIS 的中心特征法，根据 CPUE 的热冷点确定整体的质心点

9.4.3　全局空间尺度下的影响

全局 Moran's I 有利于空间聚类和离群值探测，并有助于确定合适的空间分析尺度。图 9-28 显示，2009～2012 年 Moran's I 除了 2009 年的 54′～72′空间尺度外，其他都具有统计学意义。图 9-28 中的大圆表明 Moran's I 在该空间尺度上达到峰值，空间聚类明显。2009～2012 年，每年都有 3 个峰值；2009～2011 年的 Moran's I 从 6′处的较低值增加到 12′处的第 1 个峰值；2012 年从原始尺度（1.9′）的较低值增加到 6′处的第 1 个峰值。这表明，在达到第 1 个峰值之前的尺度上，空间分布分散且不稳定。2009 年在最粗允许尺度上达到峰值，2010 年和 2012 年为 48′，2011 年为 60′。图 9-28（c）显示，随着空间尺度变粗，Moran's I 的 z 得分显著减小，减小态势呈幂律关系，且 R^2 值大于 0.92。2009～2012 年尺度效应的分维数分别为 2.656、2.346、2.06 和 2.118，这表明茎柔鱼 Moran's I 的 z 得分对空间尺度的变化非常敏感。

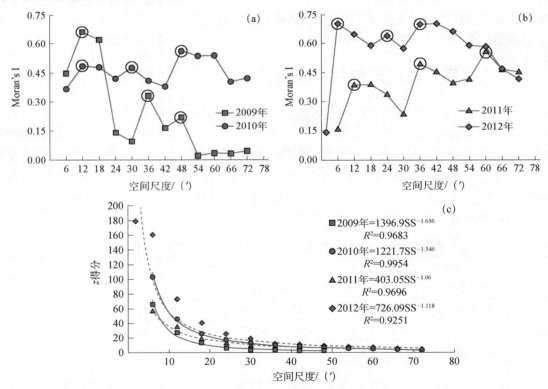

图 9-28　空间尺度对秘鲁外海茎柔鱼全局 Moran's I 的影响

9.4.4　捕捞努力量的空间尺度效应

1. 高值（HH）聚类统计的尺度效应

图 9-29 显示 4 个空间尺度（10′、30′、60′和 72′）所有捕捞努力量（effort）的空间聚类和离群值，其中 30′为最常用尺度。本节在最细尺度上识别了 2009~2012 年所有 HH/LL 聚类和 HL/LH 异常值。随着尺度变粗，2010 年和 2012 年的低值（LL）聚类和离群值最终在 20′尺度时消失，而只有少数聚类和离群值仍然存在。这表明在这 4 年中，研究范围内大多是没有统计学意义的区域，且随着空间尺度变粗，茎柔鱼捕捞努力量的空间模式趋于均匀化。在后面的研究中主要关注高值聚类簇（HH），因为 HH 聚类簇代表茎柔鱼的中心渔场。

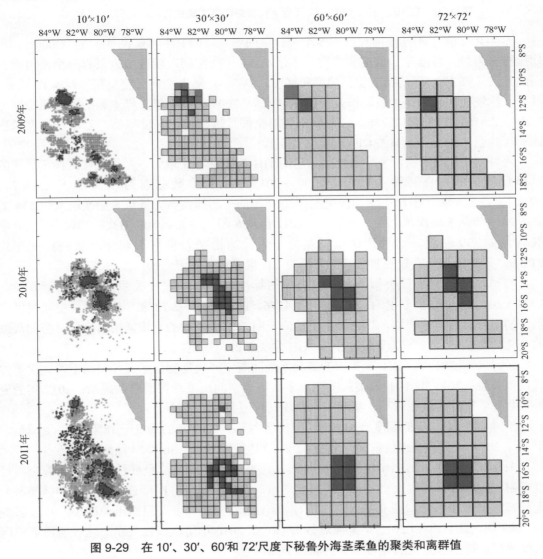

图 9-29　在 10′、30′、60′和 72′尺度下秘鲁外海茎柔鱼的聚类和离群值

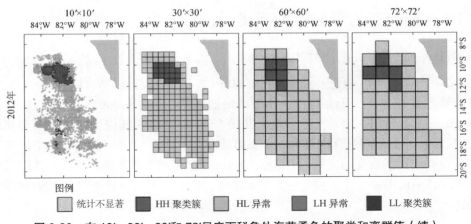

图 9-29　在 10′、30′、60′和 72′尺度下秘鲁外海茎柔鱼的聚类和离群值（续）

图 9-30 显示了不同空间尺度对 5 个统计量的影响，即 HH 的有效网格数（Count）、平均捕捞努力量、标准差、偏度和峰度。由于在 54′～72′空间尺度范围内只有一个高值点，因此无法计算 2009 年的标准差、偏度和峰度。4 年中，随着空间尺度变粗，样本数 Count 减少，呈较显著的幂律关系，拟合优度 R^2 较高。2009～2012 年，样本数的分维数分别为 3.234、2.615、2.753 和 2.726，表明样本数对空间尺度的变化高度敏感，且这种尺度效应比 CPUE 强（见前述章节的 CPUE 尺度效应）。

随着空间尺度变粗，平均捕捞努力量的 HH 聚类簇显著增大，高拟合优度指示显著的幂律尺度关系。在幂律关系中，2009～2012 年的分维数分别为−2.5842、−2.6967、−2.6513、−2.7666。在 6′～72′的尺度上，2009 年的平均捕捞努力量从 8 船次增大到 534 船次；2010 年从 8 船次增大到 595 船次；2011 年从 8 船次增大到 503 船次；2012 年从 10 船次增大到 730 船次，这种快速增长是由于累计捕捞努力量高于划分渔获网格的平均 CPUE。另外，高分维数表明捕捞努力量的 HH 聚类簇具有强烈的尺度敏感性。

与平均捕捞努力量类似，HH 聚类簇的标准差呈幂律尺度关系，R^2 均大于 0.93。2009～2012 年分维数分别为−2.8509、−2.4776、−2.4061、−2.7258，表明随着空间尺度变粗，捕捞努力量显著增加。高分维数绝对值表明 HH 聚类簇的平均捕捞努力量对空间尺度的变化高度敏感。当空间尺度变粗时，HH 聚类簇的范围更广。

2009 年和 2010 年 HH 聚类簇的变异系数随着空间尺度变化呈现开口向下的二次多项式尺度关系；2011 年 HH 聚类簇的变异系数随着空间尺度变粗而单调递减；2012 年的变异系数随着空间尺度而波动，呈现三次多项式尺度关系。

2009 年和 2012 年的偏度出现波动，捕捞努力量在 2009 年的偏度于 18′和 36′达到峰值，于 12′、30′和 42′达到最低值；2012 年在 42′和 60′达到峰值，在 36′和 54′达到最低点。

图 9-30（e）显示，2010 年和 2011 年，尺度对偏度的影响呈线性关系，随着空间尺度变粗，偏度减小。这说明随着空间尺度变粗，2010 年和 2011 年 HH 聚类簇的捕捞努力量分布越来越不对称。图 9-30（f）显示，峰度随着空间尺度变粗而迅速减小，尺度影响在 2009 年、2011 年和 2012 年呈现对数关系，在 2010 年呈现线性关系，这表明随着空间尺度变粗，捕捞努力量的分布趋于更加扁平化。

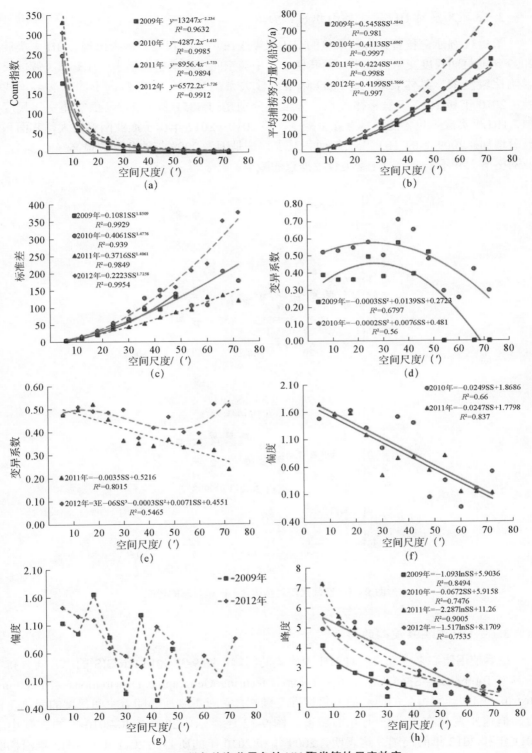

图 9-30　秘鲁外海茎柔鱼的 HH 聚类簇的尺度效应

2. 区域尺度对 HH 聚类簇面积的影响

图 9-31 显示，秘鲁外海茎柔鱼的 HH 聚类簇在 6′～72′尺度范围内出现。HH 聚类簇在 2009 年随空间尺度变粗而减小，而其他 3 年中随空间尺度变粗而增大。HH 聚类簇的尺度影响比较复杂，具体表现为：2009 年呈线性关系；2011 年呈开口向下的二次多项式关系；2010 年和 2012 年呈幂律关系，分维数分别是−1.3851 和−1.277。虽然随空间尺度变粗，HH 聚类簇中包含的样本点显著减少，但 2010～2012 年由于渔业网格较大，其面积也显著增加。2009 年的 HH 聚类簇面积减少，这是因为 2009 年的分维数最高（3.234），渔业网格增大并不能抵消 HH 聚类簇数据点的减少。

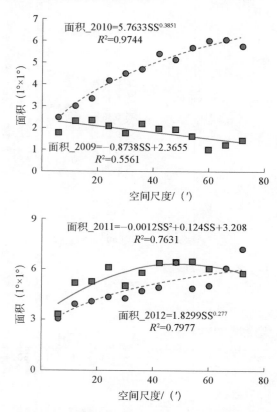

面积_2010=5.7633SS$^{0.3851}$
R^2=0.9744

面积_2009=−0.8738SS+2.3655
R^2=0.5561

面积_2011=−0.0012SS^2+0.124SS+3.208
R^2=0.7631

面积_2012=1.8299SS$^{0.277}$
R^2=0.7977

图 9-31　空间尺度对茎柔鱼 HH 聚类簇的影响

3. 对 HH 聚类簇质心的影响

最后使用质心来表征尺度对 HH 聚类簇的影响。图 9-32 为用 ArcGIS 的"方向分布"工具（Toolboxes—Spatial Statistics Tools—Mesuring Geographic Distributions—Directional Distribution）计算得到的质心的两倍标准差椭圆，可以看到质心随着空间尺度的变化而移动，但这些变化在统计学上并不显著。图 9-32 还显示，2009 年和 2010 年的椭圆小于 2011 年和 2012 年的椭圆。这表明，2009 年和 2010 年的质心比 2011 年和 2012 年沿椭圆的移动范围更广，也显示了多年质心的分布方向。此外，2009 年和 2012 年的 HH 聚类簇质心位于研究区北部，但在 2010 年和 2011 年向南移动。这表明船舶 2009～2010 年从北部移动到南部，在 2011 年出现在南部，然后 2012 年向北移动。

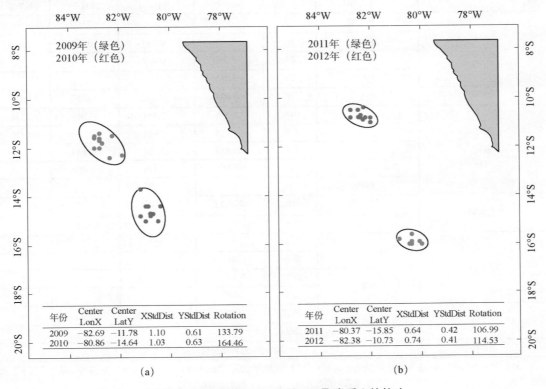

年份	Center LonX	Center LatY	XStdDist	YStdDist	Rotation
2009	−82.69	−11.78	1.10	0.61	133.79
2010	−80.86	−14.64	1.03	0.63	164.46

(a)

年份	Center LonX	Center LatY	XStdDist	YStdDist	Rotation
2011	−80.37	−15.85	0.64	0.42	106.99
2012	−82.38	−10.73	0.74	0.41	114.53

(b)

图 9-32　空间尺度 6′～72′的 HH 聚类质心的轨迹

9.4.5　捕捞努力量的尺度关系

本书将渔业资源空间分布的尺度关系和尺度效应分为线性、对数、幂律、二次多项式、极值和描述性六类（表 9-7），这些关系在全局空间模式中都曾被发现，但针对 2009～2012 年秘鲁外海茎柔鱼，没有在捕捞努力量数据中发现指数关系。

表 9-7 中的尺度效应表明，随着空间尺度变粗，Moran's I 的 z 得分和 HH 聚类簇中包含的数据点显著减少，而平均捕捞努力量和标准差随着空间尺度变粗而显著增大，以上四个指标在所研究的 4 年中都遵循幂律关系。变异系数在 2009 年和 2010 年呈开口向下的二次多项式关系；2011 年为负线性相关关系；2012 年为三次多项式关系。面积分布在 2010 年和 2012 年呈幂律尺度关系，随空间尺度变粗而增大，2009 年呈线性尺度关系；2011 年呈二次多项式尺度关系。偏度统计量在2010 年和 2011 年呈线性尺度关系；2009 年和 2012 年随空间尺度波动。峰度在 2009 年、2011 年和 2012 年表现为对数尺度关系；2010 年表现为线性尺度关系，随空间尺度变粗而减小。Moran's I 的第 1 个和最后一个峰在小于 60′的空间尺度上可以被识别出来。HH 聚集簇的质心随着空间尺度而变化，但无法很好地定量化尺度影响的程度。

表 9-7　秘鲁外海茎柔鱼 HH 聚类簇的尺度效应

尺度关系	指数	比例/%	尺度效应			
			2009 年	2010 年	2011 年	2012 年
线性	变异系数	25			-0.004	
	偏度	50		-0.049	-0.025	
	峰度	25		-0.067		
	面积	25	-0.087			
对数	峰度	75	-1.093		-2.287	-1.517
幂律	Moran's I z 得分值	100	2.656	2.346	2.060	2.118
	数量	100	3.234	2.615	2.753	2.726
	平均值	100	-2.584	-2.697	-2.651	-2.767
	标准差	100	-2.851	-2.478	-2.406	-2.726
	面积	50		-1.385		-1.277
二次多项式	变异系数	50	向下/24′	向下/24′		
	面积	25			向上/54′	
最高点	Moran's I	最大	12′	12′	12′	6′
		最小	48′	48′	36′	36′
	偏度	最大	18′			42′
		最小	36′			60′
最低点	偏度	最大	12′			36′
		最小	42′			54′
描述性	对于质心，可以观察到其随空间尺度发生变化，但不能量化					

注："向上/54′"表示面积指数在54′处，遵循凹向上二次尺度关系；"向下/24′"表示变异系数在24′处，遵循凸向下二次尺度关系。定义最后一个有效的峰（局部最大值）和谷（局部最小值）都小于60′。

9.4.6　捕捞努力量与 CPUE 之间尺度效应比较

将捕捞努力量和 CPUE 的尺度效应进行比较。结果显示，捕捞努力量和 CPUE 的平均值具有负分维数，但平均努力量的分维数（绝对值）高于 Getis-Ord G_i^* 识别的 CPUE-HH 聚类簇的分维数（绝对值＜1.5）。这表明，平均捕捞努力量受到尺度变化的影响比平均 CPUE 更大。

对于标准差和变异系数，捕捞努力量的尺度关系不如 CPUE 复杂，CPUE 在不同月份遵循二次多项式、指数和幂律尺度关系。对于偏度，捕捞努力量存在两个尺度关系，包括峰值-谷值（极值判断法，没有显著的规律）以及线性尺度关系；CPUE 存在 3 个尺度关系：线性、二次多项式和对数关系。除了峰值-谷值（极值判断）外，所有尺度关系均显示随着空间尺度变粗，捕捞努力量和 CPUE 都减少。对于峰度，捕捞努力量服从线性和对数尺度关系，CPUE 服从指数和幂律尺度关系。所有尺度关系均显示，随着空间尺度变粗，捕捞努力量和 CPUE 减小，其中尺度对 CPUE 产生更强的影响。质心是捕捞努力量和 CPUE 尺度影响的另一个衡量标准。年总渔获量的 HH 聚类簇和月 CPUE 空间热点的质心都受空间尺度变化的影响，但 CPUE 受到的影响更大。

不合适的空间尺度无法准确地刻画渔业资源的空间模式，最佳空间尺度（OP 尺度）最能反映渔场资源的空间特性。研究显示，CPUE 的原始尺度最适合反映捕捞数据的地理特征（Feng et al.，2017），但原始数据在空间上不具有稳定性，导致其不能充分反映渔场资源的特征。Moran's I 的第一个峰值可以认为是最佳空间尺度（OP 尺度），而最后一个比 60′ 更细（精细或者网格更小）的峰值，可以认为是允许最粗空间尺度（CA 尺度）。前文结果显示，秘鲁外海茎柔鱼捕捞努力量的最佳空间尺度（OP 尺度）在 2009～2011 年为 12′，2012 年为 6′，而允许最粗空间尺度（CA 尺度）在 2009 年、2010 年和 2012 年为 48′，2011 年为 60′。与 CPUE 相比，捕捞努力量的 OP 尺度和 CA 尺度更精细，OP 尺度在 8 月约为 30′，9 月为 18′；8 月的 CA 尺度为 54′，9 月为 60′。

本节还使用 LISA 统计量研究了空间尺度对茎柔鱼 HH 聚类簇的影响。研究结果表明，2009～2012 年全局 Moran's I 的 z 得分和 HH 聚类簇的样本点遵循幂律尺度关系，随着空间尺度变粗而显著下降。平均捕捞努力量和标准差遵循幂律与负分维数关系，表明随着空间尺度变粗，两个指数呈现下降趋势。对于偏度，有 2 年的偏度遵循线性尺度关系，另外两年的偏度随着空间尺度而波动；对于峰度，有 3 年的峰度遵循对数尺度关系，1 年的峰度遵循线性尺度关系。2010 年和 2012 年聚类簇遵循幂律尺度关系；但 2009 年呈线性尺度关系；2011 年呈二次多项式关系。基于 Moran's I 指数，采用峰值-谷值多尺度分析方法（本书提出的创新方法）可以得出，2009～2011 年的 OP 尺度为 12′，2012 年为 6′，而 2009 年、2010 年和 2012 年的 CA 尺度为 48′，2011 年为 60′。本节的尺度影响分析方法适用于分析其他头足类动物的捕捞努力量，也可用于分析空间尺度效应和其他经济种类的 CA 尺度。

9.5　小　　结

本章以西北太平洋柔鱼和秘鲁外海茎柔鱼为例，分析了渔业网格划分方法对 CPUE 和捕捞努力量空间模式的影响、西北太平洋柔鱼资源全局模式的空间尺度效应、Getis-Ord G_i^* 渔业资源热点的尺度效应、秘鲁外海茎柔鱼捕捞努力量的尺度效应。结果显示：

（1）使用不同的空间网格划分方法时，CPUE、捕捞努力量与空间模式间的关系相似，但随着空间尺度变粗，不同空间网格划分方法对空间模式影响的差异越加明显。

（2）西北太平洋柔鱼 CPUE 空间格局存在具体的尺度关系：General G、ANN 及其 z 得分符合线性尺度关系；Moran's I 和 Geary's C 符合分段线性尺度关系；网格 Count 指数、Moran's I、Geary's C 和 General G 的 z 得分符合幂律尺度效应；而 Ripley's K 函数探测到的空间格局在较粗尺度上比较分散；另外，36′ 为柔鱼空间分析的允许最粗尺度。

（3）柔鱼 CPUE 的热点分析对空间尺度敏感，综合来看最敏感尺度范围为 5′～15′。热冷点随着空间尺度发生变化，在相同空间尺度下热点的尺度效应也随时间发生变化。7 月和 9 月的热冷点尺度效应最显著，8 月和 11 月次之，10 月最不敏感。

（4）根据 Moran's I 的峰值-谷值和多尺度分析，茎柔鱼捕捞努力量的尺度效应在 2009～2011 年的最佳尺度为 12′，2012 年为 6′；而 2009 年、2010 年和 2012 年的允许最粗尺度为 48′，2011 年为 60′，为分析秘鲁外海茎柔鱼的空间模式提供了最佳空间尺度。

参考文献

杨铭霞, 陈新军, 冯永玖, 等. 2013. 中小尺度下西北太平洋柔鱼资源丰度的空间变异. 生态学报, 33(20): 6427-6435.

Feng Y, Chen X, Liu Y. 2017. Detection of spatial hot spots and variation for the neon flying squid *Ommastrephes bartramii* resources in the northwest Pacific Ocean. Chinese Journal of Oceanology and Limnology, 35(4): 921-935.

第 10 章 渔业资源 CPUE–环境因子关系的尺度效应

海洋物种的产卵、生长和迁徙等活动受海洋环境和时空因素的影响（Farley et al.，2013；Revill et al.，2009；Reiss et al.，2008；Azumaya and Ishida，2004；Hawkins and Roberts，2004），渔业资源丰度、渔场分布、种群评估和资源管理等都与物种所处的环境密切相关，且远洋渔场会随着时间和空间发生显著变化（Pauly et al.，2013；Jennings and Lee，2012；Pinkerton，2011）。关键海洋环境因素通常包括 SST、SSS、海面 chl-a 浓度和 SSH（Alabia et al.，2015；Nishikawa et al.，2015；Mantua and Hare，2002；Lu et al.，2001），研究证实，渔业资源丰度和环境因素具有较强相关性，可以通过 HSI、GRA 和 GAM 等来构建渔业资源空间模式及其与海洋环境的分析模型（Li et al.，2016；Maynou et al.，2003）。然而，这些关系依赖于建模和分析中使用的空间尺度，即空间尺度不仅影响渔业资源的空间模式、海洋环境的空间模式，同时还影响渔业资源–海洋环境的关系。目前，在构建渔业资源–海洋环境的关系时，很少有研究考虑空间尺度的影响，那些不考虑尺度的研究成果仅在特定的空间尺度上有效。理论上讲，当建立物种丰度与其影响因子之间的关系时，首先要探测其尺度灵敏度、尺度关系和尺度效应，从而确定最佳空间尺度。

目前，大多数渔场研究都是基于特定的空间尺度（Bacha et al.，2017；Feng et al.，2017a；Allen et al.，2007），尺度效应和关系未得到充分解决。典型的空间尺度范围从高分辨率（～1km）到低分辨率（～5°）不等，尺度单元可以是正方形或非正方形。例如，学者们使用 $1km^2$ 的空间尺度来评估伯利兹格洛弗珊瑚礁海洋保护区的捕捞死亡率（Harford and Babcock，2015），使用 30′ 的空间尺度来监测海洋热点和不同渔场的空间分布（Ibaibarriaga et al.，2007；Zainuddin et al.，2006）。对于柔鱼渔场，30′×30′ 的网格通常用于调查资源丰度（Chen et al.，2007a）、CPUE 标准化（Cao et al.，2011）以及种群的分布和迁移（Choi et al.，2008）；60′ 的空间尺度也用于监测海洋物种的聚集现象和资源丰度等（Martínez-Ortiz et al.，2015；Yen et al.，2012；Waluda et al.，1999）；同时，非方形空间尺度（如 30′×60′）也用来刻画渔业资源努力量的趋势（Jennings et al.，1999）。

在一些文献中，通常基于专业知识和经验来选择研究尺度，从而揭示物种的生物学特征及其时空分布（Cheung et al.，2016；Christensen et al.，2003；Murphy et al.，1997）。虽然前述章节已经明晰了空间模式在尺度下的变化，但是仍然不清楚渔业资源–

海洋环境关系在不同尺度下是如何变化的，是否存在一定的规律。在考虑渔场的问题时，国内外学者已经意识到尺度对资源丰度的影响。国外学者比较了不同空间分辨率下的全局和局部总允许捕捞量，并评估了风险较低且利润较高的渔场管理方案（Holland and Herrera，2010）；国内学者提出了西北太平洋柔鱼的 CPUE（包括海洋环境数据）的多尺度标准化方案，证明经向和纬向尺度对 CPUE 标准化影响显著（Tian et al.，2010）。前文研究表明，空间尺度对西北太平洋柔鱼 CPUE 全局和局部空间格局存在影响，并有效识别了空间分析的最佳尺度。但是，种类丰度及其海洋环境关系的尺度效应尚不明确。

文献中常用 GAM 来监测 CPUE 与海洋环境因子的关系（Furey and Rooker，2013；Winker et al.，2013；Maunder and Punt，2004；Walsh and Kleiber，2001），这种方法使用线性平滑函数关联自变量和因变量。通常可以使用四种统计量来评估 GAM 的拟合优度，并解释影响因子对 CPUE 的影响，这些统计量包括 ADE、R^2、AIC 和 GCV。以上统计量在样本数据相同但是空间尺度不同的条件下是不同的，即空间尺度对 CPUE-海洋环境关系有较大影响。那么核心问题是，CPUE-因子关系的统计量在空间尺度上如何变化？哪个空间尺度最适合分析 CPUE-因子关系？

本章以西北太平洋柔鱼为例来解决这些问题，两个主要目标是：①检测 CPUE-影响因子关系的尺度关系和尺度效应；②识别探索这种关系的最佳空间尺度（或渔获网格）。

10.1 渔场和环境数据的尺度划分

10.1.1 渔场数据及其尺度划分

案例研究区域位于 38°N～45°N 和 148°E～160°E，是西北太平洋柔鱼的传统渔场[图 10-1（a）]。商业捕捞数据由中国远洋渔业协会鱿钓技术组提供，为 2004～2013 年 7～11 月的数据，包含船名、日期、经度和每日捕捞量以及相应的捕捞作业数量。图 10-1（b）显示以上 10 年的原始商业捕捞数据的空间格局，其中部和东北部分布相对密集。

为了探测不同空间尺度上 CPUE-环境因子关系的变化趋势，将原始数据集划分为 12 个空间尺度，范围为 5′～60′，间隔为 5′。使用 ArcGIS 中的双线性插值方法进行尺度划分，该插值方法根据其最近的 4 个网格的值计算待处理网格的值（McCoy et al.，2001）。另外，使用 ArcGIS 中的 ANN 法估算原始商业捕捞数据的空间尺度（Scott and Janikas，2010）。可根据每个要素和与其最近的要素之间的距离，利用 ANN 法计算所有捕捞点之间的平均距离（Ebdon，1985）。据估算，西北太平洋柔鱼原始数据的空间尺度为 0.78′。因此，包括原始的商业捕捞数据在内，共有 13 个尺度。为了显示不同空间尺度下西北太平洋柔鱼渔场的分布，绘制了 4 个方形尺度：15′×15′、30′×30′、45′×45′和

$60' \times 60'$。图 10-2（a）、图 10-2（c）、图 10-2（e）和图 10-2（g）显示，虽然大多数具有 CPUE 高值的点出现在（41°N～45°N，152°E～158°E）区域，但没有明显的 CPUE 高值聚类。我们应用 Getis-Ord G_i^* 统计量来检测 CPUE 热点和冷点，结果显示不同尺度下的 CPUE 高值聚类和低值聚类不同，如图 10-2（b）、图 10-2（d）、图 10-2（f）、图 10-2（h）所示。

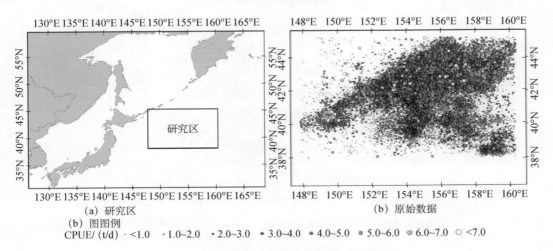

（a）研究区 （b）原始数据
（b）图图例
CPUE/（t/d）· <1.0 · 1.0～2.0 · 2.0～3.0 · 3.0～4.0 · 4.0～5.0 · 5.0～6.0 · 6.0～7.0 ○ <7.0

图 10-1 案例研究区域和原始商业捕捞数据分布

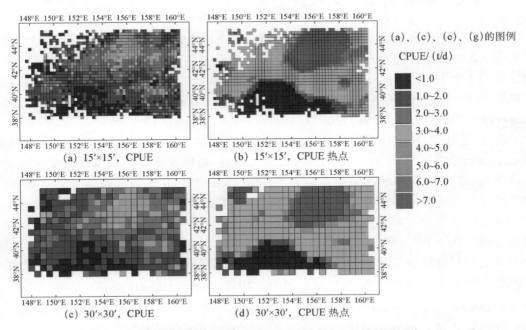

（a）15′×15′，CPUE （b）15′×15′，CPUE 热点
（c）30′×30′，CPUE （d）30′×30′，CPUE 热点

（a）、（c）、（e）、（g）的图例
CPUE/（t/d）
<1.0
1.0～2.0
2.0～3.0
3.0～4.0
4.0～5.0
5.0～6.0
6.0～7.0
>7.0

图 10-2 四种不同空间尺度下柔鱼的分布（即热冷点格局）

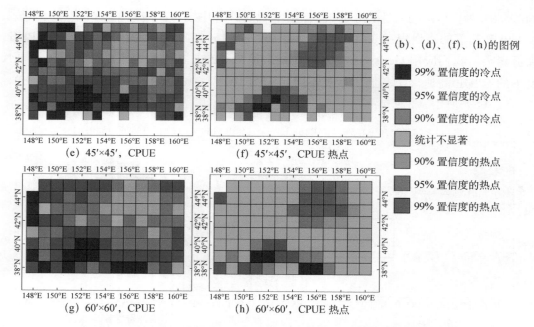

图 10-2 四种不同空间尺度下柔鱼的分布（即热冷点格局）（续）

10.1.2 环境数据及其尺度划分

柔鱼的空间分布与海洋环境密切相关（Yatsu and Watanabe，1996）。丰富的动植物通过提供必需的营养和能量影响初级生产力，进而影响柔鱼分布。因此，案例选择浮游动植物生长的 4 个生境因子：SST（℃）、SSS（psu）、chl-a 浓度（mg/m^3）、SSH（cm），以此来检验不同空间尺度下 CPUE 与环境因子的关系（Feng et al.，2017a；Alabia et al.，2015；Tian et al.，2009a；Yatsu et al.，2000）。

为了使海洋环境因子卫星遥感数据与商业捕捞数据的时间匹配，选择 NASA Ocean Color 空间分辨率为 9km 的月 SST 和 chl-a；哥伦比亚大学气象数据库网站空间分辨率为 20′×60′的月 SSS 数据；以及 NOAA OceanWatch 原始空间分辨率为 15′的月 SSH。在多尺度分析中，原始商业捕捞数据对应原始空间尺度下的海洋环境因子，而 5′～60′的渔场数据对应重采样后的海洋环境因子，其空间尺度与渔场数据相同。由于原始 SSS（20′×60′）和 SSH（15′）数据集比原始商业捕捞数据（平均 0.78′）粗，对前两者进行尺度转换以提升其分辨率，但是并没有提升 SSS 的质量，同时可能会在一定程度上影响尺度分析（Zakšek and Oštir，2012；Krishnamurti et al.，2009；McCoy et al.，2001）。使用双线性插值进行尺度变换，可以在一定程度上展示更多细节。SSS 和 SSH 从粗尺度到细尺度的降尺度，会产生显著不同的数据，因此双线性插值方法保证了细尺度下 SSS 和 SSH 数据的可用性，从而有利于监测多尺度下 CPUE-环境因子的关系。

10.2　经典的 30′ 尺度下 CPUE-环境的关系

第 8 章在经典的 30′ 空间尺度下（Feng et al.，2017a；Wang et al.，2010）研究了柔鱼的 CPUE-环境因子关系。图 10-3 显示各因子被逐一添加到 GAM 中时，在 ADE、R^2、AIC 和 GCV 四个统计量方面的变化。当加入更多因子时，ADE 和 R^2 的变化非常相似，其值也在增加；相比之下，随着加入更多因子，AIC 和 GCV 的变化高度相似，其值都越来越小。先加入的因子对 GAM 的贡献大于后加入的因子，表现在 ADE、R^2、AIC 和 GCV 的变化量。由于增加的因子都具有统计学意义，当加入更多因子到 GAM 模型中时，其拟合性能也得到提升。

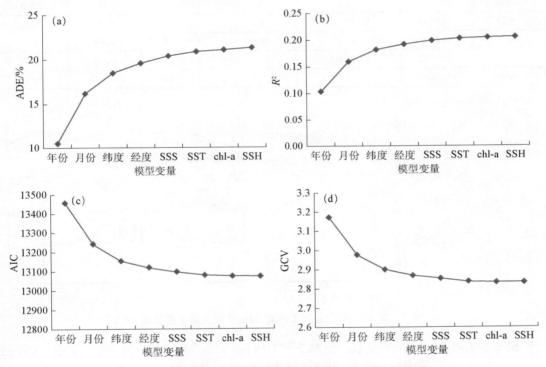

图 10-3　在 30′ 空间尺度下柔鱼 GAM 的统计量变化

表 10-1 显示，除 SSH 之外的环境因子（仅占 0.2% 的误差）在统计上都是显著的。GAM 其余 7 个因子共能解释 21.1% 的残偏差，其中年份是影响最大的因子，能够解释 10.5% 的残偏差，其次是月份、纬度、经度、SSS、SST、chl-a 浓度和 SSH。这表明时空因子对 CPUE 的影响大于环境因子。

　　GAM 的散点平滑图显示了 30′ 空间尺度下柔鱼-因子 CPUE 的关系（图 10-4），置信水平为 95%。年份与 CPUE 呈负相关关系，表明随着时间的推移柔鱼丰度下降。月份与 CPUE 的关系在 7～11 月波动较弱，8～9 月 CPUE 较高。关于位置因子，纬度反映了在 38°N～42.5°N 与 CPUE 正相关，在 42.5°N～45°N 与 CPUE 负相关；经度与 CPUE 在

148°E～157°E 呈负相关，在 157°E～160°E 与 CPUE 呈正相关。这表明在 30′范围内，柔鱼渔场分布在 41°N～43°N 和 152°E～158°E 的区域，证实了 CPUE 分布模式及其聚类特征 [图 10-2（d）]。由于热点主要反映 CPUE 高值的空间关联，因此上述区域与图 10-2（d）所示区域略有不同。

表 10-1　在 30′空间尺度下柔鱼-因子的 GAM 系数估计

因子	残差	解释性残偏差	ADE/%	AIC	R^2	GCV
NULL	11916.33	—	0	13823.95	0	3.538
+年份	10668.89	1247.44	10.5	13459.14	0.104	3.175
+月份	9986.57	682.32	16.2	13243.87	0.160	2.979
+纬度	9706.98	279.59	18.5	13156.83	0.182	2.903
+经度	9585.08	121.90	19.6	13121.71	0.192	2.873
+SSS	9489.45	95.63	20.4	13099.72	0.199	2.854
+SST	9425.18	64.27	20.9	13082.87	0.203	2.840
+chl-a	9400.32	24.86	21.1	13078.19	0.205	2.836
+SSH	9378.93	21.39	21.3	13075.20	0.206	2.833

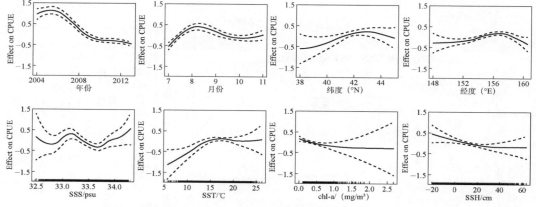

图 10-4　在 30′空间尺度下 CPUE 与因子的关系（置信度 95%）

SSS 和 CPUE 之间关系复杂，在 33.2～33.75 psu 范围内具有显著的负相关关系。SST 在 5～15℃对 CPUE 的影响越来越大，大于 15℃时 CPUE 保持稳定。chl-a 浓度小于 1.0 mg/m³ 时与 CPUE 负相关；而 chl-a 浓度大于 1.0 mg/m³ 时 CPUE 较稳定。SSH 低于 30 cm 时与 CPUE 负相关，高于 30cm 时 CPUE 较稳定。图 10-4 表明，西北太平洋柔鱼最佳的环境是 SSS 在 33.2～33.75 psu；SST 在 15～20℃；chl-a 浓度在 0.1～0.6 mg/m³；SSH 在 5～20 cm。

10.3　CPUE-环境因子的尺度效应

表 10-2 显示，不同空间尺度下 GAM 的 AIC 和因子排序是不同的。当加入更多因子到 GAM 中时，AIC 减小但 ADE 增大，表明因子越多模型性能越好。因子的排列顺序也表明

其对模型的影响程度，越靠前对 CPUE 影响越大。当空间尺度为 15′和 60′时，将 chl-a 浓度加入到 GAM 中时 AIC 值略微增大，表明模型性能降低。因此，15′和 60′尺度下的 chl-a 浓度因子应被排除。随着空间尺度变粗，AIC 值显著下降，反映了由数据尺度变化导致的渔场-环境关系的变化。然而，这并不一定意味着较粗尺度下的 GAM 优于较细尺度，因为这两者初始 AIC 不同。

表 10-2　不同空间尺度 GAM 的 AIC 值

空间尺度	GAM								
0.78′	因子	初始	年份	SSS	SST	月份	经度	SSH	chl-a	纬度
	AIC	487847	487508	487254	487173	487105	487046	487013	487008	487006
5′	因子	初始	年份	SSS	月份	经度	SST	SSH	纬度	chl-a
	AIC	166429	165725	165365	165227	165099	165031	165023	165022	165022
10′	因子	初始	年份	月份	SSS	SST	经度	SSH	chl-a	纬度
	AIC	71412	70886	70592	70495	70416	70355	70343	70335	70332
15′	因子	初始	年份	月份	SSS	经度	SST	SSH	纬度	chl-a*
	AIC	40985	40593	40357	40282	40226	40192	40187	40182	40183*
20′	因子	初始	年份	月份	纬度	经度	SSS	SST	chl-a	SSH
	AIC	25253	24851	24588	24497	24441	24424	24387	24383	24381
25′	因子	初始	年份	月份	纬度	经度	SSS	SST	chl-a	SSH
	AIC	18122	17817	17593	17533	17495	17482	17463	17458	17457
30′	因子	初始	年份	月份	纬度	经度	SSS	SST	chl-a	SSH
	AIC	13824	13459	13244	13157	13122	13100	13083	13078	13075
35′	因子	初始	年份	月份	纬度	经度	SSS	SST	SSH	chl-a
	AIC	11021	10765	10573	10520	10478	10464	10454	10448	10443
40′	因子	初始	年份	月份	纬度	SSS	经度	SST	chl-a	SSH
	AIC	9120	8891	8752	8687	8668	8639	8621	8620	8618
45′	因子	初始	年份	月份	纬度	经度	SSS	SST	SSH	chl-a
	AIC	7900	7728	7613	7561	7530	7521	7510	7506	7504
50′	因子	初始	年份	月份	SSS	经度	SST	chl-a	纬度	SSH
	AIC	6937	6799	6704.628	6664	6643	6632	6627	6626	6623
55′	因子	初始	年份	月份	纬度	经度	SSS	SST	chl-a	SSH
	AIC	5835	5698	5603	5555	5531	5529	5528	5525	5525
60′	因子	初始	年份	SSS	月份	经度	SST	纬度	SSH	chl-a*
	AIC	5527	5429	5380	5345	5325	5317	5314	5315	5315*

为了显性地呈现 CPUE 和因子之间的关系，选择对 CPUE 影响显著的经度、SSS 和 SST 三个因子，并在不同尺度下对其绘制散点平滑图（图 10-5）。chl-a 浓度和 SSH 的影响超出了 95%置信区间，而年份、月份和纬度对 CPUE 的变化无实质性影响。因此，图中未展示以上 5 个因子。图 10-5 展示了 5 个空间尺度，包括原始尺度和 15′~60′的 4 个尺度，这 4 个尺度间隔为 15′。

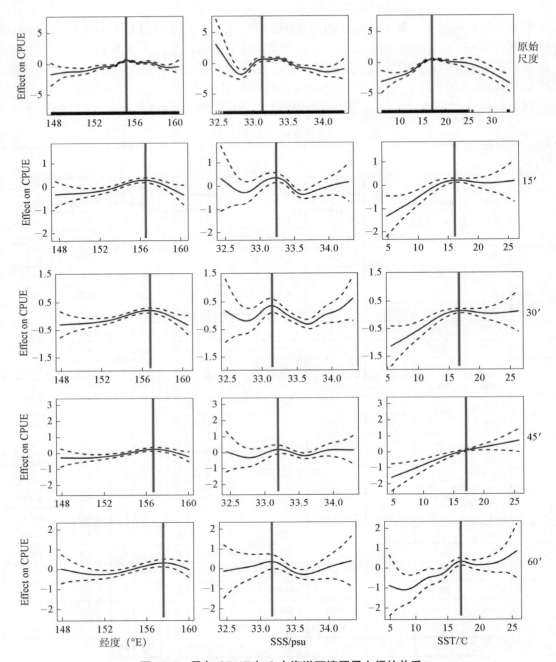

图 10-5　柔鱼 CPUE 与 3 个海洋环境因子之间的关系

虚线表示 95%置信区间；蓝色垂线代表 95%置信区间内，每个因素对 CPUE 的最高影响

经度的 95%置信区间是 153°E～157°E，随着空间尺度变粗最大影响从 155°E 变化至 158°E，但 60′的蓝线超出了 95%置信水平，表明经度没有统计学意义。SSS 的 95%置信区间为 33.0～33.6 psu，随着空间尺度变粗，SSS 的最大影响从 33.4psu 减小至 33.2psu。同时，SST 的 95%置信区间为 14～20℃，最大影响出现在 17℃ 附近。对于以上三个因子，

原始尺度的 95%置信区间比其他空间尺度更宽。

　　除了 60′空间尺度外，年份的 95%置信区域从 2004 年延伸至 2013 年，表明该因子对 CPUE 有持续性显著影响，其中年份的最大影响在 2006 年。月份的 95%置信区间从 7 月持续到 11 月，8 月影响最大。在年份和月份的 60′空间尺度下，没有观察到 95%的置信度，表明该尺度不能代表这两个因子对 CPUE 的影响。纬度的 95%置信区间为 41°N～43°N，其最大影响在 42.5°N 左右。但是，与年份和月份等其他因素相比，纬度对 CPUE 的影响很小。

10.4　CPUE-环境因子的尺度关系

　　在不同空间尺度下，每个因子在 GAM 中的排序变化是显而易见的（图 10-6）。GAM 的因子排序的尺度效应可以分为三类：①对空间尺度变化不敏感的因子（例如年份），在 GAM 中的排序长期不变、尺度效应也不变；②对空间尺度变化比较敏感的因子（例如经度、chl-a、月份和 SSH），在 GAM 中排序有 1～2 个位置变化；③对空间尺度变化非常敏感的因子（例如 SSS、SST 和纬度），在 GAM 中排序至少有 3 个位置的变化。

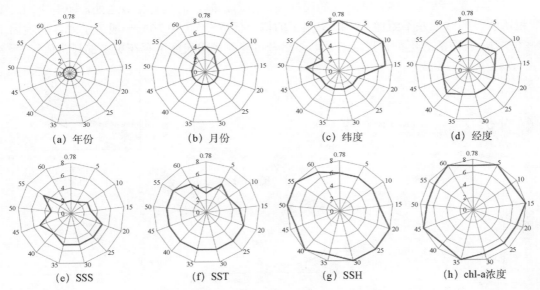

图 10-6　不同空间尺度下 GAM 中每个因子的排序变化

　　时间因子（包括年和月）对 CPUE 的影响最大，其次是空间因子（包括经度和纬度）和所有空间尺度下海洋环境因子（包括 SST、SSS、SSH 和 chl-a 浓度）。在 GAM 中，年份在所有空间尺度下排名第一，表明 CPUE 受此因素的影响最大。月份在 10′～55′空间尺度下排名第二，而在其他尺度下排名较低，表明尺度对 CPUE 的影响较强烈。除了原始尺度、10′和 40′外，经度在 GAM 中排名第四，显示出对 CPUE 稍有影响。纬度的影响排序变化比其他因素更大，这表明这个空间因子对 GAM 中的空间尺度更敏感。然而，纬度在 20′和 45′之间排名第三，并显示出对 CPUE 的持续影响趋势。

虽然大多数因素对空间尺度变化比较或特别敏感，但可能存在某些尺度下部分区间保持不变。例如，月份在 $10'\sim55'$ 下的尺度效应保持不变；Lat 在 $20'\sim45'$ 下的尺度效应保持不变；SSS 和 SST 分别在 $20'\sim35'$ 和 $20'\sim55'$ 下尺度效应保持不变。

图 10-7 显示在不同空间尺度下解释性残偏差的尺度关系，表明所有因子都受到尺度变化的影响，其解释残偏差也会有变化。其中，尺度关系有以下四种。

（1）二次多项式尺度关系。年份、月份和 SSS 符合二次多项式尺度关系，其 R^2 从 0.7289 到 0.9447 不等；年份和月份为开口向下的二次多项式，SSS 为开口向上的二次多项式；年份和月份峰值位于 $40'$，表明这些因子解释了此空间尺度上的最高残偏差，SSS 在 $20'$ 处达到最小值，是此空间尺度下的最低残偏差。

（2）幂律尺度关系。纬度、SST 和 chl-a 浓度符合幂律尺度关系（$R^2>0.72$），表明除了少数分散点之外，当空间尺度变粗时，解释性残偏差增大。

（3）线性尺度关系。经度符合线性尺度关系，R^2 超过 0.96，解释性残偏差从原始尺度到 $60'$ 而不断增大。

（4）指数尺度关系。SSH 呈指数关系，R^2 为 0.6232，表明随着空间尺度变粗解释性残偏差增大。

虽然经度、纬度、SST 和 SSH 的尺度关系不同，但它们具有相似之处，随着空间尺度变粗所解释的残偏差不断增大。时空因子的拟合优度 R^2（>0.76）一般大于海洋环境因子（<0.78），表明前者更符合尺度关系，而后者可能在较粗尺度下存在更多的异常值。

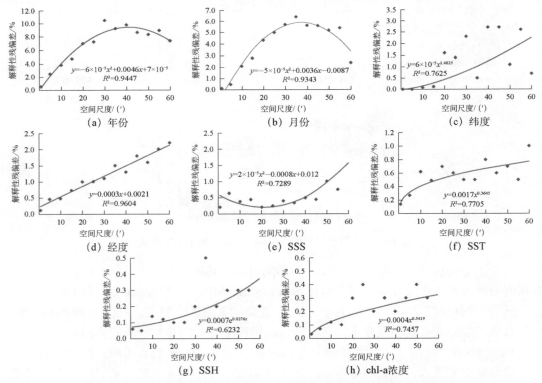

图 10-7　时空和环境等因子对 CPUE 影响的空间尺度关系

图 10-8 显示了 GAM 统计量的尺度关系，其中 ADE、AIC 和 GCV 具有较高的拟合度 R^2（>0.95）。ADE 和所有因子的 R^2 符合二次多项式尺度关系，统计量随空间尺度的增大先增大后减小，在 40′ 时达到峰值 [图 10-8（a）和图 10-8（b）]。其中，40′ 空间尺度下的 ADE 和 R^2 分别为 21.5% 和 0.21。在所有空间尺度下，ADE 和 R^2 的变化幅度具有可比性，R^2 在小于 30′ 的空间尺度下值较低（<0.2）；在 30′~45′ 较高（>0.2）；在大于 45′ 的空间尺度下相对较小，具体地，小于 0.2 但高于 30′ 以下空间尺度的 R^2。AIC 和 GCV 与所有因子的尺度关系符合幂律函数，随着空间尺度增大，初始 AIC 和 GCV 显著下降。此外，所有因子的 ADE、年份、月份具有相似的二次多项式尺度关系，其中年份和月份是决定性因子。

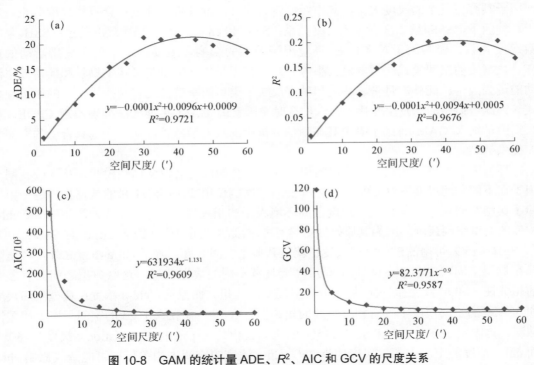

图 10-8　GAM 的统计量 ADE、R^2、AIC 和 GCV 的尺度关系

10.5　关于 CPUE–环境因子尺度问题的讨论

因为空间模式和 CPUE–环境因子关系对空间尺度都非常敏感，所以对于分析和理解渔场空间模式和 CPUE–环境因子关系，选择适当的空间尺度至关重要。本章利用 2004~2013 年的商业捕捞数据，研究西北太平洋柔鱼的 CPUE 尺度效应和尺度关系，并利用 GAM 确定柔鱼的最佳环境因子范围。结果表明，在经典的 30′ 尺度下加入更多具有统计意义的因子，GAM 的拟合性能明显提高。多尺度分析表明，GAM 的性能和因子的排序对空间尺度敏感。根据因子对 CPUE 的影响，将因子分为三类：尺度不变、中等敏感和特别敏

感。这些因子具有二次、幂律、线性和指数等尺度关系。基于这些结果进一步讨论了经典的 30′ 空间尺度下影响 CPUE 的因素，并确定了最佳空间分析尺度。

在 30′ 空间尺度下，发现在（41°N～43°N，152°E～158°E）范围内西北太平洋柔鱼渔场受年份、月份、纬度、经度、SSS、SST、chl-a 浓度和 SSH 因子影响（Fan et al.，2009；Tian et al.，2009a；Chen et al.，2007a）。同时，前述章节也分析了 60′ 尺度下西北太平洋柔的 CPUE 分布（Yu et al.，2016；Tang et al.，2013；Chen et al.，2012）。早期的一些研究结果（Fan et al.，2009；Tian et al.，2009b；Chen et al.，2007a）显示柔鱼的最佳环境和时空与我们的研究结果略有不同，这主要是由于数据源、范围和方法不一致。

多尺度分析表明，年份和月份等所有时间因子都与空间尺度呈二次多项式关系，而空间因子具有更复杂的尺度关系，其中经度符合线性尺度关系；纬度符合幂律尺度关系。对于环境因子，SSS 呈二次多项式尺度关系；SST 和 chl-a 浓度呈幂律尺度关系；SSH 呈指数尺度关系。影响因子对 CPUE-环境因子关系的影响，主要源于柔鱼和捕捞活动的迁移、数据集的空间模式、样本量大小等。在所有因子中，年份是影响生物量和捕捞效率波动的最强因子。此外，月份、纬度和精度反映了柔鱼的季节性迁移和捕捞活动的季节性模式。因此当捕捞活动发生变化时，未结合时空因素的 GAM 可能无法准确预测 CPUE。将时空因子纳入 GAM 有助于确定其在渔场分析中的尺度敏感性，从而为选择合适的空间尺度提供基础。

环境因子的空间模式具有一定的相关性，而空间尺度会改变这些模式，从而改变同一因子在不同空间尺度下对 CPUE 的解释能力。案例使用 2013 年 11 月的数据集，进一步检验了典型空间尺度与其他空间尺度之间环境因子的相关性。其中，5′ 认为是 SST 和 chl-a 浓度的典型空间尺度，因为其原始数据具有非常细的空间尺度（约 4 km）；而 SSS（20′）和 SSH（15′）可用的最佳空间尺度也就是其典型空间尺度。除了 chl-a 浓度之外，环境因子在典型空间尺度和 5′～60′ 的空间尺度上具有不同的数据表现。这些数据之间具有显著的相关性（>0.87），空间尺度越接近典型尺度，其相关性越强。chl-a 浓度在典型空间尺度和 5′～25′ 的空间尺度上具有相对较高的相关性（>0.6），而在大于 25′ 的空间尺度上相关性骤减。这表明 SST、SSS 和 SSH（15′）的空间去相关（spatial decorrelation）尺度为>60′，而 chl-a 浓度的空间去相关尺度约为 25′。chl-a 浓度的空间去相关尺度可能造成原始 chl-a 浓度图像在众多位置的数据丢失。此外，空间去相关尺度会随时间发生变化。结果显示，与其他环境因子相比，chl-a 浓度的空间去相关尺度对 CPUE-环境因子关系的分析产生了负面效应。

SSS 和 SSH 的双线性插值提高了其空间分辨率，并提供了更多的数据细节。在 GAM 中，这两个因子在较细空间尺度上排序靠前，而在较粗空间尺度上排序靠后。SSH 的 ADE 估计值随着空间尺度变粗而增大，与 SST 和 chl-a 浓度因子的空间尺度效应类似。这意味着，相比于数据细节层次，GAM 估计值受到尺度变化的影响更大。通过 GAM 的结果推断，影响 CPUE 的主导因素是年份和月份，而不是 SSS 和 SSH，这也消除了 SSS 和 SSH 数据集只有大尺度的负面影响。

不同空间尺度下，数据网格划分方案也会导致不同的空间自相关和样本大小的变化。

空间自相关的变化比较复杂，无法用传统的数学公式来描述，而样本大小与空间尺度负相关。空间自相关和样本大小的变化都会显著影响 GAM 建模和参数估计，例如 ADE、R^2、AIC 和 GCV，其中 ADE 和 R^2 效果类似，AIC 和 GCV 效果类似。ADE/AIC 与空间自相关/样本大小之间的关系如图 10-9 所示，空间自相关由 Moran's I 的 z 得分来度量。图 10-9（a）显示，ADE 和 Moran's I 的 z 得分的关系存在波动性，AIC 和 Moran's I 的 z 得分呈负相关关系。ADE 与样本大小呈负对数关系，而 AIC 与样本大小呈线性正相关关系。

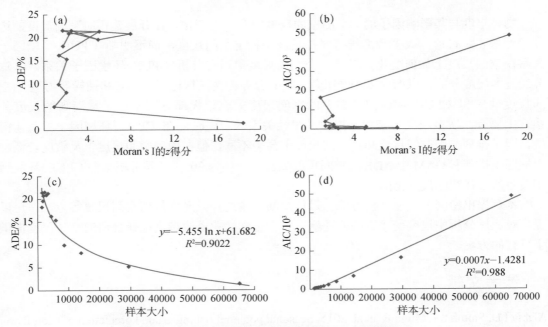

图 10-9　空间自相关和样本大小对 GAM 建模的影响

进一步确定了最佳空间尺度选择方法：①因子排序的尺度灵敏性；②GAM 的 ADE。关于排序，在 20′～45′范围内每个因子在 GAM 中保持原位或仅移动一个位置，表明这些因子对空间尺度的灵敏性较弱。关于 ADE，其在 30′～45′范围内具有相当高的值（＞21%），在其他空间尺度下值更小。这两个空间尺度范围的交集表明，30′～45′是用于分析 CPUE–环境因子关系的最佳空间尺度范围。

在生物学上，柔鱼游动速度会发生变化，晚上在海面和温跃层之间水平移动（Murata and Nakamura，1998）；渔船在捕捞时配备一定长度的渔具，也可能会移动并涉及多个区域。渔民为保持渔场的机密性，可能不会报告每个捕捞点的具体渔获量。因此，在空间分析中应对商业捕捞数据进行网格划分，从而减少上述不确定性。但是细尺度（例如 20′）可能无法降低不确定性，不适合分析 CPUE–环境因子的关系。对于粗尺度（例如 50′），在大粒度网格划分中每个因子仅有一个值，不能充分反映因子的空间模式，从而降低 CPUE–环境因子关系的可信度。这也印证了本案例确定的最佳空间尺度范围的合理性。

建议 30′～45′范围是分析柔鱼 CPUE–环境因子关系的最佳空间尺度，与前述章节中识别 20′～25′范围不同（Feng et al.，2016）。前述章节主要关注西北太平洋柔鱼 CPUE 全局模式的尺度关系，是通过空间自相关统计和 Ripley's K 函数来评估的，同时这种评估只强调 CPUE 和捕捞努力量本身的空间模式，不考虑环境因子的影响。应当注意，CPUE-因子关系的最佳范围与全局空间模式的最佳范围是不同的。

10.6　小　　结

物种丰度与其影响因子的关系随空间尺度的变化而变化，在开展建模时空间尺度的选择尤为重要。目前，大多数渔场研究都是基于特定空间尺度，尚不明晰 CPUE-环境因子关系在空间尺度上如何变化，以及哪个空间尺度最适合分析 CPUE-环境因子关系。本章节通过多尺度分析，以西北太平洋柔鱼 CPUE 分布为例，探讨了 CPUE 和捕捞努力量 的空间尺度效应和 CPUE-环境因子关系的空间尺度效应。大部分因子都呈现清晰的尺度关系，主要有二次多项式、幂律、指数、线性关系等。同时，在 CPUE-环境因子关系建模中，因子排列在细空间尺度和粗空间尺度上显著不同，但在中等空间尺度上灵敏度较低。根据因子排列和 GAM 中 ADE 的空间尺度灵敏度，认为 30′～45′是分析柔鱼 CPUE-环境因子关系的最佳空间尺度范围。

本章提出空间多尺度分析方法、最佳空间尺度选择、允许最粗空间尺度等方法，可以提高对渔场分析中尺度变化影响的理解，并为远洋渔业资源调查选择合适的空间尺度提供了可行的方案。

参考文献

Alabia I D, Saitoh S I, Mugo R, et al. 2015. Seasonal potential fishing ground prediction of neon flying squid (*Ommastrephes bartramii*) in the western and central North Pacific. Fish Oceanogr, 24(2): 190-203.

Allen L G, Pondella Ii D J, Shane M A. 2007. Fisheries independent assessment of a returning fishery: Abundance of juvenile white seabass (*Atractoscion nobilis*) in the shallow nearshore waters of the Southern California Bight, 1995-2005. Fisheries Research, 88(1-3): 24-32.

Azumaya T, Ishida Y. 2004. An evaluation of the potential influence of SST and currents on the oceanic migration of juvenile and immature chum salmon (*Oncorhynchus keta*) by a simulation model. Fish Oceanogr, 13(1): 10-23.

Bacha M, Jeyid M A, Vantrepotte V, et al. 2017. Environmental effects on the spatio-temporal patterns of abundance and distribution of Sardina pilchardus and sardinella off the Mauritanian coast (North-West Africa). Fish Oceanogr, 26(3): 282-298.

Cao J, Chen X, Chen Y, et al. 2011. Generalized linear Bayesian models for standardizing CPUE: An application to a squid-jigging fishery in the northwest Pacific Ocean. Scientia Marina, 75(4): 679-689.

Chen C, Chiu T, Huang W. 2007a. The spatial and temporal distribution patterns of the Argentine short-finned squid, Illex argentinus, abundance in the Southwest Atlantic and the effects of environmental influences. Zoological Studies, 46(1): 111-122.

Chen X, Cao J, Chen Y, et al. 2012. Effect of the *Kuroshio* on the Spatial Distribution of the Red Flying Squid *Ommastrephes Bartramii* in the Northwest Pacific Ocean. Bulletin of Marine Science, 88(1): 63-71.

Chen X, Zhao X, Chen Y. 2007b. Influence of El Niño/La Niña on the western winter-spring cohort of neon flying squid (*Ommastrephes bartramii*) in the northwestern Pacific Ocean. ICES Journal of Marine Science, 64(6): 1152-1160.

Cheung W W, Jones M C, Reygondeau G, et al. 2016. Structural uncertainty in projecting global fisheries catches under climate change. Ecological Modelling, 325: 57-66.

Choi K, Lee C I, Hwang K, et al. 2008. Distribution and migration of Japanese common squid, Todarodes pacificus, in the southwestern part of the East (Japan) Sea. Fisheries Research, 91(2-3): 281-290.

Christensen V, Guenette S, Heymans J J, et al. 2003. Hundred-year decline of North Atlantic predatory fishes. Fish and fisheries, 4(1): 1-24.

Ebdon D. 1985. Statistics in Geography: A Practical Approach-Revised with 17 Programs, 2nd Edition.New York：John Wiley and Sons.

Fan W, Wu Y, Cui X. 2009. The study on fishing ground of neon flying squid, Ommastrephes bartrami, and ocean environment based on remote sensing data in the Northwest Pacific Ocean. Chinese Journal of Oceanology and Limnology, 27(2): 408-414.

Farley J H, Williams A J, Hoyle S D, et al. 2013. Reproductive dynamics and potential annual fecundity of South Pacific albacore tuna (*Thunnus alalunga*). PLoS One, 8(4): e60577.

Feng Y, Chen X, Liu Y. 2016. The effects of changing spatial scales on spatial patterns of CPUE for Ommastrephes bartramii in the northwest Pacific Ocean. Fisheries Research, 183: 1-12.

Feng Y, Chen X, Liu Y. 2017a. Detection of spatial hot spots and variation for the neon flying squid Ommastrephes bartramii resources in the northwest Pacific Ocean. Chinese Journal of Oceanology and Limnology, 35(4): 921-935.

Feng Y, Cui L, Chen X, et al. 2017b. A comparative study of spatially clustered distribution of jumbo flying squid (*Dosidicus gigas*) offshore Peru. J Ocean Univ, 16(3): 490-500.

Furey N B, Rooker J R. 2013. Spatial and temporal shifts in suitable habitat of juvenile southern flounder (*Paralichthys lethostigma*). Journal of Sea Research, 76(76): 161-169.

Harford W J T C, Babcock E A. 2015. Simulated mark-recovery for spatial assessment of a spiny lobster (*Panulirus argus*) fishery. Fisheries Research, 165(3): 42-53.

Hawkins J P, Roberts C M. 2004. Effects of fishing on sex-changing Caribbean parrotfishes. Biological Conservation, 115(2): 213-226.

Holland D S, Herrera G E. 2010. Benefits and risks of increased spatial resolution in the management of fishery metapopulations under uncertainty. Natural Resource Modeling, 23(4): 494-520.

Ibaibarriaga L, Irigoien X, Santos M, et al. 2007. Egg and larval distributions of seven fish species in north-east Atlantic waters. Fish Oceanogr, 16(3): 284-293.

Jennings S, Alvsvåg J, Cotter A, et al. 1999. Fishing effects in northeast Atlantic shelf seas: Patterns in fishing effort, diversity and community structure Ⅲ. International trawling effort in the North Sea: an analysis of spatial and temporal trends. Fisheries Research, 40(2): 125-134.

Jennings S, Lee J. 2012. Defining fishing grounds with vessel monitoring system data. ICES Journal of Marine Science, 69(1): 51-63.

Krishnamurti T, Mishra A, Chakraborty A, et al. 2009. Improving global model precipitation forecasts over India using downscaling and the FSU superensemble. Part I: 1–5-day forecasts. Monthly Weather Review, 137(9): 2736-2757.

Li G, Cao J, Zou X, et al. 2016. Modeling habitat suitability index for Chilean jack mackerel (*Trachurus murphyi*) in the South East Pacific. Fisheries Research, 178(4): 47-60.

Lu H J, Lee K T, Lin H L, et al. 2001. Spatio-temporal distribution of yellowfin tuna Thunnus albacares and bigeye tuna Thunnus obesus in the Tropical Pacific Ocean in relation to large-scale temperature fluctuation during ENSO episodes. Fisheries Science, 67(6): 1046-1052.

Mantua N J, Hare S R. 2002. The pacific decadal oscillation. Journal of Oceanography, 58(1): 35-44.

Martínez-Ortiz J, Aires-da-Silva A M, Lennert-Cody C E, et al. 2015. The Ecuadorian artisanal fishery for large pelagics: Species composition and spatio-temporal dynamics. PloS One, 10(8): e0135136.

Maunder M N, Punt A E. 2004. Standardizing catch and effort data: a review of recent approaches. Fisheries Research, 70(2-3): 141-159.

Maynou F, Demestre M, Sánchez P. 2003. Analysis of catch per unit effort by multivariate analysis and generalised linear models for deep-water crustacean fisheries off Barcelona (NW Mediterranean). Fisheries Research, 65(1-3): 257-269.

McCoy J, Johnston K, institute E S R. 2001. Using ArcGIS spatial analyst: GIS by ESRI. RedLands: Environmental Systems Research Institute.

Murata M, Nakamura Y. 1998. Seasonal migration and diel vertical migration of the neon flying squid, Ommastrephes bartramii in the North Pacific//Okutani T. Contributed papers to International Symposium on Large Pelagic Squids.Okutani: JAMARC's 25th Anniversary of Its Foundation.

Murphy E, Trathan P, Everson I, et al. 1997. Krill fishing in the Scotia Sea in relation to bathymetry, including the detailed distribution around South Georgia. CCAMLR Science, 4(6): 1-17.

Nishikawa H, Toyoda T, Masuda S, et al. 2015. Wind-induced stock variation of the neon flying squid (Ommastrephes bartramii) winter-spring cohort in the subtropical North Pacific Ocean. Fish Oceanogr, 24(3): 229-241.

Pauly D, Hilborn R, Branch T A. 2013. Fisheries: Does catch reflect abundance. Nature, 494(7437): 303-306.

Pinkerton E. 2011. Co-operative management of local fisheries: New directions for improved management and community development . Vancouver：UBC Press.

Reiss C S, Checkley D M, Bograd S J. 2008. Remotely sensed spawning habitat of Pacific sardine (Sardinops sagax) and Northern anchovy (Engraulis mordax) within the California Current. Fish Oceanogr, 17(2): 126-136.

Revill A T, Young J W, Lansdell M. 2009. Stable isotopic evidence for trophic groupings and bio-regionalization of predators and their prey in oceanic waters off eastern Australia. Marire Biology, 156(6): 1241-1253.

Scott L M, Janikas M V. 2010. Spatial statistics in ArcGIS// Fischer M M, Getis A. Handbook of applied spatial analysis: 27-41.

Tang F H, Wu Y M, Zhou W F, et al. 2013. Study of marine environment and squid fishing fisheries in North Pacific Ocean based on remote sensing and GIS technology. Advanced Materials Research ,726-731: 4604-4609.

Tian S, Chen X, Chen Y, et al. 2009a. Evaluating habitat suitability indices derived from CPUE and fishing effort data for Ommatrephes bratramii in the northwestern Pacific Ocean. Fisheries Research, 95(2-3): 181-188.

Tian S, Chen X, Chen Y, et al. 2009b. Standardizing CPUE of Ommastrephes bartramii for Chinese squid-jigging fishery in Northwest Pacific Ocean. Chinese Journal of Oceanology and Limnology, 27(4): 729-739.

Tian S, Chen Y, Chen X, et al. 2010. Impacts of spatial scales of fisheries sand environmental data on catch per unit effort standardization. Marine and Freshwater Research, 60(12): 1273-1284.

Walsh W A, Kleiber P. 2001. Generalized additive model and regression tree analyses of blue shark (Prionace glauca) catch rates by the Hawaii-based commercial longline fishery. Fisheries Research, 53(2): 115-131.

Waluda C, Trathan P, Rodhouse P. 1999. Influence of oceanographic variability on recruitment in the Illex argentinus (Cephalopoda: Ommastrephidae) fishery in the South Atlantic. Marine Ecology Progress Series, 183(1): 159-167.

Wang W, Zhou C, Shao Q, et al. 2010. Remote sensing of sea surface temperature and chlorophyll-a: Implications for squid fisheries in the north-west Pacific Ocean. International Journal of Remote Sensing, 31(17-18): 4515-4530.

Winker H, Kerwath S E, Attwood C G. 2013. Comparison of two approaches to standardize catch-per-unit-effort for targeting behaviour in a multispecies hand-line fishery. Fisheries Research, 139: 118-131.

Yatsu A, Watanabe T, Mori J, et al. 2000. Interannual variability in stock abundance of the neon flying squid, Ommastrephes bartramii, in the North Pacific Ocean during 1979–1998: Impact of driftnet fishing and oceanographic conditions. Fish Oceanogr, 9(2): 163-170.

Yatsu A, Watanabe T. 1996. Interannual variability in neon flying squid abundance and oceanographic conditions in the central North Pacific, 1982-1992. Bulletin of the National Research Institute of Far Seas Fisheries, (33): 123-138.

Yen K, Lu H J, Chang Y, et al. 2012. Using remote-sensing data to detect habitat suitability for yellowfin tuna in the Western and Central Pacific Ocean. International Journal of Remote Sensing, 33(23): 7507-7522.

Yu W, Chen X, Yi Q, et al. 2016. Spatio-temporal distributions and habitat hotspots of the winter–spring cohort of neon flying squid *Ommastrephes bartramii* in relation to oceanographic conditions in the Northwest Pacific Ocean. Fisheries Research, (175): 103-115.

Zainuddin M, Kiyofuji H, Saitoh K, et al. 2006. Using multi-sensor satellite remote sensing and catch data to detect ocean hot spots for albacore (*Thunnus alalunga*) in the northwestern North Pacific. Deep Sea Research Part II: Topical Studies in Oceanography, 53(3-4): 419-431.

Zakšek K, Oštir K. 2012. Downscaling land surface temperature for urban heat island diurnal cycle analysis. Remote Sensing of Environment, (117): 114-124.

第 11 章 基于智能 HSI 建模的渔情预报方法

11.1 远洋渔业空间分析与渔情预报的重要意义

HSI 模型最早由美国科学家于 20 世纪 80 年代提出（Fish and Service，1980），用来模拟生物体对周围栖息环境要素的反应。目前其已广泛应用于物种分布与管理等领域，并逐渐在海洋渔场的分析与预测中得到了广泛应用。对 HSI 的研究不仅为了从理论上认知渔场分布与海洋环境要素的关系，也是为了向捕捞生产和渔业资源管理者提供信息参考。HSI 模型已应用于多种鱼类的渔场分析，如印度洋大眼金枪鱼、大西洋及太平洋的鱿鱼等。文献显示（胡振明等，2010；陈新军等，2008），常用的鱼类 HSI 建模方法主要有权重求和法、几何平均法和分位数回归法等。

在远洋渔场空间分析与渔情预报研究中，重点关注中心渔场。海洋环境要素与中心渔场之间存在动态交互关系并构成一个复杂的系统，且环境要素之间通常也存在一定的相关性。应用经典数理统计方法构建 HSI 模型时，由于无法消除环境要素固有的多重相关性，分析预报的精度受到极大的限制。因此，如何建立高精度的渔情预报模型，降低预报的不确定性，便成了鱼类 HSI 建模需要解决的关键科学问题。本章将详细介绍 三 种智能 HSI 建模的渔情预报方法。

11.2 基于 GeneHSI 模型的渔场预报方法

11.2.1 GeneHSI 模型框架的模拟数据

为了验证 GeneHSI 模型框架的正确性和有效性，更进一步探测该模型的使用和控制方法，我们使用模拟数据进行测试。模拟数据的作用和关键在于：①模拟数据与真实数据相比，其数据中存在的规律性要差，因此如果 GeneHSI 模型能在该模拟数据上得到很好的应用，就能够证明 GeneHSI 模型具有很强的普适性，当应用于规律性更强的渔业真实数据时可望得到更好的结果；②由于 GA 是一种随机算法，需要较强的人工干预与良好的参数控制经验，模拟数据有利于从多角度探讨 GeneHSI 模型的控制与使用方法。

　　在模拟数据中，假设与渔场概率相关的海洋环境因素有温度、盐度、chl-a、溶解氧、温差以及海面高度距平均值等。由于各种海洋环境因素的值域范围不一致，因此为了能够在同一个方程式中进行换算，需要对其进行归一化处理，即所有环境因子的值域范围归一化到 [0，1]。在实际操作中，利用 EXCEL 的随机数发生器 RAND（）产生模拟数据，RAND（）随机产生的数值均在 0～1（表 11-1）。根据实验要求，分别产生了 50、100、1000、5000 和 10000 五种样本数据，用于检验 GeneHSI 模型的有效性以及模型对样本量的响应。

表 11-1　归一化海洋环境因子与渔场概率的模拟数据

项目	1	2	3	4	5	6	7	8	9	10
温度	0.3003	0.6112	0.4074	0.2157	0.1506	0.7711	0.0386	0.1304	0.5302	0.5512
盐度	0.2628	0.7253	0.8635	0.2779	0.4958	0.4506	0.6371	0.9272	0.1758	0.6660
chl-a	0.8899	0.5983	0.1323	0.2720	0.4862	0.4589	0.9703	0.6833	0.9313	0.3100
溶解氧	0.2849	0.4180	0.5995	0.5612	0.3367	0.7334	0.0621	0.6298	0.2705	0.8085
温差	0.4754	0.9300	0.4017	0.2196	0.7677	0.1176	0.6235	0.6442	0.7852	0.3702
海面高度距平均值	0.8627	0.5017	0.7001	0.7543	0.9388	0.0071	0.6795	0.8488	0.8672	0.2512
渔场概率	0.1919	0.7640	0.7629	0.6644	0.9665	0.9236	0.0886	0.8426	0.4537	0.0952

11.2.2　HSI 参数获取

　　根据 GeneHSI 模型以及模型优化策略，利用基于模拟数据的 50 个样本点建立了适应度函数，从而获取 HSI 参数。利用 GA 获取 HSI 参数的过程中，受到适应度函数的引导进行优化，随着优化的推进，适应度函数的值不断降低，最终达到最小值（图 11-1），该最小值即在获取的 HSI 参数下预测渔场概率与真实渔场概率之间的差异最小值。

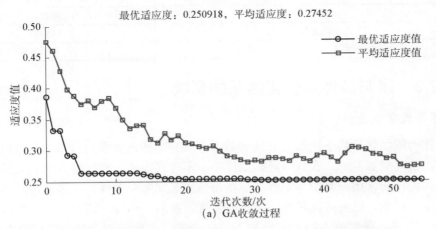

图 11-1　一般优化策略下利用 GA 获取与优化 HSI 参数的收敛过程

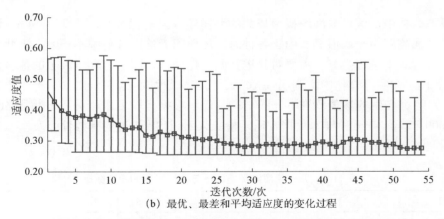

图 11-1　一般优化策略下利用 GA 获取与优化 HSI 参数的收敛过程（续）

在 GeneHSI 模型中，遗传适应度值越小，表明总体上 HSI 参数导致的预测预报误差越小。图 11-1（a）显示了利用遗传算法对 HSI 参数进行计算与优化的适应度收敛过程，最佳适应度值收敛到 0.250918，平均适应度值收敛到 0.27452。最佳适应度值和平均适应度值均随迭代而减小，其中最佳适应度值在第 16 次迭代时就已经收敛，但是平均适应度值并未呈现明显的收敛。而图 11-1（b）表明，直到迭代结束，最佳适应度值、最差适应度值与平均适应度值之间的差异仍较大，表明利用遗传算法在没有限制参数的条件下得到的优化结果并不理想。因此，这种情况下获取的海洋环境的 HSI 参数（表 11-2）与真实情况存在一定的差异。

表 11-2　一般优化策略下利用 GA 获取的 HSI 参数

项目	数值
常数项	−1.1925
温度	−0.8240
盐度	0.2412
chl-a	1.8855
溶解氧	0.9745
温差	1.0139
海面高度距平均值	−0.8059

11.2.3　限制条件对优化结果的影响

1. 不等式限制条件

由于在一般优化策略下获取的 HSI 参数并不理想，因此需要对获取的参数范围进行一定的限制，使其更加准确。在众多限制条件中，不等式限制条件、等式限制条件和参数范围限制条件均比较常用。其中，不等式限制条件和等式限制条件均指多种海洋环境因子符合某种关系。例如，已有海洋环境因子，如温度、盐度、chl-a、溶解氧、温差以及海面高度距平均值之间，在数值上符合一定的不等式和等式条件；而参数范围限制条件指的是 HSI 参数被限制在某一个范围内。一般不等式条件可以表达为

$$A \times x \leqslant b \tag{11-1}$$

式中，如果 A 是一个矩阵，则 b 是一个向量；而当 A 是一个向量时，b 是一个数值；x 是海洋环境因子向量。其中，x 是既定的样本数据，A 和 b 的设置通过理论和经验分析确定，可以来自传统方法的计算结果，也可以来自对研究区域的熟练掌握。这种方法不仅适用于不等式限制条件，也适用于等式限制条件和上下界限制条件。

为了探测不等式限制条件对 GeneHSI 模型结果的影响，设 $A = [1\,1\,1\,1\,1\,1\,1]$、$b = 5$ 进行优化，当然仍可以设置其他不等式限制条件。根据上述不等式限制条件的设置进行 GeneHSI 模型执行，获取优化过程和 HSI 参数结果，分别如图 11-2 和表 11-3 所示。

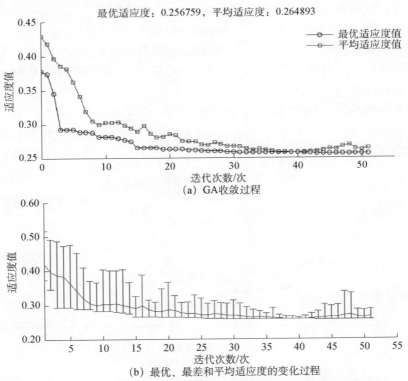

(a) GA收敛过程

(b) 最优、最差和平均适应度的变化过程

图 11-2　不等式限制条件下利用 GA 获取与优化 HSI 参数的收敛过程

表 11-3　不等式限制条件下利用 GA 获取的 HSI 参数

项目	数值
常数项	−0.7064
温度	−1.3827
盐度	−0.1444
chl-a	1.0329
溶解氧	1.2298
温差	0.7182
海面高度距平均值	−0.0905

图 11-2（a）显示了在不等式限制条件下利用 GA 对 HSI 参数进行计算与优化的适应度收敛过程，最佳适应度值收敛到 0.256759，平均适应度值收敛到 0.264893；在迭代 30 次之后，平均适应度值的收敛曲线与最佳适应度值的收敛曲线较为接近，呈现较为明显的收敛状态。与一般优化策略下的 GeneHSI 比较，最佳适应度值大，而平均适应度值低，表明整体优化结果稍好。图 11-2（b）表明，当适应度函数曲线开始收敛时，最佳适应度值与平均适应度值开始接近，而最差适应度值与平均适应度值之间的差异仍较大，说明虽然在不等式条件下效果优于一般优化策略，但是仍需对算法进行优化控制。

2. 等式限制条件

与不等式限制条件类似，一般等式限制条件可以表达为

$$\text{Aeq} \times x = \text{beq} \tag{11-2}$$

式中，如果 Aeq 是一个矩阵，则 beq 是一个向量；而当 Aeq 是一个向量时，beq 是一个数值；x 是海洋环境因子向量。与不等式限制条件类似，x 是既定的样本数据，Aeq 和 beq 需要通过理论和经验分析加以确定。

探测等式限制条件对 GeneHSI 模型结果的影响，设置 Aeq $=[0\ 1\ 1\ 1\ 1\ 1\ 1]$、beq $=3.5$ 进行优化。根据上述等式限制条件进行 GeneHSI 模型执行，获取优化过程和 HSI 参数结果，分别如图 11-3 和表 11-4 所示。

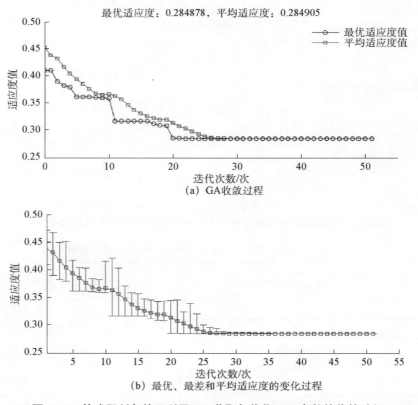

图 11-3　等式限制条件下利用 GA 获取与优化 HSI 参数的收敛过程

表 11-4　等式限制条件下利用 GA 获取的 HSI 参数

项目	参数
常数项	−1.3584
温度	−0.4125
盐度	0.9702
chl-a	0.1394
溶解氧	0.7752
温差	1.7820
海面高度距平均值	0.1041

图 11-3（a）显示等式限制条件下 GeneHSI 模型的参数计算与优化收敛过程。其中，最佳适应度值收敛到 0.284878，平均适应度值收敛到 0.284905。在迭代 25 次之后，平均适应度值与最佳适应度值完全重合，说明适应度函数曲线完全收敛。与一般优化策略和不等式限制条件相比，GeneHSI 参数的获取效果较好（表 11-4）。同时，图 11-3（b）表明随着适应度函数开始收敛，最佳适应度值、最差适应度值和平均适应度值完全一致，即它们都等于相同的数值，表明 GeneHSI 模型优化效果非常理想。

3. 上下界限制条件

除了不等式限制条件和等式限制条件，一般地，在 GeneHSI 模型中也常用到 HSI 参数的上下界限制条件。传统 HSI 建模中获取的 HSI 参数阈值均为［0,1］（Chen et al.，2010；冯波等，2010；李纲等，2010；Tian et al.，2009），因此在 GeneHSI 优化控制中，可以利用这个关键的信息对适应度函数进行引导。鉴于此，设置 HSI 参数的上界为［1 1 1 1 1 1 1］，下界为［0 0 0 0 0 0 0］，优化过程如图 11-4 所示。

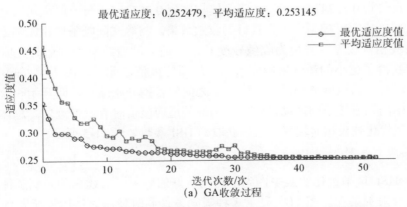

图 11-4　上下界限制条件下利用 GA 获取与优化 HSI 参数的收敛过程

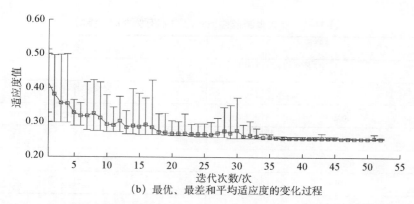

（b）最优、最差和平均适应度的变化过程

图 11-4　上下界限制条件下利用 GA 获取与优化 HSI 参数的收敛过程（续）

表 11-5　上下界限制条件下利用 GA 获取的 HSI 参数

项目	数值
常数项	0.7356
温度	0.8166
盐度	0.2455
chl-a	0.9838
溶解氧	0.7269
温差	0.9995
海面高度距平均值	0.5973

　　由图 11-4（a）可知，上下界限制条件下 GeneHSI 框架在迭代到 34 次时开始收敛；最佳适应度值收敛到 0.252479，平均适应度值收敛到 0.253145。与一般优化策略和不等式限制条件相比，GeneHSI 模型取得了较好的收敛效果。与等式限制条件相比，上下界限制条件下收敛曲线相对较差，表现为收敛较晚且最佳适应度曲线与平均适应度曲线重合性较差，但是却获得了更小的最佳适应度值和平均适应度值。此外，图 11-4（a）表明随着优化过程进行，最差适应度值和最佳适应度值之间的范围开始缩小，即开始收敛到最优适应度值，但是中间仍有较小的波动，即收敛到最差适应度值时有反弹迹象。总体评估来看，GeneHSI 模型优化效果相对较好，最终获取的 HSI 参数如表 11-5 所示。

　　4. 综合限制条件

　　在 GeneHSI 模型优化实践中，为了达到良好的效果，上述 3 种限制条件需要同时使用，形成综合限制条件。图 11-5 显示 3 种限制条件同时使用时适应度函数优化过程，其中具体限制条件与前述设置保持一致。

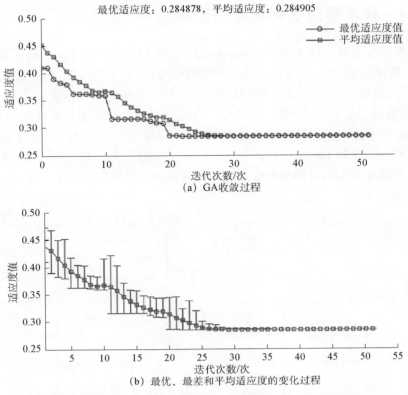

图 11-5　综合限制条件下利用 GA 获取与优化 HSI 参数的收敛过程

　　综合限制条件下利用 GeneHSI 模型迭代到 27 次时开始收敛；最佳适应度值收敛到 0.284878，平均适应度值收敛到 0.284905。与单项优化限制条件比较，综合限制条件下的 GeneHSI 模型取得了更好的收敛效果，适应度函数的收敛更早，且最佳适应度值与平均适应度值重合得非常一致。同时图 11-5（b）表明，随着优化过程进行，最差适应度值和最佳适应度值之间的范围收缩得更快、更彻底，收敛之后不存在任何波动。总体来看，综合限制条件下 GeneHSI 模型优化效果最好，其获取的 HSI 参数如表 11-6 所示。

表 11-6　综合限制条件下利用 GA 获取的 HSI 参数

项目	参数
常数项	0.5077
温度	0.7074
盐度	0.2709
chl-a	0.5500
溶解氧	0.5668
温差	0.6124
海面高度距平均值	0.1986

11.2.4　样本量对优化结果的影响

除了各种限制条件，样本量对 GeneHSI 模型建模同样具有重要的影响。当然，在渔场渔情预报分析中，样本是通过商业捕捞产生的，因此对于特定区域的特定鱼种，样本量多少并不是研究者可以主观选择的。但是对于一种智能建模框架而言，其应该具有处理大样本的能力，因此拟进一步讨论：①GeneHSI 模型对于各种样本量的处理能力；②GeneHSI 模型优化过程与优化结果对不同样本量的响应。为了讨论上述两点，产生了 100、1000、5000 和 10000 四种样本量，样本产生的方法如 11.2.1 小节所述。选择在综合限制条件下进行 GeneHSI 模型执行，具体限制参数和前述几种设置一致，最终模型优化过程如图 11-6 所示。

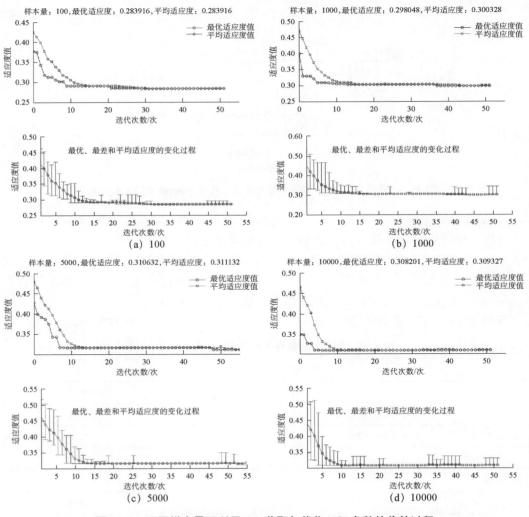

图 11-6　不同样本量下利用 GA 获取与优化 HSI 参数的收敛过程

图 11-6 表明不同的样本量在 GeneHSI 模型中均得到了优化处理，其中 100 样本量收敛于第 21 次迭代，最佳适应度值 0.283916，平均适应度值 0.283916；1000 样本量收敛于第 16 次迭代，最佳适应度值 0.298048，平均适应度值 0.300328；5000 样本量收敛于第 13 次迭代，最佳适应度值 0.310632，平均适应度值 0.311132；10000 样本量收敛于第 11 次迭代，最佳适应度值 0.308201，平均适应度值 0.309327。模型优化过程与收敛效果图显示，10000 样本量收敛最快，收敛效果最好；1000 和 5000 样本量收敛效果次之；而 100 样本量收敛较晚，完全收敛出现在第 30 次迭代。在收敛之后，4 种样本量的最差适应度值与平均适应度值之间还存在一定的波动，其中大样本量 10000 的波动最为严重，而小样本量 100 的波动最小。执行结果表明，GeneHSI 模型具有处理各种样本量的能力，同时对于样本量的响应也不一致，4 种样本量下 GeneHSI 模型获取的参数如表 11-7 所示。

表 11-7　不同样本量下利用 GA 获取的 HSI 参数

项目	100 个样本	1000 个样本	5000 个样本	10000 个样本
常数项	0.0413	0.1316	0.0605	0.0999
温度	0.0703	0.0180	0.1808	0.1191
盐度	0.0134	0.0273	0.2788	0.0142
chl-a	0.0268	0.0097	0.0830	0.0024
溶解氧	0.1669	0.0631	0.1148	0.4149
温差	0.0854	0.1302	0.0926	0.0141
海面高度距平均值	0.0010	0.0512	0.0229	0.0524

11.2.5　GeneHSI 模型的影响因素

基于广泛应用于各领域的 GA，本节提出了一种渔情预报 HSI 参数获取与智能优化的方法框架 GeneHSI 模型，并对该模型的使用和参数控制进行了分析与讨论。基于 GA 的 HSI 建模有助于充实现有的渔情预报 HSI 建模方法与理论，并有可能引导智能方法在 HSI 建模中的应用。

（1）GA 用于渔场渔情预报，其核心思想在于可以使渔场概率值与真实渔场概率值的累计误差最小化 [式（11-1）]。本节表明，GA 应本质上是一种具有智能特性的随机优化算法，能够行之有效地优化鱼类 HSI 的建模并获取 HSI 参数。但是，由于 GA 的随机特性，在对它进行控制并引导算法有效执行的过程中，对建模者有较高的技术要求，需要研究者对研究区域与研究对象有较高的熟悉程度。本节所采用的数据是随机产生的模拟数据，其规律性比真实的捕捞数据较差，因此可以推测当 GA 用于真实数据时将得到更加合理和准确的结果。

（2）在不同的限制条件下，利用 GA 获取的 HSI 具有较大的差异。其中一般优化策略下获取的 HSI 参数最差，加以限制的不等式、等式和上下界条件，其优化过程变得更加合理，获取的 HSI 参数也更准确。理论上，适应度函数值是渔场概率计算值与真实值的累计误差，但是函数优化收敛过程较好时，最终对应的适应度值并不是所有限制条件下可能得到的最低值。因此，评价 HSI 参数结果是否合理和准确，并不是以适应度值的高低为唯一标准；应当同时考虑适应度函数的优化收敛过程，并结合研究区域渔场的专业知识进行判断。但是总体来看，对 GeneHSI 模型的优化过程加以限制，尤其是上下界限制等条件的使用将使 HSI 参数优化结果更加合理。

（3）GA 具有处理海量样本的能力。针对渔场渔情预报 HSI 建模，增加样本量并不会显著增加 GA 需要迭代的次数，以及 GA 的实际计算时间；在对 GeneHSI 模型进行有效控制的前提下，大样本量反而有可能使 GA 更早地收敛于合理的适应度值。同时，发现大样本量得到的适应度值一般会大于小样本量得到的适应度值；但是这种情况并不是绝对的，当用于建模的数据规律性较强时，大样本量所能涵盖的规律性将更强，因此反而能够得到更小的适应度值。在真实渔情预报中，受到商业捕捞数据的限制，一般很少能够获取到大样本量数据，这进一步表明利用 GeneHSI 模型能够较快地对渔场渔情预报进行优化处理。

本模型的目的在于提供一种基于 GA 的渔业 HSI 建模框架和智能建模方法，因此侧重于模型建立的整体框架、模型建立的思路以及模型执行过程中的人为控制。在未来的研究中将应用 GeneHSI 模型优化远洋渔业的渔情预报，如西北太平洋柔鱼渔场的渔情预报等。

11.3　基于 SA 的 HSI 的渔场预报方法

11.3.1　基于 SA 的 HSI 参数获取

根据 AnnHSI 模型以及冷却进度表，利用 50 个模拟数据样本点建立目标函数以获取 HSI 的参数。受目标函数的引导，SA 在 HSI 参数获取的过程中自动进行优化，目标函数值随着优化进程不断降低，最终达到最小值（图 11-7）。该最小值对应最终获取的 HSI 参数，即预测渔场概率与真实渔场概率之间差异的最小值。

图 11-7（a）所示为以 [0.5 0.5 0.5 0.5 0.5 0.5 0.5] 作为初始 HSI 参数值，在不加限制条件的情况下，利用 SA 对 HSI 参数进行计算与优化时，目标函数值的收敛过程。根据目标函数的构造方法，函数值越小，则表明 HSI 参数导致的预测预报误差越小。该图显示，最佳目标函数值在迭代 600 次左右时收敛，最佳目标函数值收敛到 0.390729。图 11-7（b）显示了目标函数最小值下各 HSI 参数的最终值，具体参数见表 11-8。该表显示，在无限制条件情况下所获取的参数与传统方法获取的参数存在显著的差异，可以判定这时利用 SA 获取的参数并不合理。

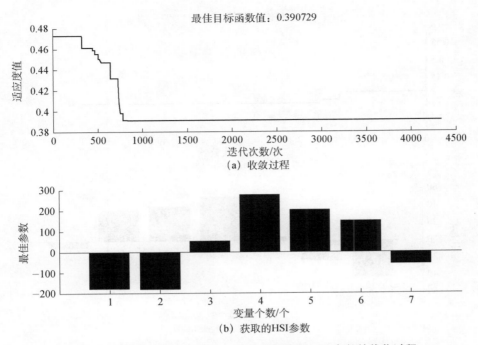

图 11-7　无限制条件下利用 AnnHSI 模型获取 HSI 参数的优化过程

表 11-8　无限制条件下利用 AnnHSI 模型获取的 HSI 参数

项目	数值
常数项	−181.7113
海表温度	−182.8051
盐度	51.4237
chl-a	274.7619
溶解氧	201.2183
温差	148.2446
海面高度距平均值	−60.7411

11.3.2　初始解和限制条件对优化结果的影响

1. 初始解对 AnnHSI 优化结果的影响

在 SA 优化中，初始解对模型结果具有较大的影响，因此案例设置了两种不同的初始解，分别为 [0 0 0 0 0 0 0] 和 [1 1 1 1 1 1 1]，以检测初始解对 AnnHSI 优化结果的影响。以 [0 0 0 0 0 0 0] 作为初始解进行 SA 优化的结果表明，该初始解无法完成 SA 的执行，无法得到最终解，因此说明该初始解并不合适；而以 [1 1 1 1 1 1 1] 作为初始解进行的优化如图 11-8 所示。

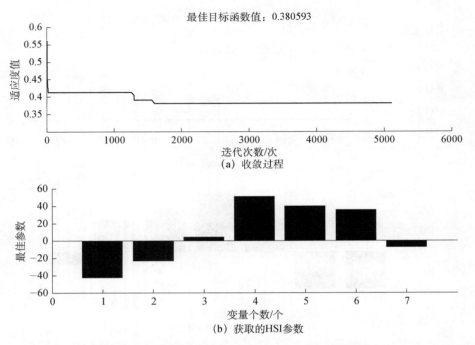

图 11-8　无限制条件下利用 AnnHSI 模型获取 HSI 参数的优化过程（初始解：[1 1 1 1 1 1 1]）

图 11-8（a）表明，无限制条件下 AnnHSI 在迭代到 1600 左右开始收敛，最佳目标函数值收敛到 0.380593。图 11-8（b）显示目标函数最小值下，各 HSI 参数的最终值，具体参数见表 11-9。该表显示，在初始解 [1 1 1 1 1 1 1] 条件下，所获取的参数稍好于 [0.5 0.5 0.5 0.5 0.5 0.5 0.5] 初始解，但是与传统方法获取的参数比较，差异依然较大也不合理。

表 11-9　无限制条件下利用 AnnHSI 模型获取的 HSI 参数（初始解：[1 1 1 1 1 1 1]）

项目	数值
常数项	−43.2857
海表温度	−23.9113
盐度	4.0901
chl-a	50.2048
溶解氧	39.3162
温差	35.1195
海面高度距平均值	−7.8798

2. 限制条件对 AnnHSI 优化结果的影响

在 SA 中常用的限制条件为上下界限制条件，即 HSI 参数的上界和下界。设置 HSI 参数的上界为 [1 1 1 1 1 1 1]，下界为 [0 0 0 0 0 0 0]，并以 [0.5 0.5 0.5 0.5 0.5 0.5 0.5] 作为

SA 优化的初始解进行优化，过程和结果如图 11-9 所示。

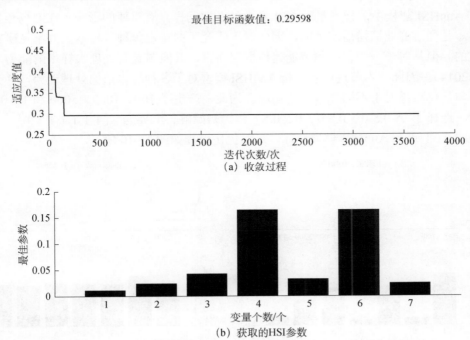

图 11-9　上下界限制条件下利用 AnnHSI 模型获取 HSI 参数的优化过程

由图 11-9（a）可知，上下界限制条件下 AnnHSI 在迭代到 200 次左右开始收敛，最佳目标函数值收敛到 0.29598。图 11-9（b）显示上下界限制条件下，当目标函数达到最小值时，各 HSI 参数的最终值，具体参数见表 11-10。该表显示，上下界限制条件下利用 AnnHSI 模型获取的参数显著地介于 0~1，与传统方法获取的参数非常接近，能够达到智能优化的效果。

表 11-10　上下界限制条件下利用 AnnHSI 模型获取的 HSI 参数

项目	参数
常数项	0.0165
海表温度	0.0273
盐度	0.0419
chl-a	0.1612
溶解氧	0.0341
温差	0.1672
海面高度距平均值	0.0259

3. 样本量对优化结果的影响

在 AnnHSI 建模中，样本量对 HSI 参数的获取同样具有重要的影响。在渔场预报分析中，样本是通过商业捕捞而产生的，因此对于研究区的特定鱼种，样本量并不是研究者主观决定的。但是对于一种优秀的智能建模框架而言，其应该具有处理大样本的能力（冯永玖等，2014）。因此，本节进一步分析 AnnHSI 模型对于各种样本量的处理能力，并分析优化过程与优化结果对于不同样本量的响应。为此，产生了 100、1000、5000 和 10000 四种样本量。选择 [0.5 0.5 0.5 0.5 0.5 0.5 0.5] 作为初始解、上界为 [1 1 1 1 1 1 1]、下界为 [0 0 0 0 0 0 0] 进行 AnnHSI 模型执行，最终优化过程如图 11-10 所示。

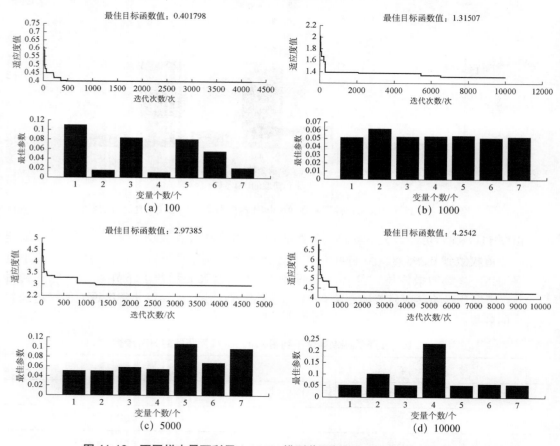

图 11-10　不同样本量下利用 AnnHSI 模型获取与优化 HSI 参数的收敛过程

图 11-10 表明各种样本量在 AnnHSI 模型中均得到了优化处理，其中 100 样本量收敛于第 500 次迭代，最佳目标函数值 0.401796；1000 样本量收敛于第 6700 次迭代，最佳目标函数值 1.31507；5000 样本量收敛于第 1250 次迭代，最佳目标函数值 2.97385；10000 样本量收敛于第 980 次迭代，最佳目标函数值 4.2542。优化结果表明，AnnHSI 模型具有处理各种样本量的能力，同时对于样本量的响应也不一致，各种样本量下利用 AnnHSI 获取的 HSI 参数如表 11-11 所示。

表 11-11　不同样本量下利用 AnnHSI 模型获取的 HSI 参数

项目	100 个样本	1000 个样本	5000 个样本	10000 个样本
常数项	0.1102	0.0508	0.0500	0.0507
海表温度	0.0148	0.0614	0.0501	0.0993
盐度	0.0832	0.0517	0.0579	0.0515
chl-a	0.0109	0.0525	0.0543	0.2326
溶解氧	0.0803	0.0526	0.1067	0.0524
温差	0.0548	0.0503	0.0669	0.0561
海面高度距平均值	0.0205	0.0518	0.0971	0.0520

11.3.3　AnnHSI 的影响因素

1. AnnHSI 应用效果与模拟数据测试情况

与 GA 类似，基于 SA 的 HSI 参数获取，其核心思想也在于使渔场概率值与真实渔场概率值的累计误差最小化。SA 的优势在于通过启发式的智能优化，从随机或统计学方法产生的初始解开始，随机自动搜索获取最终的 HSI 参数值。对比传统空间统计方法，SA 不仅整体接近 HSI 的真实解，而且每个个体也比经典统计方法更加接近真实解（冯永玖等，2014）。因此，SA 能够行之有效地优化鱼类 HSI 的建模并获取 HSI 参数。由于 SA 是一种随机优化算法，因此在对该算法进行控制和引导执行过程中，要求建模者有较高的技术和算法基础，也要求对研究区、研究对象等熟悉（汪定伟，2007）。本节所采用的模拟数据由于比真实数据规律性要差，因此若 AnnHSI 模型能在该模拟数据上得到很好的应用，则证明 AnnHSI 模型具有很强的普适性。同时，SA 需要较强的建模干预与参数控制经验，根据模拟数据有利于探讨 AnnHSI 算法的控制与使用方法。

2. 初始解与限制条件对 AnnHSI 优化效果的影响

与其他很多组合优化算法（如 GA）不同的是，SA 需要人为指定初始解。该初始解可以是传统方法获取的 HSI 参数，也可以是由建模者指定的在 HSI 参数范围内的某一值。本书设置了 3 种初始解，分别为 [0 0 0 0 0 0 0]、[0.5 0.5 0.5 0.5 0.5 0.5 0.5] 和 [1 1 1 1 1 1 1]，其中 [0 0 0 0 0 0 0] 和 [1 1 1 1 1 1 1] 与 HSI 参数值域的下界和上界等同（冯波等，2010；胡振明等，2010；陈新军等，2008）。

优化计算结果表明，初始解 [0 0 0 0 0 0 0] 无法完成 SA 的执行，即无法得到最终解，表明该初始解并不合适。而以 [0.5 0.5 0.5 0.5 0.5 0.5 0.5] 和 [1 1 1 1 1 1 1] 作为初始解进行的优化，其结果与传统方法获取的参数差异较大。这并不表明这两个初始解都完全不合适，而是从侧面表明无论是什么样的初始解，在没有合适的限制条件下无法得到正确的 HSI 参数。与 GA 相比，SA 需要更好的控制，因为 GA 在无限制条件下获得的 HSI 参数与传统算法接近（冯永玖等，2014），而对于 SA 却存在非常大的差异。

3. 样本量对 AnnHSI 优化效果的影响

为了检测 AnnHSI 对样本量的响应，本节产生了 100、1000、5000 和 10000 四种样本量，对 AnnHSI 模型对数据的处理性能进行检测。针对渔场预报 HSI 建模，增加样本量将显著增加 SA 需要迭代的次数，相应地就会显著增加 SA 的实际解算时间。这与 GA 不同，GA 在 HSI 参数解算过程中，不会显著增加迭代次数和解算时间（冯永玖等，2014）。为了进行详细的比较，本节列出了 AnnHSI 模型和 GeneHSI 模型的迭代次数、最终目标函数值或适应度函数值。

表 11-12　AnnHSI 模型与 GeneHSI 模型对 HSI 优化的对比

项目		50 个样本	100 个样本	1000 个样本	5000 个样本	10000 个样本
GeneHSI	迭代次数	27	21	16	13	11
	函数值	0.284878	0.283916	0.288048	0.310632	0.308201
AnnHSI	迭代次数	200	500	6700	1250	980
	函数值	0.295980	0.401796	1.315070	2.973850	4.254200

表 11-12 显示，对于 GeneHSI 模型，大样本量反而有可能更早地收敛于合理的适应度值，且样本量的增加并不会使适应度值显著增大（冯永玖等，2014）；而对于 AnnHSI 模型，样本量小则所需的计算次数和计算时间少，且目标函数值也较小，样本量增大会显著增加 SA 的计算次数和解算时间，且目标函数值也会随之增大。虽然 SA 相对于 GA 所需的时间和计算次数较多，但是总体来看 AnnHSI 模型对大样本数据的处理能力较强，是一种行之有效的 HSI 参数获取和优化方法。

SA 是三大著名的组合优化算法之一，在各领域具有广泛的应用。本小节提出了基于 SA 的渔业 HSI 建模方法 AnnHSI 模型，能够有效获取 HSI 参数并进行优化处理。与 GeneHSI 模型类似，AnnHSI 模型是一种通用的渔业 HSI 建模框架和行之有效的智能建模方法与思路，侧重模型建立的整体框架、建模思路以及模型执行过程中的人为控制。该模型框架的提出，有望引导鱼类 HSI 智能化建模的理论方法革新与实践应用。

11.4　基于支持向量机（SVM）HSI 的渔场预报方法

11.4.1　研究区数据与可视化

本节以秘鲁外海为实验区，以该区茎柔鱼为实验对象，时间为 2008～2010 年 6 月和 7 月（图 11-11）。茎柔鱼为大洋性浅海种，广泛分布在加利福尼亚（37°N～40°N）至智利（45°S～47°S）的东太平洋海域，栖息海域中主要分布有加利福尼亚海流、秘鲁海流、南北赤道流及赤道逆流等多股海流，其渔场分布、资源量变动与这样洋流有密切关系。我国于 2001 年首次组织鱿钓船在秘鲁外海对茎柔鱼资源进行开发和利用。秘鲁外海主要受上升流的影响，环境复杂，为茎柔鱼的生长和繁殖提供了良好的栖息环境。

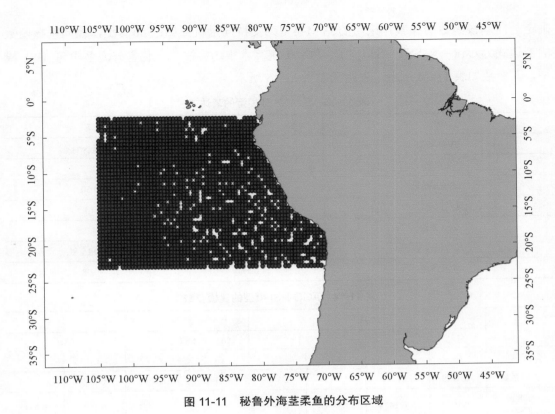

图 11-11   秘鲁外海茎柔鱼的分布区域

11.4.2   SVM-HSI 模型建模方案

SVM-HSI 模型建模方案如下。首先选择研究海域多年（大于 3 年）的商业捕捞数据，以月为单位将渔业数据进行归并；获取研究区的海洋环境数据，包括 SST、SSH，该环境数据覆盖的区域需要和渔业数据完全重合；将海洋渔业商业数据和海洋环境数据进行网格化，每个网格的范围为经纬度 0.5°×0.5°；将商业捕捞数据进行 CPUE 标准化，计算对应 CPUE 的适宜性指数（SI）：

$$SI = \frac{CPUE_i}{CPUE_{max}} \tag{11-3}$$

式中，i 是月份；$CPUE_i$ 是第 i 月的单位捕捞努力量渔获量；$CPUE_{max}$ 是第 i 月的最大单位捕捞努力量渔获量。

利用 SVM 计算对应 SST 和 SSH 的综合 HSI 指数，该方法称为 SVM-HSI 模型；利用 SST 和 SSH，通过综合 HSI 指数（指数大于 0.6）预测渔场范围内的产量占总产量的比例，这个比例就是精度；在综合 HSI 指数的基础上，通过普通克里金插值，得到产量叠加图；采用常用的算术平均方法建立栖息地指数（AGG-HSI）模型，对比 SVM-HSI 模型与 AGG-HSI 模型的精度。

利用上述数据建立SVM-HSI模型，即基于支持向量机的鱼类栖息地指数确定方法，对秘鲁外海茎柔鱼建立HSI的模型，其决策函数如表 11-13 所示。在SVM-HSI模型中，主要

确定径向基核函数的参数，采用的SVM类型为支持向量机回归：nu_svr，径向基核函数的表达式为 $\exp(-\gamma\times|\mathrm{SST}-\mathrm{SST}_i|^2)$。利用传统算术平均方法建立秘鲁外海茎柔鱼 HSI 模型，其参数如表 11-14 所示，表达式如表 11-15 所示。

表 11-13   SVM-HSI 模型的表达式

项目	6	7
SVM 类型	nu_svr	nu_svr
核函数	RBF	RBF
Gamma 系数	0.50	0.50
支持向量个数/个	14	13
Rho 系数	−0.0524	0.1385
均方根误差	0.17	0.15
拟合优度	0.97	0.98

表 11-14   AGG-HSI 模型的建模参数

项目	6 月				7 月			
	SST		SSH		SST		SSH	
参数	C_1	C_2	C_1	C_2	C_1	C_2	C_1	C_2
方程系数	−0.4629	19.7199	−0.0160	26.1309	−0.8649	18.4098	−0.0223	27.7395
标准误（Se）	0.1052	0.1424	0.0047	0.9937	0.2200	0.1077	0.0074	0.9282
tαSe	0.2920	0.3955	0.0130	2.7591	0.7000	0.3426	0.0204	2.5771
t 值	4.4012	138.4429	3.4284	26.2953	3.9321	170.9917	3.0304	29.8858
p 值	0.0117	0.0001	0.0266	0.0001	0.0293	0.0001	0.0388	0.0001
95%置信区间	−0.7549	19.3244	−0.0289	23.3718	−1.5649	18.0672	−0.0428	25.1624
	−0.1709	20.1154	−0.0030	28.8900	−0.1649	18.7525	−0.0019	30.3166

表 11-15   AGG-HSI 模型的表达式

项目	6	$\mathrm{HSI}=\left\{\exp\left[-0.4629\times(\mathrm{SST}-19.7119)^2\right]+\exp\left[-0.016\times(\mathrm{SSH}-26.1309)^2\right]\right\}/2$
HSI 模型	7	$\mathrm{HSI}=\left\{\exp\left[-0.8649\times(\mathrm{SST}-18.4098)^2\right]+\exp\left[-0.0223\times(\mathrm{SSH}-27.7395)^2\right]\right\}/2$

11.4.3   SVM-HSI 模型的预测结果

将海洋环境因子 SST 和 SSH 输入表 11-13 的公式中，在 ArcGIS 环境下得到图 11-12（a）和图 11-12（c）中的栅格图；将海洋环境因子 SST 和 SSH 输入表 11-15 的公式中，得到图 11-12（b）和图 11-12（d）中的栅格图，该图即利用 SVM-HSI 模型和 AGG-HSI 模型对秘鲁外海茎柔鱼的预测结果。图 11-12 中点状图标为实际产量，将实际产量与预测结果进行叠加，可以判别预测结果的正确性。

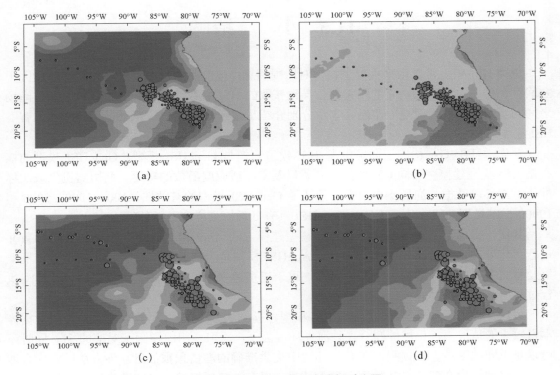

图 11-12 6 月和 7 月热点分析对比图

11.4.4 精度评定与比较

将 SVM-HSI 模型和 AGG-HSI 模型的预测结果与实际商业捕捞结果进行对比，来验证预测结果的准确性。结果显示，6 月，SVM-HSI 模型预测精度为 72.1%，而 AGG-HSI 为 70%；7 月，SVM-HSI 模型预测精度为 85.1%，而 AGG-HSI 模型预测精度为 84.8%（图 11-13）。这表明，本节所提出的方法显著优于渔业资源研究中通常采用的算术平均 AGG 方法。

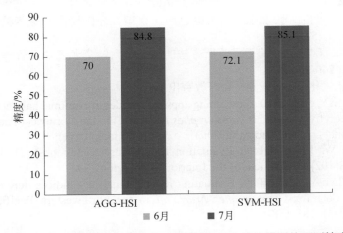

图 11-13 渔业栖息地模型 AGG-HSI 模型与 SVM-HSI 模型的预测精度对比

11.5　小　结

鱼类 HSI 模型可以用来模拟生物体对周围栖息环境要素的反应。然而，海洋环境因子之间存在传统方法无法消除的相关性，导致获取的 HSI 参数较难准确表达环境因子与渔场之间的复杂关系。针对这一难题，本章分别介绍了基于 GA、基于 SA 和基于 SVM 的智能 HSI 模型。

首先，基于 GA 构建了通用鱼类 HSI 模型建模与 GeneHSI 模型。GeneHSI 模型的核心是 HSI 模型建模空间向 GA 空间的映射以及 GA 适应度函数的构建。利用随机生成的标准化海洋环境数据与渔场概率数据，验证了 GeneHSI 模型的有效性。100、1000、5000 和 10000 样本量下的优化建模表明，GeneHSI 具有处理海量样本数据的能力。

其次，提出了基于 SA 的渔业 HSI 模型建模方法 AnnHSI，能够有效获取 HSI 参数并进行优化处理。与 GeneHSI 模型类似，AnnHSI 模型是一种通用的渔业 HSI 模型建模框架以及行之有效的智能建模方法与思路，侧重于模型建立的整体框架、建模思路以及模型执行过程中的人为控制。

最后，提出了基于 SVM 的渔业 HSI 模型建模方法 SVM-HSI 模型。在商业捕捞数据样本量较少的情况下，仍然能联合多种海洋环境因子，求取一组海洋因子对应的 SI。同时还可以对不同的区域进行预测，在 GIS 环境中提供准确的渔情预报信息。该方法以较为合理的计算得到较为合理的 HSI 模型和预测结果，提高渔情预报的精度和准确性。

参考文献

陈新军, 冯波, 许柳雄. 2008. 印度洋大眼金枪鱼栖息地指数研究及其比较. 中国水产科学, (2): 269-278.

冯波, 田思泉, 陈新军. 2010. 基于分位数回归的西南太平洋阿根廷滑柔鱼栖息地模型研究. 海洋湖沼通报, (1): 15-22.

冯永玖, 陈新军, 杨晓明, 等. 2014. 基于遗传算法的渔情预报 HSI 建模与智能优化. 生态学报, 34(15): 4333-4346.

胡振明, 陈新军, 周应祺, 等. 2010. 利用栖息地适宜指数分析秘鲁外海茎柔鱼渔场分布. 海洋学报(中文版), 32(5): 67-75.

李纲, 陈新军, 官文江. 2010. 基于贝叶斯方法的东、黄海鲐资源评估及管理策略风险分析. 水产学报, 34(5): 740-750.

汪定伟. 2007. 智能优化方法. 北京: 高等教育出版社.

Chen X, Tian S, Chen Y, et al. 2010. A modeling approach to identify optimal habitat and suitable fishing grounds for neon flying squid (*Ommastrephes bartramii*) in the Northwest Pacific Ocean. Fishery Bulletin-National Oceanic and Atmospheric Administration, 108(1): 1-14.

Fish U S, Service W. 1980. Habitat Evaluation Procedures (Handbooks): Division of Ecological Services, EMS(102).Department of the Interior Washington，D.C.

Tian S, Chen X, Chen Y, et al. 2009. Evaluating habitat suitability indices derived from CPUE and fishing effort data for *Ommatrephes bratramii* in the northwestern Pacific Ocean. Fisheries Research, 95(2-3): 181-188.